Alois Kernbauer

Die „klinische Chemie“ im Jahre 1850

SUDHOFFS ARCHIV
Zeitschrift für Wissenschaftsgeschichte
- -
Beihefte

Herausgegeben von
Peter Dilg
Menso Folkerts
Gundolf Keil
Fritz Krafft
Rolf Winau

Heft 49

Die „klinische Chemie" im Jahre 1850

Johann Florian Hellers Bericht
über seine Studienreise in die deutschen Länder,
in die Schweiz, nach Frankreich und Belgien
im Jahre 1850

eingeleitet, kommentiert und herausgegeben
von **Alois Kernbauer**

Mit einem Geleitwort
von **Johannnes Büttner**

Franz Steiner Verlag

CIP-Titelaufnahme der Deutschen Bibliothek
Heller, Johann Florian :
Die "klinische Chemie" im Jahre 1850:
Johann Florian Hellers Bericht über seine Studienreise in die deutschen Länder, in die Schweiz, nach Frankreich und Belgien im Jahre 1850 / eingeleitet, kommentiert und hrsg. von Alois Kernbauer. Mit einem Geleitw. von Johannes Büttner. - Stuttgart : Steiner, 2002
(Sudhoffs Archiv : Beihefte ; H. 49)
ISBN 3-515-08122-4

ISO 9706

Gedruckt auf säurefreiem, alterungsbeständigem Papier.
 Druck: Druckerei Proff, Eurasburg.
Printed in Germany

Geleitwort

Um die Mitte des 19. Jahrhunderts begann die Klinische Chemie sich als ein selbständiges Fach zu entwickeln. Als einer ihrer Begründer gilt Johann Florian Heller, dessen einfache Untersuchungsmethoden für den Urin bis weit in das 20. Jahrhundert hinein Verwendung fanden. Heller war bei seinen Zeitgenossen nicht unumstritten. Vor allem seine klinischen Kollegen am Wiener Allgemeinen Krankenhaus wandten sich gegen den "Chemiker". Herr Dr. Kernbauer hat im Österreichischen Staatsarchiv in Wien den Reisebericht über eine Studienreise aufgefunden, die Heller im Jahre 1850 mit einem staatlichen Reise-Stipendium unternommen hatte. Dieser Bericht ist ein außerordentlich interessantes Dokument, welches die Persönlichkeit Hellers deutlicher vor uns treten läßt als die bisher bekannten Quellen. Darüber hinaus aber ist dieser Reisebericht wissenschaftshistorisch von besonderer Bedeutung. Heller beschreibt die Universitäten und Forschungsstätten, die er besucht hat, die Ausstattung der Laboratorien und die aktuellen Forschungsarbeiten sehr detailliert. Er charakterisiert auch die Wissenschaftler, denen er begegnet ist. Damit entsteht ein informatives Bild medizinischer und naturwissenschaftlicher Forschungsstätten in Zentraleuropa. Ein solcher Bericht bedarf der Kommentierung durch den Wissenschaftshistoriker. Herrn Dr. Kernbauer ist es gelungen, durch umfangreiche Recherchen die in dem Bericht genannten Personen weitgehend zu identifizieren. Er hat auch die zahlreichen Laboratoriums-Geräte sowie die wissenschaftlichen Arbeiten, die Heller erwähnt, genau zu bestimmen und mit entsprechenden Literaturzitaten zu beschreiben vermocht. Der so entstandene umfangreiche Kommentar entschlüsselt den Inhalt von Hellers Bericht und macht seine Verwendung als wissenschaftshistorische Quelle möglich. In einer umfangreichen Einleitung wird der gegenwärtige Stand der Forschung über Heller und sein Werk kenntnisreich zusammengefaßt. Dank der sorgfältigen Editionsarbeit ist so ein Werk entstanden, das für die Wissenschaftsgeschichte von besonderem Wert ist, das aber auch von Ärzten und Klinischen Chemikern mit großem Gewinn gelesen werden kann.

Hannover, im März 1998 — Prof. Dr.Dr. Johannes Büttner

Vorwort

Der Reisebericht Johann Florian Hellers lud aufgrund seiner Unmittelbarkeit und der großen Zahl von Informationen über Universitäten, Gelehrte und Städte des deutschsprachigen und französischen Raumes zur Edition ein. Daß er nun in dieser Reihe erscheinen kann, verdanke ich in erster Linie den beiden Herren Prof. Dr.Dr. Johannes Büttner, Institut für Klinische Chemie an der Medizinischen Hochschule Hannover, und Prof. Dr.Dr. Gundolf Keil, Institut für Geschichte der Medizin der Universität Würzburg. Professor Büttner bin ich für die Lektüre der von mir angefertigten Edition und für zahlreiche wertvolle Hinweise und Anregungen überaus verbunden.

Sehr dankbar bin ich auch meinem Freund Doz. Dr. Manfred Skopec vom Institut für Geschichte der Medizin der Universität Wien, sowie den emeritierten Vorständen dieses Instituts Prof. Dr. Helmut Wyklicky und Prof. Dr. Karl Holubar sowie allen Mitarbeitern. In herzlicher Dankbarkeit bin ich Frau Dr. Hermine Heller für die Möglichkeit der Einsichtnahme in das Familienarchiv verbunden. Den Archivaren des Wiener Universitätsarchivs, allen voran Herrn Hofrat Dr. Kurt Mühlberger, bin ich für ihre Hilfe ebenso dankbar wie den Damen und Herren vom Österreichischen Staatsarchiv, Abteilung Allgemeines Verwaltungsarchiv, in Wien, den Beamten der Universitätsbibliotheken in Graz und Wien, der Steiermärkischen Landesbibliothek, der Österreichischen Nationalbibliothek und der Bibliothek des Instituts für Geschichte der Medizin in Wien.

Ein herzliches Wort des Dankes ergeht an die Mitarbeiter des Karl-Sudhoff-Instituts in Leipzig, die mir bereitwillig Auskunft erteilten.

Graz, im Dezember 1997 Alois Kernbauer

Inhaltsverzeichnis

Einleitung

Kaum ein Angehöriger der Wiener Medizinischen Fakultät um die Mitte des 19. Jahrhunderts erfährt eine derart ambivalente Beurteilung wie Johann Florian Heller. Zu seinen Lebzeiten waren seine Person und seine Leistungen innerhalb der Wiener Fakultät heftig umstritten, bis es in den fünfziger Jahren des 19. Jahrhunderts allmählich still um ihn wurde. Der anläßlich seines Todes in der "Wiener Medizinischen Wochenschrift" erschienene Nachruf endete mit der Feststellung, daß "trotz alledem" die Geschichte der pathologischen Chemie sein Andenken werde in Ehren halten müssen[1].

Eine Generation nach Theodor Puschmanns erster medizinhistorischer Würdigung[2] sprach Wilhelm Franz Loebisch, in den Jahren 1878 bis 1912 selbst Professor für angewandte medizinische Chemie an der Universität Innsbruck, zu Beginn unseres Jahrhunderts davon, daß der "Erfolg, welchen H[eller], als Vorstand des pathologisch-chemischen Institutes in Wien, für die Fortentwickelung der von ihm auch als Privatdocent vertretenen Doctrin erzielte, keinesweges ein solcher [war], den der glänzende Beginn seiner Laufbahn erhoffen liess. Welchen Antheil an diesem Misserfolg die Schuld H[eller]s trifft, und welchen das geringe Interesse, das die damaligen Leiter des medicinischen Unterrichtes in Oesterreich der Entwickelung der pathologischen Chemie entgegenbrachten, dies zu beurtheilen überlassen wir Demjenigen, welcher die Entwickelung dieser Doctrin an der Wiener Universität einst schildern wird."[3]

Dies unternahm nach Leopold Schönbauer, der die wesentlichen Fakten der Anfänge der "medizinischen Chemie" an der Wiener Fakultät referierte[4], Erna Lesky, die ihre knappe, ausgewogene Darstellung der Forscherpersönlichkeit Hellers in dem Satz zusammenfaßte, daß er nach Wien gekommen sei, um die

---

1 Im einzelnen hieß es: "Trotz aller seiner Schwächen kann man Heller's grosse Verdienste um die pathologische Chemie nicht ignoriren; ihm ist die Initiative und die Verbreitung der ersten Resultate eines systematischen Vorgehens auf diesem Gebiete zu danken. Es ist wohl das beklagenswertheste Schicksal eines Mannes der Wissenschaft, wenn er mit Beginne seiner literarischen Laufbahn gesucht, geehrt und gefeiert wird, und ohne sich auf der erreichten Höhe lange erhalten zu können, von der Welt vernachlässigt wird, um endlich noch bei Lebzeiten ungerechtfertigterweise beinahe vergessen zu werden. Nicht Heller's Fleiss, nicht sein Wollen und Streben haben ihm dies Schicksal bereitet, andere von ihm nicht zu bewältigende Hindernisse standen seiner Entwicklung entgegen!" - *Wiener Medizinische Wochenschrift* (1871), Nr. 47, 1152.

2 *Puschmann* (1884), 239.

3 *Hirsch* 3, 146.

4 *Schönbauer* (1947), 322-323.

pathologische Chemie zu begründen, sich aber schließlich damit zufriedengeben mußte, ein tüchtiger Harndiagnostiker gewesen zu sein[5].

Paul Diepgen führte in seiner Geschichte der Medizin Hellers Eiweißprobe an und sprach von Heller als einem "ausgezeichneten Wiener physiologischen Chemiker"[6].

Nikolaus Mani bestätigte im wesentlichen die Einschätzung Leskys, nicht ohne allerdings zu betonen, daß Heller schon in den vierziger Jahren in seinem physio-pathologischen Denken gemeinsam mit dem Berliner Johann Franz Simon[7] "die Aufgaben einer klinischen Chemie klar herausgearbeitet hat"[8], auch wenn Heller sich in seinen Leistungen mit den Forschungsergebnissen der physiologischen Chemiker seiner Zeit, etwa eines Johann Joseph Scherer oder eines Carl Gotthelf Lehmann, nicht messen konnte.

Theodor Leipert bezeichnete Heller als "Vater der klinischen Chemie in Österreich"[9], strich hervor, was er an Bleibendem geleistet hatte, und betonte dessen Verdienste um die Institutionalisierung des Faches.

Gerade diesem mühsamen Weg der Einrichtung des Faches in Wien war ein wesentlicher Teil der Dissertation Johann Schmalhofers gewidmet[10], die in ihrem zweiten Teil auch auf Hellers Werk eingeht.

Vor anderthalb Jahrzehnten setzte man sich anläßlich des internationalen Kongresses für Klinische Chemie im Rahmen eines im Wiener Josefinum stattgefundenen Symposions mit der Geschichte der klinischen Chemie und in diesem Zusammenhang naturgemäß auch mit Heller auseinander[11]. Die Kongreßbeiträge erschienen im "Journal of Clinical Chemistry and Clinical Biochemistry" und wurden dann von Johannes Büttner in einem eigenen Band[12] herausgebracht; darin wurde Hellers Programm dieser Disziplin im Zusammenhang mit der Gesamtentwicklung des Faches beleuchtet.

---

[5] *Lesky* (1978), 254.

[6] *Diepgen* 2/I (1951), 131.

[7] Johann Franz Simon (1807-1843) war gelernter Apotheker, der in Berlin Chemie studierte und 1838 das Doktorat der Philosophie erwarb. 1842 habilitierte er sich für pathologische Chemie und bemühte sich um die Einrichtung eines chemischen Laboratoriums für chemische und histologische Untersuchungen an der Charité. Während der Grazer Naturforscherversammlung erkrankte er und starb kurze Zeit später in Wien an Hirntuberkulose. - *DAB* 2, 636.

[8] Mani (1974), 182.

[9] *Leipert* (1980) Heft 1.

[10] *Schmalhofer* (1980). - Leider haftet dieser Arbeit, die in ihrer Zielsetzung erfreulicher Weise um Berücksichtigung möglichst vieler Quellen bemüht ist, so manche Ungereimtheit an.

[11] Die österreichische Postverwaltung brachte im übrigen zu diesem Zeitpunkt eine Sonderpostmarke heraus.

[12] *Büttner* (Ed.) (1983).

Ungefähr zur gleichen Zeit erschien Kurt Ganzingers kurzer Abriß, in dem er in Heller einen Pionier der klinischen Chemie sah[13].

Im Rahmen der historischen Ausstellung des XIII. Internationalen Kongresses für Klinische Chemie im Jahre 1987 in Den Haag und in dem dazu erschienenen Katalog ging Büttner in dem Kapitel über die Anfänge der klinischen Chemie als einer unabhängigen Disziplin in Mitteleuropa auf Heller ein: "Heller's work demonstrates his meticulous care in the development of his methods, particularly with regard to disturbing influences on the examinations. The methodology is exactly described so that in the end 'the simple and reliable methods' are available."[14]

Vor kurzer Zeit erschien die Studie Helmut Wyklickys zur Geschichte der klinischen Chemie und Laboratoriumsdiagnostik in Wien; im Anschluß an die Einschätzung Erna Leskys, seiner Amtsvorgängerin auf dem Wiener Lehrstuhl für Geschichte der Medizin, hielt er in bezug auf Heller fest: "Die Ursache zu ermitteln, warum ihm die volle Realisierung seiner Pläne nicht selbst gelang, ist müßig. Die offizielle Version, daß Heller vorgeworfen wurde, zwar ein guter Chemiker, nicht aber ausgebildeter Arzt zu sein, scheint doch nicht voll zu befriedigen ..."[15].

Die Tragik der Forscherpersönlichkeit Hellers bestand wohl darin, daß er dem von ihm selbst entworfenen, zukunftsweisenden Programm der klinischen Chemie in der Folgezeit selbst nur teilweise gerecht werden konnte. Mag ein Teil der Schuld - um es ohne Umschweife auszusprechen - auch im persönlichen Unvermögen Hellers gelegen haben, so waren für eine klinische Chemie doch auch erst die chemisch-physiologischen Grundlagen zu erarbeiten, was in der zweiten Jahrhunderthälfte von zahlreichen Chemikern, Physiologen und physiologischen Chemikern zu leisten war. Nichtsdestoweniger nimmt Heller als "physiopathologisch denkender Arzt"[16] und Programmatiker der klinischen Chemie, die er mit größtem persönlichen Einsatz und unter großen materiellen Opfern institutionalisierte, zweifellos einen bedeutenden Platz in der Geschichte seines Faches ein.

Biografie

Heller stammte aus Iglau in Mähren[17], wo er am 4. Mai 1813 als ältestes von zehn Kindern eines Apothekers geboren wurde und wo er das Gymnasium be-

---

13 *Ganzinger* (1981), 1016-1017.
14 *Büttner-Habrich* (1987), 89.
15 *Wyklicky* (1990), 1239-1241.
16 *Mani* (1974), 182.
17 Neben der bereits angeführten Literatur siehe auch die Lexikonartikel in: *ÖBL* 2, 259-260. - *DAB* 1, 258-259.

suchte. Er schlug die Apothekerlaufbahn ein, absolvierte die Lehre, studierte in Prag, wurde Schüler und auch Assistent des an der dortigen medizinischen Fakultät tätigen Professors der Chemie Adolf Martin Pleischl und erlangte im Jahre 1837 mit der Dissertation "Über Rhodizonsäure und ihre Salze" das Doktorat der Chemie. Er war im übrigen der erste Kandidat, der an der Universität Prag diesen im Jahre 1812 geschaffenen akademischen Grad, der im Zuge eines Erweiterungsstudiums von Pharmazeuten zu erlangen war, erwarb. In dieser Zeit besuchte er - nach eigenen Angaben - auch medizinische Vorlesungen.

Nach der 1838 erfolgten Berufung Pleischls an die Universität Wien übersiedelte Heller noch im selben Jahr dorthin. Ab dieser Zeit wurde er finanziell von seinem wohlhabenden Vater maßgeblich unterstützt. In der Literatur taucht der Hinweis auf, daß Heller im Verlauf der folgenden vier Jahre, in denen er in Wien "chemische Kurse für Rigorosanten der Medizin"[18] gab, "bei Liebig und Wöhler hospitiert"[19] hätte, wofür sich in den Akten allerdings bislang kein Hinweis fand. Auch die einschlägigen Stellen des im folgenden abgedruckten Reiseberichtes deuten darauf hin, daß sich Heller im Jahre 1850 erstmals in Göttingen bzw. Gießen aufhielt. - Die Naturforscherversammlung des Jahres 1837 in Prag bot für Heller die erste Gelegenheit des Kennenlernens Liebigs und Wöhlers; man dürfte sich zu diesem Zeitpunkt zwar gesehen haben, ganz gewiß war im Rahmen der chemischen Sektion von Hellers Erstlingsarbeit über die Rhodizonsäure die Rede, aber zu einer wirklichen Kontaktaufnahme scheint es nicht gekommen zu sein, zumal Heller noch ganz junger Assistent war. An-scheinend hatte aber Liebig einen gewissen Eindruck von Hellers Persönlichkeit erhalten, denn nur daraus ist seine Kritik der Dissertation Hellers erklärbar. Im selben Jahr erschien nämlich in Liebigs "Annalen" eine Kurzfassung der Arbeit Hellers, zu der Liebig einen wenig schmeichelhaften "Zusatz" publizierte, den er mit der Bemerkung schloß: "Ich habe die Versuche des Hrn. Heller vielleicht strenger beurtheilt, als sie bei einer ersten Arbeit verdienen; allein bei einem Manne, wie Hr. Dr. Heller, welcher Liebe zur Wissenschaft und Ausdauer und Fleiss verbindet, ist es von der grössten Wichtigkeit, dass er gleich vom Anfang an den rechten Weg erkennen lernt - welcher allein zu bleibenden und werthvollen Resultaten führt."[20] - Ein geglückter Eintritt in die Gelehrtenrepublik der Chemiker war Heller also nicht beschieden.

Heller lernte Wöhler und Liebig persönlich anläßlich ihres Aufenthaltes in Wien im Jahre 1840 kennen, der im Zusammenhang mit einer etwaigen Berufung Liebigs nach Wien stand. In einem Brief vom 1. November 1840 schilderte Wöhler Jöns Jacob Berzelius seine Eindrücke und nahm auch auf Heller Bezug: "Heller ist ein ganz junger Mensch, etwas unbequem durch seine wisssenschaftli-

---

[18] *Schmalhofer* (1980), 10. - *Ganzinger* (1981), 1016.
[19] *Mani* (1974), 177.
[20]. *J. L[iebig]*: Zusatz. Annalen der Pharmacie 24 (1837), 17.

che Zudringlichkeit. Er wird nicht viel mehr produciren, als seine Rhodizonsäure."[21] - Man traf sich vermutlich wiederum im Rahmen der Naturforscherversammlungen, ganz gewiß auf jener des Jahres 1843 in Graz, auf der Heller einen Vortrag "Über das Leuchten gefaulter Hölzer" hielt[22].

Ab 19. April 1842 bot Heller einen privaten Kurs für physiologische und pathologische Chemie und Mikroskopie für Ärzte an und richtete gleichzeitig in seiner gegenüber dem Wiener Allgemeinen Krankenhaus gelegenen Wohnung ein Laboratorium ein, in dem er vorerst unentgeltlich, allerdings unter kostenloser Benützung der Materialien der Krankenhausapotheke Untersuchungen für die Kliniken und Abteilungen anstellte. Im Verlauf der folgenden zwei Jahre führte er insgesamt 384 chemische und mikroskopische Untersuchungen von Blut, Harn, Sputum etc. durch[23]. Mit Wirkung vom 16. November 1844[24] stellte ihm die k.k. Gesellschaft der Ärzte in Wien ein Laboratorium im Krankenhaus zur Verfügung, zu dessen provisorischem Vorstand Heller bestellt wurde. Die Berliner "Central-Zeitung" meldete dies in ihrer Ausgabe vom 11. Dezember und fügte an: "und ist in demselben der ehrenvoll bekannte Chemiker Dr. Heller thätig, welcher zugleich eine diesfällige Zeitschrift über patholog[ische] Chemie und Mikroskopie herausgiebt."[25]

Der Initiator der Wiener Ärztegesellschaft Franz Wirer[26] hatte schon im Jahre 1841 die Schaffung einer solchen Einrichtung angeregt, die in der Folgezeit auch tatsächlich erfolgte. Am 3. August 1844 war in der in Berlin erscheinenden "Allgemeinen Medicinischen Central-Zeitung" zu lesen: "Noch sind des edlen Wierer's (!) Wünsche nicht erfüllt, das kleine Laboratorium unseres grossen Spitals erwartete auch täglich den Analytiker, aber desto mehr scheint die Literatur der organ[ischen] Chemie hier mit Eifer betrieben zu werden."[27] Nun war Heller zu dieser Zeit in Wien nicht der einzige, der sich mit dieser Materie auseinandersetzte: "Dr. chemiae Heller vertheilt eben das Programm zur Fortsetzung des Simon'schen Journals, unter dem Namen 'Archiv für medic. Chemie',

---

[21] *Wallach* (1901), 200.

[22]. Heller faßte mehr als zehn Jahre später diese Beobachtungen in mehreren Abhandlungen zusammen: *Heller*: Ueber das Leuchten im Pflanzen- und Thierreiche. Archiv für physiologische und pathologische Chemie und Mikroskopie mit besonderer Rücksicht auf medizinische Diagnostik und Therapie 6 (1853 und 1854), 44-53, 81-89, 121-137, 161-165, 201-216, 242-251.

[23] UAW Johann Florian Heller. - Schmalhofer zitiert eine Übersichtstabelle, die für die Studienjahre 1842/43 und 1843/44 251 Untersuchungen ausweist. - *Schmalhofer* (1980), 26.

[24] Schmalhofer (1980), 10.

[25] *Allgemeine Medicinische Central-Zeitung* 13 (1844), Sp. 794.

[26] Franz Wirer von Rettenbach (1771-1844) war in den Jahren 1841-1844 auch Präsident der Gesellschaft der Ärzte. - *Lesky* (1978), 51-52.

[27] *Allgemeine Medicinische Central-Zeitung* 13 (1844), Sp. 495.

während Dr. Eckstein[28] durch seine 'Handbibliothek des Auslandes für die organisch-chemische Richtung der Heilkunde' bei den gelehrten und practischen Aerzten unserer Metropole sich allgemeine Anerkennung erworben."[29] Der Wiener Korrespondent der Zeitung ließ im folgenden eine Präferenz für Eckstein erkennen[30].

Am 12. Februar 1845 erschien neuerlich ein Bericht in der Central-Zeitung: "Simons Tod war ein harter Verlust für einen wichtigen Zweig in der neuern Medicin. An seiner Stelle versuchte Dr. Fl. Heller in Wien zu treten, indem er durch die Gründung des Journales für pathologisch-chemische und mikroskopische Forschungen das fortsetzte, was Simon so siegreich begonnen. Zwei Hefte sind bereits erschienen, und ist von diesem Journal nur Gutes zu erwarten.

Auf demselben Boden wurzelt die von Dr. Sigismund Eckstein herausgegebene Handbibliothek des Auslandes, welche die classischen Werke fremder Autoren (mit zahlreichen Zusätzen) dem deutschen Leser zugänglich macht. Bereits sind die Harnsedimente von Bird und der Speichel von Wright ausgegeben und wir sehen mit Spannung der Fortsetzung dieser Bearbeitungen entgegen, welche durch die freundschaftliche Verbindung, in welcher Dr. Eckstein mit den Verfassern steht, durch briefliche Mittheilungen derselben in einzelnen Abschnitten noch reichlicher ausgestattet sind, als die Origianlwerke."[31]

Die Anschaffung der Laboratoriumseinrichtung erfolgte aus Mitteln der Ärztegesellschaft und mit privaten Geldern Hellers, die allerdings nach dem im Jahre 1845 erfolgten Tod seines Vaters aufgebraucht waren. Dieses pathologisch-chemischen Laboratorium wurde am 1. Februar 1845 offiziell eröffnet[32].

---

[28] *Handbibliothek des Auslandes für die organisch-chemische Richtung der Heilkunde* (1844).

[29] *Allgemeine Medicinische Central-Zeitung* 13 (1844), Sp. 495.

[30] Weiter heißt es: "In der That muss Jeder, der die beiden bereits erschienenen Lieferungen Golding Bird's Harnsedimente und Samuel Bright's Speichel gelesen hat, zugestehen, dass Dr. E[ckstein] treulich erfüllt, was er in seinem Prospecte zugesagt: neben gedrängten, möglichst vollständigen Auszügen auch vielfache Benutzung der jeweiligen einschlägigen Literatur; wozu ihm das an deutschen wie fremdsprachlichen Zeitschriften reiche Lesekabinet unserer ärztlichen Gesellschaft, wie das seit März noch reichlicher ausgestattete in der Augenklinik des Prof. v. Rosas das neueste Materiale lieferte. - Muss es jeden Freund des Fortschrittes freuen, die organ[ische] Chemie endlich einmal innig der Pathologie einverleibt zu sehen, so mögen wir Deutsche uns überdies Glück wünschen, für dies schöne Bündniss eine derartige Vermittlung gefunden zu haben. Wenn ein Wunsch beim Lesen dieser Abhandlungen uns beseelte, war es der, dass die deutschen Uebersetzungen auch in den andern Richtungen der Medicin einen solchen Typus annehmen möchten." - *Allgemeine Medicinische Central-Zeitung* 13 (1844), Sp. 495.

Weitere Besprechungen einzelner Lieferungen erfolgten in den weiteren Nummern der Zeitung. - *Allgemeine Medicinische Central-Zeitung* 13 (1844), Sp. 575, Sp. 619.

[31] *Allgemeine Medicinische Central-Zeitung* 14 (1845), Sp. 103.

[32] *Archiv für physiologische und pathologische Chemie und Mikroskopie in ihrer Anwendung auf die praktische Medizin* 1 (1844), VIII.

In der Folgezeit war Heller im Dienste des Krankenhauses überaus rührig: allein im Studienjahr 1844/45 stellte er 138 (einer anderen Quelle zufolge 422[33]), im folgenden Studienjahr 1845/46 185 (nach anderen Angaben 920[34]) und im Studienjahr 1846/47 724[35] Analysen an. Die Ernennung zum definitiven Leiter erfolgte nach langem Hin und Her erst am 20. Dezember 1855.

Ab 1845 bezog Heller ein Pauschale in der Höhe von 360 fl., das in der Folge auf 600 fl. erhöht wurde[36]; nach seiner definitiven Anstellung betrug sein Gehalt 800 fl.[37]

Ab dem Jahre 1847 hielt er öffentliche Vorlesungen über "physiologische und pathologische Chemie, dann medizinisch-gerichtliche Chemie", war also als Dozent an der Wiener Medizinischen Fakultät tätig[38]. Er bewarb sich um mehrere Lehrkanzeln[39], und zwar im Jahre 1838 um jene an der Universität Prag, 1840 um die für medizinische Vorbereitungswissenschaften[40] (Physik, Chemie, Botanik) in Salzburg, 1843 um die Lehrkanzeln für Physik und für Chemie am Joanneum[41] in Graz.

Ab 1852 war er Landesgerichtschemiker des Kronlandes Niederösterreich, Mitglied der k.k. Gesellschaft der Ärzte in Wien und der medizinischen Gesellschaften von Athen, Stockholm, Berlin, Paris und Minden.

In den sechziger Jahren wurde es recht still um ihn[42], und am 21. November 1871 starb er im 58. Lebensjahr an den Folgen eines chronischen Herzleidens.

---

[33] *Schmalhofer* (1980), 26.

[34] *Schmalhofer* (1980), 26.

[35] *Schmalhofer* (1980), 26.

[36] *Schmalhofer* (1908), 52.

[37] Dies war immerhin um einiges mehr als das Gehalt der Assistenten, denen allerdings zumeist unentgeltlich eine Wohnung in den Institutsräumen zur Verfügung stand. Das durchschnittliche Jahresgehalt eines Universitätsprofessors betrug in dieser Zeit mehr als 1000 fl., wozu in der Regel noch Kollegiengelder in etwa derselben Höhe kamen. Die Gehälter der Professoren der Medizin überschritten diese Beträge in manchen Fällen erheblich.

[38] Das Verfahren der Habilitation wurde in der Donaumonarchie erst nach 1848 eingeführt. Nichtsdestoweniger erteilte man einzelnen jungen Gelehrten immer wieder die Erlaubnis, öffentliche Vorlesungen zu halten, was de facto der Erteilung der Lehrbefugnis gleichkam. Am 20. Jänner 1847 hatte er sich einer mündlichen Konkursprüfung aus physiologischer und pathologischer Chemie unterzogen. - *Schmalhofer* (1980), 11.

[39] Das Berufungsverfahren wurde in der Donaumonarchie erst nach 1848 eingeführt. In der Zeit davor ging der Besetzung von Lehrkanzeln eine Konkursprüfung voran, die von einer Jury abgenommen wurde und in deren Verlauf eine schriftliche Abhandlung über ein vorher nicht bekanntes Thema und ein Vortrag zu halten waren.

[40] Dieses Fach war 1833 zur Vervollständigung der naturwissenschaftlichen Ausbildung im Rahmen des sogenannten medizinisch-chirurgischen Studiums eingerichtet worden.

[41] Es war dies die von Erzherzog Johann begründete Vorläuferinstitution der heutigen Technischen Universität.

[42] Heller war verheiratet und Vater einer Tochter, die im Alter von zwölf Jahren starb. - *Wiener Medizinische Wochenschrift* (1871), Sp. 1152.

Hellers Programm einer klinischen Chemie

"Für die Entstehung einer typischen Grenzwissenschaft scheint eine gewisse Plötzlichkeit charakteristisch zu sein. Der Anlaß dazu dürfte in dem Augenblick gegeben sein, wenn von der einen Seite die Methoden bis zu einer hinreichenden Vollkommenheit gediehen sind, von der anderen Seite genügend Probleme auftauchen, welche sich zur fruchtbaren Bearbeitung eignen."[43] So sah Frederick Gowland Hopkins im Jahre 1925 den Werdegang seines im Grenzbereich zwischen Medizin und Chemie angesiedelten Faches; er definierte die Biochemie - den Terminus hielt er im übrigen für unglücklich gewählt und fand den Begriff "physiologische Chemie" weitaus treffender - "als das chemische Studium der stofflichen Grundlagen des Lebens und ihrer dynamischen Beziehungen" und fuhr fort: "Tun wir das, so müssen wir Liebig als den Begründer unseres Faches bezeichnen."[44]

Die Wurzeln reichen jedoch weiter zurück; sosehr aber die Arbeiten eines John Mayow und eines Antoine Lavoisier wesentlich waren für das Verständnis des Atmungsvorganges, so wird man Hopkins kaum widersprechen können, wenn er feststellte: "Seit Liebigs Zeiten - sagen wir etwa von 1840 an - datiert eine planmäßige, stete Entwicklung der Biochemie ...".

Seit dieser Zeit also gewann die Chemie Bedeutung für die Medizin[45] und im Verlauf eines komplexen Vorganges entstanden neue Disziplinen[46]: zuerst die klinische Chemie[47], dann die physiologische Chemie. Im Falle der klinischen Chemie war Johann Florian Heller einer der Wegbereiter, der dabei an die Aktivitäten Johann Franz Simons anknüpfte. Der Berliner Simon hatte mit Unterstützung Alexander von Humboldts und Johann Lucas Schönleins - letztlich allerdings vergeblich - versucht, in der Charité ein klinisch-chemisches Laboratorium[48] einzurichten[49]. Er forderte eine Heilkunde, die über bloße ärztliche Empirie hinausgehend auf Physiologie, pathologischer Anatomie, pathologischer Che-

---

43 *Hopkins* 4 (1925), 55.

44 *Hopkins* (1925), 55.

45 Vierzig Jahre später beleuchtete der Erlanger Pathologe dieses Verhältnis im Rahmen einer Rektoratsrede: *Leube* (1884).

46 Weiterführende Literatur bietet die Studie: *Büttner* (1989), 101-104.

47 *Büttner* (1992).

48 In Lenz' Geschichte der Universität Berlin ist irrtümlich von der Errichtung einer "Station für chemische und mikroskopische Untersuchungen" die Rede. - Lenz 2,2 (1918), 156.

49 Nach Simons Tod beantragte Remak die Errichtung einer (Kranken-)"Station für mikroskopische Untersuchungen", doch lehnte das Ministerium diesen Antrag ab. - Freundlicher Hinweis von Herrn Prof. DDr. Johannes Büttner.

mie, Mikroskopie und medizinischer Physik basierte[50]. Sein Ziel war die Begründung einer pathologischen Chemie und einer damit verbundenen Mikroskopie, deren Bedeutung "dem Arzte am Krankenbette jeden Augenblick vor Augen tritt, ohne welche seine Diagnose in vielen Fällen unvollständig, in manchen unmöglich ist und welche für Prognose, für Therapie die allerwichtigsten Anhaltspunkte"[51] bietet. Insofern sah er den Wert dieses Faches über die Theorie hinausgehend vor allem auch im Rahmen der praktischen Medizin, zumal Blutuntersuchungen und Harnanalysen im Vordergrund zu stehen hatten. Pathologische Chemie könne aber nur im Zusammenhang mit der physiologischen Chemie behandelt werden. In seine Zeitschrift wollte er darüber hinaus Beiträge zur gerichtlichen Chemie, zur Pharmakodynamik und zur Materia medica aufnehmen[52]

Als Johann Florian Heller sein Periodikum ins Leben rief, durfte er sich als eine Fortsetzer der Gründung Simons betrachten, dem er am Sterbebett eine Weiterführung der "Beiträge" zugesagt hatte[53]. Die in Berlin erscheinende "Allgemeine Medicinische Central-Zeitung"[54] meldete am 11. Mai 1844: "Es war die Aussicht vorhanden, dass Dr. Heller in Wien die Redaction des hier durch den Tod Dr. Simons unterbrochenen physiologisch-chemischen Journals übernehmen werde. Jedoch scheint der hies[igen] Verleger (Hirschwald) an der grossen Entfernung Wiens von Berlin Anstoss zu nehmen."[55] Als wenige Monate später feststand, daß die Fortsetzung der Berliner Zeitschrift in der Form des "Archivs" erfolgen würde, berichtete die Berliner "Central-Zeitung" am 3. August 1844: "Wie man uns anderweitig meldet, sei, da gediegene Männer in diesen Fache dem H[er]rn Dr. H[eller] ihre Mitwirkung zugesagt, und derselbe mit den meisten Aerzten des allgem[einen] Krankenhauses in Verkehr steht, von diesem neuen Archive nur Förderliches zu hoffen."[56] - Die Liste der Autoren dieser Zeitschrift konnte sich in der Tat sehen lassen, auch wenn es sich vielfach um Nachdrucke von in anderen Zeitschriften bereits erschienenen Publikationen handelte, was aber zur Jahrhundertmitte eine weit verbreitete Gepflogenheit war.

Im Jahre 1844[57] und wiederum 1852[58] legte Heller das Programm seiner Wissenschaftsdisziplin vor[59]: Die Aufgabe der physiologischen und pathologi-

---

[50] *Simon* (1844), 1-56.
[51] *Simon* (1844), 3.
[52] Eine Zusammenfassung des Programmes Simons bietet auch: *Schmalhofer* (1980), 86-88.
[53] *Heller*, Archiv 1 (1844), V.
[54] Sie wurde zu diesem Zeitpunkt von Johann Jacob Sachs herausgegeben.
[55] *Allgemeine Medicinische-Central-Zeitung* 13 (1844), Sp. 304.
[56] *Allgemeine Medicinische Central-Zeitung* 13 (1844), Sp. 495.
[57] Heller tat dies in seinem Vorwort zum Archiv für physiologische und pathologische Chemie und Mikroskopie in ihrer Anwendung auf die praktische Medizin 1 (1844), V-VII.
[58] *Heller*: Aufgabe (1852), 1-6.
[59] Zusammenfassungen bieten: *Mani* (1974). - *Schmalhofer* (1980), 88-94.

schen Chemie und Mikroskopie bestand für ihn darin, krankhaft veränderte Körpersäfte, Gewebe und pathologische Produkte des Organismus chemisch und mikroskopisch zu untersuchen und zu charakterisieren. Voraussetzung der pathologischen Chemie ist eine gründliche Kenntnis der physiologischen Chemie[60]. "Die pathologische Chemie hat eine der wichtigsten Aufgaben einer Hilfswissenschaft zur Begründung einer rationellen und gründlichen Heilkunde zu erfüllen. Sie hat die Untersuchung der veränderten Se- und Exkrete nach ihrer qualitativen und quantitativen Zusammensetzung in den verschiedenen Krankheiten und Krankheitsstadien zu ihrem wesentlichen Objekte, und hat diejenigen Veränderungen festzustellen, welche den Produkten des Organismus in gewissen Krankheiten und ihren Phasen konstant zukommen, um sie behufs eines diagnostischen Anhaltspunktes zu benützen. Eine weitere sehr wichtige Aufgabe der pathologischen, eigentlich therapeutischen Chemie ist die Untersuchung der Se- und Exkrete nach dem Gebrauche verschiedener Arzneimittel ..."[61]

Es waren drei Kriterien, die nach Heller für die klinische Chemie verbindlich waren: "1. Chemische Kompetenz des klinischen Chemikers und sein Vermögen, ärztliche und chemische Befunde kritisch zu interpretieren und zu integrieren. 2. Das chemische Laboratorium muß im Hospital stehen, dort ist sein Forschungssubstrat, und von dort erwachsen neue Fragestellungen. 3. Die physiopathologische Deutung und Erhellung der Laborbefunde."[62]

In all den Diskussionen der Folgezeit innerhalb der Wiener medizinischen Schule wurde dieses Programm im wesentlichen akzeptiert, sieht man vom Chirurgen Georg Mojsisovich[63] ab, der stärker noch als Franz Xaver Bartsch[64] und Johann Klein[65] den Nutzen der pathologischen Chemie für die Therapie generell in Abrede stellte[66]; lediglich der Primarius Emil Dobler definierte 1846 in die-

---

[60] *Mani* (1980), 178.

[61] *Heller* Aufgabe (1852), 4. - Abgedruckt auch in: *Mani* (1974), 178.

[62] Mani (1974), 182.

[63] *Lesky* (1978), 206.

[64] Er leitete die zweite Gebärklinik. - *Lesky* (1978), 78.

[65] Klein stand der ersten Gebärklinik vor. - *Lesky* (1978), 77-78.

[66] Mojsisovich vertrat folgende Ansicht: "Welchen direkten Nutzen gewährt die path. Chemie der Therapie; Antwort: denselben, welchen die path. Anatomie, der Plesimeter und das Stethoskop gewähren - keinen. Die alle sind nur nützliche diagnostische Behelfe, weiter nichts, aber auch dieses bleiben sie nur, solange sie die bescheidene ihnen zukommende dienende Stellung der Therapie gegenüber einnehmen, sobald sie diese verlassen, wie es leider vor kurzem bei uns geschah, stiften sie viel Unheil, befördern die einseitige Bildung, vernachlässigen die genaue Beobachtung der Arzneikräfte, die Würdigung der Judikativen und die Folge davon ist der Unheil bringende Skepticismus in der Therapie. Es dürfte wohl erlaubt sein, nach 7-jährigem Bestehen der angeblich experimentarischen Abtheilung für Brustkranke, welche auf dieser einseitigen Basis bewußte, und doch medizinischer Wunder gebären sollte, zu fragen, welchen Nutzen sie für die Wissenschaft, die praktische Medizin und die leidende Menschheit bewirkt hat.
Genauso nichtige Wirkung wird die path. Chemie haben, wenn man sie zu einem anderen als zu einem diagnostischen Auxiliarmittel hinauf potenzieren wolle." - *Schmalhofer* (1980), 45.

sem Zusammenhang die Aufgaben der pathologischen Chemie: sie soll bestrebt sein, "a) durch ihre Analysen die durch die Krankheit gesetzten organischen Veränderungen der Gebilde nachzuweisen, b) die den Krankheiten und den durch die Krankheit gesetzten organischen Veränderungen zu Grunde liegenden Blutcrasen chemisch zu bestimmen, c) den Ärzten die Anweisung zu geben, aus der chemischen Beschaffenheit der Se- und Excretionsstoffe und des Blutes auf eine vorhandene bestimmte Krankheit Schlüsse zu ziehen, d) die diagnostischen Behelfe zu vervollständigen, endlich e) auf Grundlage der sub a, b, c angegebenen Vorarbeiten eine rationelle Therapie zu begründen, dadurch zu bestimmen, ob und wodurch die durch die Krankheit gesetzten org. Veränderungen der Gebilde zum Normalzustand zurückgeführt werden können, ob und wodurch die den Krankheiten zu Grunde liegenden Blutcrasen verändert und verbessert werden können. Aufgaben, deren Lösung wenn möglich nur von einem in der Chemie und allen Zweigen der Medizin tief gebildeten Arzte erwartet werden können."[67] Hellers Programm erhielt - allerdings Hellers eigener Aussage zufolge - auch die volle Zustimmung all jener internationalen Zelebritäten, denen er auf seiner Studienreise im Jahre 1850 begegnete.

Eine Generation später, zu Anfang der siebziger Jahre, sah die Wiener medizinische Fakultät die pathologische Chemie und auch die Zoochemie als Teilbereiche der angewandten medizinischen Chemie an, womit sich in der Donaumonarchie ein zusammenfassender Terminus für diese beiden Disziplinen ausbildete, der auch im institutionellen Bereich seine Entsprechung fand[68]. Anders verlief die Entwicklung in Deutschland, wo die pathologische Chemie stärker an die Innere Medizin gebunden blieb, und die Zoochemie in der physiologischen Chemie aufging. Zu Anfang der siebziger Jahre formulierte die Wiener Medizinische Fakultät, die zu dieser Zeit mit Abstand größte im deutschsprachigen Raum[69], die Aufgaben folgendermaßen: "Es müssen aber an der medizinischen Fakultät nicht nur alle Parthien der Zoochemie, in soweit sie Anwendung auf medizinische Doktrin finden, berücksichtigt, sondern insbesondere die chemischen Substrate des Organismus, dessen Bau und Auswurfstoffe eingehend gewürdigt, die Gesetze des Kreislaufes des Stoffes in der organischen Natur entwikkelt, die chemischen Prozesse erklärt und die Methode der Analyse gelehrt werden."[70]

Die Prager Fakultät schloß sich dem umfassenden Gutachten des in Leipzig, Wien und Prag tätigen Physiologen Ewald Hering, der seit 1870 Nachfolger

---

67 *Schmalhofer* (1980), 43-44.

68 Im Jahre 1938 wurden diese Unterschiede gerade von den "österreichischen" Fachvertretern wahrgenommen und reflektiert: *Lieb* (1938).

69 *Billroth* (1876), Tab. I zu S. 238.

70 AVA MCU Med. Fak. Zl 2835 ex 1872: Stellungnahme der Wiener Medizinischen Fakultät ddo 1871 VI 14.

Purkynjes war, an, in dem es hieß: "Es gilt, dem künftigen Mediziner jene allgemeine naturwissenschaftliche Vorbildung zu geben, die derselbe ganz eben so bedarf, wie jeder Andere, dessen Beruf ihn auf die Bekanntschaft mit Naturgesetzen verweist."[71] In diesem Punkt ging also Hering über die Auffassung Hellers nicht hinaus, formulierte das Anliegen der Zeit, das in der Errichtung einer restlos naturwissenschaftlich fundierten Medizin bestand, nur verschärft. Allerdings hatte er dabei das Fach der medizinischen Chemie im Auge und ging also hierin über Heller hinaus; diese sollte nach Hering bestehen aus

der Zoochemie, "welche die chemische Beschreibung und Untersuchung aller im thierischen und menschlichen Organismus vorkommenden Verbindungen zur Aufgabe hat. Sie untersucht die Zusammensetzung des Organismus vom chemischen Standpunkte, wie es die Anatomie und Histologie vom morphologischen thut.

Hieran reiht sich die physiologische Chemie als die Lehre von den chemischen Processen, welche im lebendigen Organismus ablaufen. Sie umfaßt den chemischen Theil der Lehre von der Verdauung, Respiration, Absonderung etc., kurz des gesamten Stoffwechsels und ist also ein integrierender Bestandtheil der Physiologie. Da sie die soeben definierte Zoochemie voraussetzt, so wird letztere häufig mit in sie einbezogen. Das Wesentlichste aus der physiologischen Chemie erfährt der Studierende selbstverständlich aus den Vorträgen über Physiologie; gleichwohl ist eine besondere Vertretung der physiologischen Chemie wünschenswerth und zwar hauptsächlich wegen der pathologischen Chemie, welche für jetzt nur eine etwas erweiterte physiologische Chemie ist, anderseits aber als sogenannte chemische Diagnostik eine spezielle praktische Unterweisung der Studierenden erheischt, und deshalb ein sehr zeitraubender Unterrichtsgegenstand ist.

Weiters ist zu erwähnen die chemische Hygiene, welche sich mit allen den gesundheitsschädlichen Faktoren zu beschäftigen hat, die der chemischen Untersuchung zugänglich sind, eine für die ärztlichte Prophylaxis und für die Aetiologie sehr wichtige Disziplin.

Endlich gehören hieher die gerichts- und polizeiärztliche Chemie und

die pharmaceutische Chemie (mit Einschluß des chemischen Theils der Pharmacognosie und Pharmacologie), über deren bekannte Aufgabe nichts weiter zu bemerken ist.

Die medizinische Chemie ist also eine sehr umfassende und vielgestaltige Wissenschaft."

Die Folgerung Herings bestand darin, neben der bestehenden Lehrkanzel für Zoochemie eine für gerichtliche und pharmazeutische Chemie und eine dritte für physiologische und pathologische Chemie zu begründen.

Die Realisierung eines solchen Programmes war wohl an jeder Universität schwierig, im Falle von Prag aber erst recht ein Ding der Unmöglichkeit, zumal

---

[71] AVA MCU Zl 2835 ex 1872: Gutachten Herings ddo 1871 XI 9.

die Trennung der Karls-Universität in eine tschechische und eine deutsche zu dieser Zeit schon mehrfach und mit Nachdruck gefordert wurde.

Damit sind wir schon mitten in einem weiteren, für die Entstehung eines neuen Faches ganz wesentlichen Punkt, nämlich dem der Institutionalisierung in der Habsburgermonarchie. Heller legte dazu in Wien den Grundstein. In Prag war Joseph Udo Lerch ab 1858 Exraordinarius für Zoochemie. Sowohl das Laboratorium Hellers wie auch jenes Lerchs waren am jeweiligen Allgemeinen Krankenhaus untergebracht. - Die Fragen der Institutionalisierung waren von der Jahrhundertmitte an immer wieder begleitet von der Diskussion um das Verhältnis zwischen Chemie und Medizin.

Zu Anfang der siebziger Jahre bemühten sich die Universitäten Wien und Prag, die an den jeweiligen Krankenhäusern bestehenden Institutionen an die Universität als Lehrkanzeln und Institute für "angewandte medizinische Chemie" zu ziehen, zumal etwa in Innsbruck oder Graz zu diesem Zeitpunkt solche Einrichtungen als Teile der medizinischen Fakultäten bereits bestanden, und zwar hie wie dort unter der Bezeichnung "physiologische und pathologische Chemie".

Man beeilte sich also in der Donaumonarchie, an jeder medizinischen Fakultät eine eigene Lehrkanzel für angewandte medizinische Chemie zu installieren. Am drastischsten tritt dieses Bemühen durch die Prager Forderung zutage, drei Lehrkanzeln für Chemie für Mediziner einzurichten.

Fragt man nach den hinter solchen Einrichtungen stehenden grundsätzlichen Überlegungen, so ist es nicht mehr und nicht weniger als die Frage, wie naturwissenschaftlich ein Arzt gebildet sein sollte, und Hering meinte: restlos, denn Latein lerne ein Mediziner ja auch nicht bloß zum Verständnis des "am Krankenbett gebräuchlichen Küchenlateins". Daher ist es nach Ansicht Herings günstiger, die Chemie im Rahmen einer philosophischen bzw. naturwissenschaftlichen Fakultät auszubauen und den Medizinern an diesen die Ausbildung zu vermitteln.

Dies war denn auch der Weg, der in Deutschland beschritten wurde; was Wunder also, daß im Ursprungsland der physiologischen Chemie akademische Einrichtungen und Professuren dieses Faches nicht in gebührender Weise ausgebaut waren, denn auf die allgemeine chemische Grundausbildung folgte die medizinische Spezialausbildung in physiologischer Chemie. Der Grazer Fachvertreter Hans Lieb[72] sah sich denn auch nach dem März 1938 veranlaßt, dazu Stellung zu beziehen und wußte sich eins mit Fritz Pregl, der ihm - Lieb - im Jahre 1924 mit dem Argument eines notwendigen Ausbaus der physiologischen Chemie in der Lehre zum Extraordinariat verholfen hatte, und auch mit Emil Abderhalden, der die fachliche Selbständigkeit der physiologischen Chemie entschieden vertreten hatte[73].

---

72 *Lieb* (1938), 1026-1027.

73 *Abderhalden* (1931/32), 159-162. - *Abderhalden* (1932/33), 166-167.

Damit ist auch eine weitere grundsätzliche Frage berührt: wer sollte ein solches Fach vertreten, ein promovierter Mediziner oder ein promovierter Naturwissenschafter. Hans-Heinz Eulner meinte in seinem Werk über die Entwicklung der medizinischen Spezialfächer, daß die "höchste Stufe der Selbständigkeit" zu erreichen war, "wenn ein Arzt sich die chemische Methodik aneignete ..."[74]. Es war dies eine Problematik, die im Falle Hellers erstmals auftrat, die aber mehr als hundert Jahre später an der Grazer Universität anläßlich der Nachbesetzung des Lehrstuhles für medizinische Chemie nach Hans Lieb zu Anfang der sechziger Jahre des zwanzigsten Jahrhunderts ebenso diskutiert wurde[75].

Oftmals ist die Einrichtung einer Zeitschrift als das wesentliche Kriterium für den Abschluß der Gründungsphase eines Faches angeführt worden; im Falle der physiologischen Chemie ist dies mit Hoppe-Seylers Zeitschrift im Jahre 1877 gegeben. Das von Heller als Fortsetzung der Gründung des Berliners Johann Franz Simon in den Jahren 1844-47 und 1852-54 herausgegebene "Archiv für physiologische und pathologische Chemie und Mikroskopie" war möglicherweise etwas verfrüht, und es war kaum verwunderlich, daß die meisten der darin erschienenen Beiträge aus der Feder Hellers selbst stammten.

War es also Hellers Schicksal, ein Fach schon vertreten zu haben, bevor die Zeit dafür wirklich reif war?

Hellers Leistungen auf dem Gebiet der klinischen Chemie

Hellers Verdienste wurden in der schon angesprochenen Literatur eingehend gewürdigt. Am detailliertesten behandelte Schmalhofer Hellers Werk, indem er es thematisch in fünf Hauptgruppen zusammenfaßte: Arbeiten über neue Testverfahren und Analysen, Arbeiten über neue Substanzen, seine physiopathologischen Studien, seine klinischen Interpretationen von Laborbefunden und seine Studien über Drogenwirkungen. - Schon Lieben berücksichtigte Hellers Werk in seiner in den dreißiger Jahren erschienenen Studie und stellte es in den Gesamtzusammenhang der Entwicklungsgeschichte der physiologischen Chemie[76]. So sei das Wesentlichste der Tätigkeit und Forschungsergebnisse Hellers in aller Kürze referiert.

An selbständigen Veröffentlichungen erschien nach seiner Dissertation (1837) über die Rhodizonsäure[77] 1846 eine Zusammenfassung seiner Untersu-

---

[74] *Eulner* (1970), 70.

[75] In Kürze wird zur Geschichte des Faches Chemie an der Medizinischen Fakultät der Grazer Universität eine von Anton Holasek und Alois Kernbauer verfaßte Monographie erscheinen.

[76] *Lieben* (1935).

[77] *J. F. Heller*: Über die Rhodizonsäure, eine neue Oxydationsstufe des Kohlenstoffs, und die Krokonsäure, dann die Salze beider. Prag 1837. - *Partington* 4 (1974), 794.

chungsmethoden[78] als Sonderdruck aus Gaals physikalischer Diagnostik[79]. Im Jahre 1860 publizierte er das Buch "Die Harnconcretionen"[80].

Wirklich Bleibendes schuf er auf dem Gebiet der Testverfahren. Für den qualitativen Nachweis von Zucker entwickelte Heller im Jahre 1844 ein neues, auf der Verharzung von Zucker mit Alkalien beruhendes Verfahren[81].

Im Jahre 1852 publizierte Heller seine "Ringprobe" mit konzentrierter Salpetersäure zum Nachweis von Eiweiß im Harn[82], die hundert Jahre lang angewendet wurde.

Für den Nachweis von Blutfarbstoff im Harn entwickelte Heller ein Verfahren[83]; darüber hinaus lieferte er Beiträge zu weiteren Testverfahren[84].

Schon seit der Mitte des 18. Jahrhunderts hatte man die Abscheidung eines blauen Farbstoffes im menschlichen Harn beobachtet; Heller sprach im Falle dieses Farbstoffes von "Uroglaucin"[85]. - Den bei der alkalischen Harngärung bisweilen spontan entstehenden roten Farbstoff nannte Heller "Urrhodin"; nach seinem Tod, im Jahre 1883, wurde dafür der Begriff "Urorubin" geprägt[86]. Ferner beschäftigte er sich mit "Uroxanthin"[87].

Zwei Jahre vor Henry Bence Jones, der den Eiweißkörper im Jahre 1848 entdeckte, beschrieb Heller vermutlich dieselbe Proteinverbindung[88].

Heller machte 1847 als erster die Beobachtung der Verminderung der Chlorausscheidung bei fieberhaften Erkrankungen[89]. - Schon Berzelius hatte das Auftreten von Fetttröpfchen im Harn beobachtet. Heller entdeckte sogenannte "Urostealithe", also überwiegend aus Fett bestehende Konkremente[90]. -

Die grundsätzliche Überlegung des Einsatzes der Chemie zur Klärung zentraler medizinischer Fragen war zu Hellers Zeit gerade in Wien infolge der "Transformierung der Schwannschen Blastemtheorie ins Pathologische"[91] durch Carl von Rokitansky aktuell geworden. Rokitansky hatte die Lehre von den Exsudaten in den Mittelpunkt seiner Solidarpathologie gestellt, in der er einen Großteil der Krankheitsprodukte von Ausschwitzungen des Blutes herzuleiten trachtete. Der Chemie kam seiner Auffassung nach die Aufgabe der stofflichen Klärung

---

78 *Heller*: Grundlehren (1846).
79 *Gaal* (1846).
80 *Heller*: Harnconcretionen (1860).
81 *Lieben* (1935), 507. - *Schmalhofer* (1980), 98.
82 *Lieben* (1935), 604. - *Schmalhofer* (1980), 103-106.
83 *Lieben* (1980), 604, 611. - *Schmalhofer* (1980), 110-111.
84 *Schmalhofer* (1980), 111-112.
85 *Lieben* (1935), 607.
86 *Lieben* (1935), 608. - *Schmalhofer* (1980), 115-120.
87 *Schmalhofer* (1980), 119.
88 *Lieben* (1935), 605. - *Schmalhofer* (1980), 107-110.
89 *Lieben* (1935), 615.
90 *Lieben* (1935), 620. - *Schmalhofer* (1980), 112-115.
91 *Lesky* (1978), 252.

dieser Exsudate zu. Doch bedurfte es nach Meinung eines Rokitansky, eines Skoda und eines Schuh für die Lösung solcher Fragen eines ausgebildeten Arztes und nicht eines Chemikers, dessen Vorstellungen vom Bau der Organe, von physiologischen und pathologischen Prozessen - wie Schuh es ausdrückte - "nicht hinreichend klar geworden sind"[92].

Heller und die Wiener Medizinische Fakultät

Die Auseinandersetzungen innerhalb der Wiener Medizinischen Fakultät um die Person Hellers sind schon mehrfach beleuchtet worden. So eindeutig und klar, wie Erna Lesky den die Fakultät spaltenden Gegensatz in ihrem Buch aufzeigte, nämlich hie Schuh, Skoda und Rokitansky als Gegner, da Pleischl als Förderer und Befürworter Hellers, verliefen die Grenzen bei genauerem Hinsehen denn doch nicht.

Anläßlich des Ansuchens Hellers um definitive Anstellung als Vorstand des chemischen Laboratoriums des Allgemeinen Wiener Krankenhauses vom 16. September 1846[93] wandte sich Skoda radikal und in seinem Gefolge so manches Mitglied der Wiener medizinischen Schule mehr oder weniger deutlich gegen Heller. Skoda führte als Gründe an, daß zum einen Heller nicht Medizin studiert habe, kaum anatomische Kenntnisse und keine Erfahrungen am Krankenbett besitze, also weder die Bedürfnisse der Medizin kenne noch die an ihn gestellten Fragen verstünde[94]; zum anderen habe Heller ihm, Skoda, zwei chemische Analysen übermittelt, die sich beide als nicht korrekt erwiesen hätten. Franz Schuh lobte den Fleiß Hellers, hielt ihn allerdings für den fraglichen Posten für nicht geeignet, weil ihm das Doktorat der Medizin fehlte[95]. Carl von Rokitansky bediente sich zur Begründung seiner ablehnenden Haltung einer ähnlichen Argumentation, ebenso der neuernannte Primararzt Emil Dobler, der über das allerbeste Einvernehmen mit Skoda verfügte[96].

Einige Angehörige der Wiener Fakultät, der Primararzt der Frauenabteilung Eduard Mikschik[97], der Professor für Hautkrankheiten Ferdinand von Hebra[98] und Franz Seeburger[99] hielten sich nicht für kompetent, ein Urteil über Heller abzugeben. Der Chirurg Georg Mojsisovich[100] sah im Studiendirektorat die zur

---

[92] *Lesky* (1978), 252.
[93] UAW Med. Fak. 286 ex 1846.
[94] *Schmalhofer* (1980), 40.
[95] *Schmalhofer* (1980), 42.
[96] Im Jahre 1837 hatten sie gemeinsam eine Arbeit über Abdominaltyhus veröffentlicht. - *Schönbauer* (1947), 232.
[97] *Lesky* (1978), 123, 210.
[98] *Lesky* (1978), 153-160.
[99] *Lesky* (1978), 160.
[100] *Lesky* (1978), 206.

Beurteilung der Fakultätsmitglieder berufene Behörde, Karl Fol-warczny[101] wollte die Beurteilung Hellers Chemikern übertragen wissen; zwei Mitglieder der Fakultät (Franz Xaver Bartsch, Johann Klein) verzichteten auf ein Gutachten, weil sie Hellers Laboratorium noch nicht in Anspruch genommen hatten.

Der Chirurg Joseph von Wattmann[102] und der Ophthalmologe Anton von Rosas[103] beurteilten Heller positiv, Johann Anton Raimann[104] sprach sich für die Einrichtung der Chemie als ordentliches Lehrfach und für die Bestellung Hellers aus; gleichermaßen positiv äußerten sich fünf weitere Ärzte[105].

Die Krankenhausdirektion lehnte angesichts dieser Stellungnahmen eine feste Anstellung Hellers ab, obwohl Adolph Martin Pleischl für Heller eintrat. Pleischl suchte die negativen Äußerungen der Gegner Hellers zu entkräften, indem er auf die an der Prager Universität erfolgte Ausbildung Hellers in einzelnen medizinischen Fächern hinwies[106]. Sichtet man die Quellen genau, so fällt Pleischls anfängliche Halbherzigkeit in seinem Engagement für Heller auf, und es will dabei der Verdacht nicht schwinden, daß Pleischl dies aus Gründen der Eigennützigkeit tat.

Pleischl war schon im Jahre 1838, anläßlich seiner Berufung an die Universität Wien - er war damals 51 Jahre alt - als Chemiker nicht mehr ganz auf der Höhe der Zeit und wurde - nachdem ein im Sinne Liebigs geschulter Nachwuchs zur Verfügung stand - denn auch rasch und vor Erreichung der Altersgrenze in Pension geschickt. Es war also in den vierziger Jahren von vornherein nicht vorteilhaft, als Vorreiter einer neuen Disziplin - und als solcher verstand sich Heller - Protegé Pleischls zu sein. Skoda führte denn auch das negative Urteil der beiden im Ausland geschulten Chemiker Joseph Redtenbacher und Anton Schrötter gegen Heller ins Treffen[107], doch dürfte die darin zutage getretene Abschätzigkeit gleichermaßen dem Lehrer Pleischl und dessen Schüler Heller gegolten haben.

Als Heller - kaum war seine Anstellung als pathologischer Chemiker am allgemeinen Krankenhaus geglückt - zu Ende des Jahres 1846 den Antrag stellte, öffentliche Vorlesungen über physiologische und pathologische Chemie und Microscopie halten zu dürfen und damit also um eine öffentliche Dozentenstelle an der Wiener Universität einkam - wenige Jahre später sollte man in solchen

---

101 *Lesky* (1978), 160.
102 *Lesky* (1978), 68-70.
103 *Lesky* (1978), 86-87.
104 *Lesky* (1978), 52.
105 Dies waren die Primarärzte Heger, Bittner, der Professor an der syphilitischen Station Karl Ludwig Sigmund, der Professor der Psychiatrie Michael Viszanik und überaus lobend der Primarius Sterz. - *Schmalhofer* (1978), 46-50.
106 Dies wurde aber nicht anerkannt, weil ein Doppelstudium zu dieser Zeit verboten war. - *Schmalhofer* (1978), 52-62.
107 *Schmalhofer* (1980), 64-68.

Fällen auch in der Donaumonarchie von Habilitation sprechen - , fürchtete Pleischl ganz offensichtlich die Konkurrenz eines Vortragenden aus Chemie innerhalb der medizinischen Fakultät[108]. Zwar habe er, Pleischl, sich anläßlich der definitiven Anstellung Hellers als pathologischer Chemiker durchaus positiv geäußert, aber öffentliche Vorträge zu halten sei nun doch etwas ganz anderes. Es sei das Was, also der Inhalt, solcher Vorlesungen zu bestimmen, auch die Frage zu klären, ob sie gratis oder gegen Honorar erfolgen sollten, das Wie, Wann und Wo sei klar: "auf jeden Falle im allg. Krankenhause"[109].

Je entschiedener Pleischl, der selbst gelernter Mediziner war, sich in der Folgezeit zugunsten Hellers äußerte, desto stärker und schärfer wurden die Entgegnungen Skodas. Sieht man die Fakultätssitzungsprotokolle der folgenden Jahre in ihrer Gesamtheit, so handelte es sich offensichtlich um eine grundsätzliche Gegnerschaft, die nicht bloß im Wesen der Exponenten dieses Streites, namentlich auch Skodas, der ja für seine trockene und oftmals kompromißlose Führung von Auseinandersetzungen bekannt ist, ihren Grund gehabt haben dürfte, sondern der auch eine Art Generationskonflikt zugrundegelegen sein dürfte. Stichprobenartige Untersuchungen des Aktenmaterials der Medizinischen Fakultät lassen erkennen, daß im Falle von Auseinandersetzungen innerhalb der Fakultät zu anderen Fragen ähnliche Parteiungen vorgeherrscht haben.

Daß es bei diesen Überlegungen um grundsätzliche Fragen ging, geht aus einem Gutachten hervor, das die Wiener medizinische Fakultät im Jahre 1846 zum Ansuchen des Magisters der Pharmazie Joseph Udo Lerch abgab, als dieser an der Prager Universität außerordentliche "Vorträge" über polizeiliche und gerichtliche Chemie abhalten wollte. In der Sitzung des Kollegiums vom 14. Oktober 1846 kam es zur Konfrontation, in der von seiten derselben Persönlichkeiten, die sich gegen Hellers Anstellung wandten, dieselben Bedenken gegen eine "Habilitation" Lerchs geäußert wurden. Der Botaniker Stephan Endlicher hingegen verwies in seiner Stellungnahme darauf, daß es sich dabei doch um keine Lehrkanzel, sondern um außerordentliche Vorlesungen handle, weshalb man Lerch kein Hindernis machen solle. Die Beratungen der Fakultät erbrachten das Ergebnis, Lerch die Berechtigung zu erteilen, als "selbständigen Docenten über die von ihm angeführten Gegenstände" in die Fakultät einzugliedern, "jedoch mit der nachdrücklichen Bemerkung, daß seine Dienstleistung ihm keinen Anspruch für die ordentliche Professur der pathologischen Chemie gibt, indem diese Professur nur von einem Med. Doctor übernommen werden kann."[110] - Es scheint also die Bewilligung einer solchen Lehrbefugnis als eine unmittelbare Vorstufe für eine Professur gesehen worden zu sein.

---

[108] UAW Johann Florian Heller, fol. 3: Stellungnahme Pleischls ddo 1846 XII 31ö.

[109] UAW Johann Florian Heller, fol. 3: Stellungnahme Pleischls ddo 1846 XII 31ö.

[110] UAW Sitzungsprotokoll der Medizinischen Fakultät ddo 1846 X 14. - Ähnlich äußerte sich das Professorenkollegium in seiner Sitzung vom 10. Juli 1847.

In diesem Zusammenhang ist zu bedenken, daß Pharmazeuten zwar als Chemiker der ersten Stunde manch Wertvolles leisteten, ja Pioniertaten erbrachten, daß sie aber in der Donaumonarchie vor 1848 als Lehrer vielfach an der philosophischen Fakultät und damit an jener Fakultät tätig waren, der bis zum Jahre 1848 propädeutischer Charakter zukam. Und es sollte noch lange dauern, bis dem Chemiker - angesichts der Erfolge der chemischen Disziplinen und deren Folgen für die Praxis - in der zweiten Jahrhunderthälfte großes Ansehen entgegengebracht wurde.

Die Stellungnahmen der Wiener Fakultätsmitglieder lassen folgende Schlüsse zu: 1. Abgesehen von der Person Hellers ging es bei diesen Diskussionen um die prinzipielle Frage der Aufgabe der pathologischen Chemie und deren Stellung innerhalb des Kanons der medizinischen Fächer und 2. letztlich um die Frage nach einer naturwissenschaftlich ausgerichteten Medizin überhaupt. Daß diese Probleme gesehen, daß diese Fragen innerhalb der Wiener medizinischen Schule aufgeworfen und diskutiert werden konnten, ist nur ein weiterer Beweis dafür, daß diesem Kollegium in den vierziger Jahren mehrere höchst bemerkenswerte Zelebritäten angehörten.

Als Heller am 20. Juli 1849 wiederum um seine definitive Anstellung als Vorstand des von ihm aufgebauten Laboratoriums und um Erhebung seiner Dozentur zur außerordentlichen Professur der physiologischen und pathologischen Chemie und Mikroskopie einkam[111], bat man den Pharmakologen Carl Damian Schroff[112] und den mittlerweile an Pleischls Stelle in Wien wirkenden Chemiker Joseph Redtenbacher um Gutachten.

Schroff stellte fest: "Bedenkt man, daß Heller unter höchst ungünstigen äußeren Verhältnissen, anfangs bloß auf seine aus Eigenem herbeigeschafften Mittel beschränkt u. später bis nun im Besitz eines in jeder Beziehung unzweckmäßigen, um nicht zu sagen erbärmlichen Lokales durch ungewöhnliche Ausdauer u[nd] rastlosen Fleiß so viel zu leisten vermochte, so läßt sich mit voller Beruhigung erwarten, daß er in günstigere Verhältnisse namentl. in den Besitz eines den Anforderungen der Wissenschaft entsprechenden Laboratoriums versezt (!) um so Ersprießlicheres zu leisten im Stand seyn werde."[113]

Das aus drei Räumen bestehende Laboratorium[114] Hellers galt nicht gerade als ein Prunkstück seiner Art[115], wobei als Vergleich vermutlich die bestehenden Laboratorien an der Medizinischen Fakultät bzw. und die als besonders prächtig geltenden Einrichtungen des Polytechnikums in Wien dienten. Forschungen Johannes Büttners zu den Anfängen der klinisch-chemischen Laboratorien im

---

111 UAW Med. Fak. Zl 627 ex 1849.

112 *Lesky* (1978), 274-279.

113 *Schmalhofer* (1980), 69-72.

114 *Schmalhofer* (1980), 34.

115 Zu Ende der vierziger Jahre wurde es als "erbärmliches Lokale" bezeichnet.

deutschsprachigen Raum[116] führten zu dem Ergebnis, daß Hellers Laboratorium besser ausgestattet war als viele ähnliche Institutionen andernorts. - Im Jahre 1857 wurde in Wien im übrigen ein Neubau in die Wege geleitet, der 1862 abgeschlossen wurde.

Anfang August 1849 zog Heller sein im Juli gestelltes Gesuch zurück; man hatte ihm zu verstehen gegeben, daß die Ernennung zum außerordentlichen Professor nicht im Bereich des Möglichen lag. Am 18. August suchte Heller um definitive Anstellung als Laboratoriumsvorstand an[117]. In diesem Zusammenhang sprach sich Rosas für Heller aus.

Wenig günstig äußerte sich Redtenbacher, der allerdings vorausschickte, daß er sich selbst mit pathologischer Chemie nicht beschäftigte; Redtenbacher begründete sein Urteil damit, daß Heller in den chemischen Zeitschriften, die er, Redtenbacher, lese, nicht gewürdigt werde, dagegen die Zeitschriften, in denen Heller erwähnt werde, von geringem Wert seien. - Tatsächlich wurden Hellers Arbeiten auch in Lehmanns Lehrbuch differenziert berücksichtigt[118].

Das Ministerium für Cultus und Unterricht als die zur Entscheidung dieser Frage berufene Behörde zögerte, sandte Heller mittels Dekret vom 13. November 1849 zur weiteren wissenschaftlichen Ausbildung in das Ausland und stellte dafür einen Betrag von 1000 fl. zur Verfügung. Zehn Tage nach dieser Entscheidung schrieb Ernst Brücke an seinen Freund Emil du Bois-Reymond: "Grüsse Heintz bestens und sage ihm, dass von einigen Professoren (Scoda u. Redtenbacher) darauf gedrungen sei dem H. Fl. Heller seine Stellung als Spitalschemiker nicht weiter zu verlängern, weil er derselben nicht gewachsen sei, dass dieser Antrag an dem Mitleiden des Ministerii (welches allerdings in so fern begründet ist, als Heller Familie und keine anderweitigen Subsistenzmittel hat) gescheitert ist, welches sich dahin entschieden hat, den p.p. Heller auf Reisen zu schicken, damit er sich die ihm fehlenden Kenntnisse in der Chemie erwirbt. Nach dieser vertraulichen Mitheilung mag er den albernen Artikel unserer Zeitungen beurtheilen, in welchem dem Ministerium Glück gewünscht wurde, dass es ein bisher verkanntes vaterländisches Talent (!) hervorgezogen habe und durch die Mittel zu einer wissenschaftlichen Reise thätig unterstütze."[119] Am 26. Jänner 1850 suchte Heller um Bereitstellung des Geldes an, um im Februar seine Reise antreten zu können.

Als es in der Folge um die Supplierung der Stelle Hellers während dessen Abwesenheit ging, wurde Joseph Redtenbacher um die Namhaftmachung eines Supplenten gebeten: "Herr Dr. Florian Heller hat sich in der Wissenschaft bisher theils keinen theils einen zweifelhaften Namen gemacht. Ich bin also nicht in der Lage dem Ansuchen eines verehrten Collegiums zu entsprechen.

---

[116] *Büttner* (1989).
[117] UAW Med. Fak. Zl 702 ex 1849.
[118] *Lehmann* (1853).
[119] *Brücke u.a.* 1 (1978), 29.

Würde aber die Stelle eines pathologischen Chemikers im Spitale besser dotirt und mit einem ordentlichen Laboratorium ausgerüstet und dann neu zu besezen (!) sein, so wäre ich nicht einen Augenblick in Verlegenheit tüchtige Chemiker für dieselbe vorzuschlagen. Unter diese würde ich vor allem Herrn Dr. Heinz, Privatdocenten dieses Faches zu Berlin, Herrn Professor Lehmann zu Leipzig, Herr Dr. Baumert zu Breslau, Herrn Prof. Will zu Gießen, Herrn Professor Dr. Wilhelm Hofmann zu London und mehrere andere rechnen."[120]

Skoda machte in diesem Zusammenhang nochmals den Liebig-Schüler Franz Ragsky[121], den er für die Stelle eines Laboratoriumsvorstandes für weitaus geeigneter hielt als Heller, als Supplenten namhaft. Tatsächlich übernahm schließlich Theodor Wertheim[122] die Supplentur, der später in Budapest und in Graz Professor der Chemie werden sollte.

Am 21. Februar 1850 trat Heller seine Reise an und kehrte Anfang Dezember wieder nach Wien zurück, wo er am 7. Dezember sein Laboratorium übernahm.

Heller legte mit Blickpunkt auf die erhoffte definitive Anstellung dem Ministerium einen Reisebericht vor, der ihm zur Überarbeitung zurückgereicht wurde. In der zweiten Fassung enthielt er sich der Stellungnahmen zur politischen Situation in anderen Ländern ebenso wie der meisten negativen Aussagen über Skoda. Gerade in den politischen Äußerungen zeigte sich Heller, der im Frühjahr 1848 als Obmann der Deputierten des Medizinerkorps[123] fungiert hatte, nicht ohne Opportunismus recht vormärzlich konservativ.

Das Ministerium forderte im Oktober 1851 von der Wiener Fakultät eine Stellungnahme zu dem Reisebericht; diese wiederum versuchte von Redtenbacher eine Beurteilung des chemischen Teiles des Berichtes zu erhalten, der jedoch als Angehöriger der Philosophischen Fakultät aus formalen Gründen ablehnte[124]. Nach nochmaliger Aufforderung des Ministeriums rang sich die Fakultät im Juli 1852 auf der Basis eines positiven Komissionsberichtes zum Antrag auf definitive Anstellung Hellers durch, die dann allerdings erst im Jahre 1855 erfolgte, und zwar nachdem 1854 ein Konkurs für dessen Stelle abgehalten worden war. "Diese Verzögerung seiner definitiven Anstellung war mit Sicherheit nicht ohne Folgen für sein wissenschaftliches Leistungsvermögen geblieben."[125] Innerhalb der Fakultät war die Stimmung Heller gegenüber und die Einschätzung seiner wissenschaftlichen Fähigkeiten allerdings keineswegs besser geworden, wie aus

---

120 *Schmalhofer* (1980), 77-78.
121 *Lesky* (1978), 252, 282.
122 *Kernbauer* (1985), 32-39.
123 *Ganzinger* (1981), 1016.
124 *Schmalhofer* (1980), 79-80.
125 *Schmalhofer* (1980), 3.

einem Brief Brückes andeutungsweise zu erkennen ist[126]. Zu dieser Zeit galt die Aufmerksamkeit Hellers wohl vornehmlich der Einrichtung des Laboratoriums.

In den fünfziger Jahren waren unter den Assistenten Hellers so manche originelle Köpfe, wie etwa Vinzenz Kletzinsky[127] und Carl Folwarczny[128]. Heller selbst war offensichtlich zu keinen außerordentlichen Leistungen mehr imstande. Echte Fortschritte wurden in der Folgezeit in den Laboratorien eines Hoppe-Seyler, eines Hofmeister, eines Nencki und eines Hammarsten erzielt.

Sucht man nach den Ursachen der wenig erfolgreichen Laufbahn Hellers, so stößt man zuerst einmal auf den Widerstand innerhalb der Fakultät, der sich auf mehrfache Gründe stützte:

Da war zum einen das überaus scharf ausgefallene Urteil der Autorität Justus Liebig über Hellers Erstlingsarbeit, was in Chemikerkreisen auch in der Zeit einer robusten Streitkultur unter Gelehrten sicherlich lange nachwirkte. Heller griff als Herausgeber seines "Archivs" diese Form einer harten Gelehrtendisputation auf und übte seinerseits an manchen der in seinem Archiv abgedruckten Arbeiten herbe Kritik[129].

Heller war Pharmazeut und hatte als solcher denkbar wenig Chancen, von Medizinern als gleichwertiger Partner innerhalb der Fakultät anerkannt zu werden.

Heller war der Protegé Pleischls, der ihn in der Anfangsphase zudem etwas halbherzig unterstützte. Nun zählte Pleischl unter den Chemikern zu jener Generation, die angesichts des in den vierziger Jahren im Fach Chemie im Gange befindlichen Paradigmenwechsels in der Donaumonarchie keine Zukunft mehr hatte.

Heller selbst faßte in seiner etwas allzu aufdringlichen Art, von der Wöhler sprach, so manches Vorhaben wenig glücklich an: In seinem Glauben an die nor-

---

[126] In einem Brief vom 17. und 18. Oktober 1856 an Emil Du Bois-Reymond heißt es: "An Bence Jones habe ich schon geschrieben. Er wollte durch Heller die Masse von der Duschekammer des hiesigen Irrenhauses haben. Ich habe ihm dieselben selbst ausgemittelt und übersendet." - *Brücke u. a.* (1978), 87.

[127] Kletzinsky war in der Folgezeit als Professor der Chemie an der Wiedner Kommunal Oberreal- und Gewerbeschule in Wien tätig; er lehnte zwei Berufungen an die Universität Petersburg ab, weil er in Österreich bleiben wollte. - *Lieben* (1935), 544. - *Lesky* (1978), 256.

[128] Er war ab 1863 der erste Vertreter des Faches an der neugegründeten medizinischen Fakultät an der Universität Graz.

[129] In seiner Zeitschrift druckte er den Aufsatz ab: *Becquerel - Rodier:* Untersuchungen über die Zusammensetzung des Blutes im gesunden und kranken Zustande. Archiv für physiologische und pathologische Chemie und Mikroskopie in ihrer Anwendung auf die praktische Medizin 2 (1845), 27-104. - Heller fügte dieser Abhandlung eine Anmerkung hinzu, in der er die Untersuchungsmethode scharf kritisierte. - *Heller:* Vorläufige Nachschrift. Archiv für physiologische und pathologische Chemie und Mikroskopie in ihrer Anwendung auf die praktische Medizin 2 (1845), 104.

mative Kraft des Faktischen und im Vertrauen auf seine enorme Arbeitskraft und sein Engagement richtete er aus eigenen Mitteln ein Laboratorium ein, bot sozusagen gratis seine Dienste an, verkaufte sich also in gewisser Hinsicht unter seinem Wert. Nach siebenjährigem Bestand seines Laboratoriums wurde dessen Zustand von Zeitgenossen noch immer als erbärmlich beschrieben.

Erklärbar ist diese Vorgangsweise damit, daß Heller als Pharmazeut von vornherein selbst ganz genau um seine wenig günstigen Startbedingungen für die von ihm angestrebte Aufnahme in die Wiener medizinische Fakultät wußte. Die offensichtlich vorhandenen Gefühle der Unterlegenheit und Unsicherheit schlugen in der Folge oftmals in allzu protziges Auftreten um; nicht selten versuchte er den zweiten Schritt vor dem ersten zu tun und verschlechterte damit seine Position zusehends.

Heller sah sich als Begründer einer neuen Richtung. Seine Gegner brauchten nur den von ihm propagierten Maßstab an ihn selbst anzulegen, und schon genügte er mit seinen Leistungen nicht mehr.

In dem im folgenden abgedruckten Reisebericht wird deutlich, daß er ganz offensichtlich von einem geradezu zwanghaft gewordenen Hang beseelt war, jedermann zu belehren. -

Aber auch das Ministerium verhielt sich ungeschickt. Es forderte das Kollegium um eine Stellungnahme zu Hellers Reisebericht auf, in welchem so manche ungünstige Äußerung über Skoda und über die jungen, von Liebigs Schule geprägten Chemiker zu lesen war; die Folge war, daß Heller eine zweite, bereinigte Fassung seines Berichtes vorlegen mußte.

Am klarsten lagen die Verhältnisse innerhalb der Medizinischen Fakultät. Skodas ablehnenden, oft genug in rüde Worte gekleideten Stellungnahmen, denen sich die namhaftesten Vertreter der Schule anschlossen, standen die Mehrheitsbeschlüsse der Fakultät gegenüber, in denen sie sich zugunsten Hellers aussprach. Es handelte sich um einen für einen Paradigmawechsel typischen Schulenstreit, wobei die Besonderheit darin bestand, daß ein Angehöriger eines alten Paradigmas ein neues, zwischen zwei bestehenden Disziplinen, nämlich der Medizin und der Chemie, angesiedeltes Fach begründen wollte. Ausgesprochen tragisch muß es anmuten, daß dieser Mann, der diesen neuen Weg zu gehen versuchte, die richtige Richtung eingeschlagen hatte, aber an einer Vielzahl äußerer Umstände und auch an sich selbst gescheitert war. Immerhin formulierte er aber die Leitlinien und Aufgaben eines neuen Faches. Theodor Leipert ist nicht zu widersprechen, daß es sich im Falle von Heller um den Vater der klinischen Chemie in Österreich handelte.

Zu Anfang der siebziger Jahre war nun die eigenwillige Situation gegeben, daß an den neugegründeten medizinischen Fakultäten von Graz und Innsbruck Professuren für pathologische und physiologische Chemie bestanden, während dies in Wien und Prag nicht der Fall war. Nach Hellers Tod regte die Wiener Medizinische Fakultät die Eingliederung des physiologisch-pathologischen Instituts, das dem Allgemeinen Krankenhause angehörte, in die Fakultät und die Einrichtung einer Lehrkanzel für angewandte medizinische Chemie an. Dabei war man an einem konzertierten Vorgehen mit Prag interessiert, wo die Konstruktion ähnlich war: das zoochemische Institut, dem Lerch noch immer vorstand, gehörte dem dortigen Krankenhaus an. An beiden Universitäten sollten Lehrkanzeln für angewandte medizinische Chemie eingerichtet werden. In einem Gutachten über Lerchs Eignung für eine solche Lehrkanzel argumentierte man - ein Vierteljahrhundert nach dem ersten Gutachten, das Heller betroffen hatte - in bekannter Weise: er komme für gerichtliche und pharmazeutische Chemie in Betracht, für physiologische und pathologische Chemie allerdings nicht, denn er sei Pharmazeut und wisse nichts von physiologischen Zusammenhängen.

Die Ironie des Schickals wollte es, daß der Nachfolger Hellers in Wien wiederum ein Pharmazeut war: Ernst Ludwig, den die Fakultät zuerst ebenfalls wenig freudig akzeptieren mußte, der aber seiner Lehrkanzel und seinem Fach in der Folge alle Ehre machte. In welchem Ausmaß diese Besetzung zu Mitte der siebziger Jahre allerdings eine Verlegensheitslösung war, geht daraus hervor, daß ihr zwei nicht zielführende Ternavorschläge vorangegangen waren: auf dem ersten, im Jahre 1872 erstellten, waren ex aequo Felix Hoppe-Seyler und Wilhelm Kühne, also die beiden führenden Kräfte des deutschen Sprachraums, genannt. Theodor Billroth setzte sich sehr für die Berufung Hoppe-Seylers[130] ein, doch lehnte dieser ab, sodaß ein weiterer Vorschlag vorgelegt werden mußte; auf diesem zweiten, im Jahre 1874 erstellten wurde Ernst Salkowsky, Extraordinarius für angewandte medizinische Chemie in Berlin und Assistent Virchows, primo und Otto Nasse, Extraordinarius für physiologische Chemie in Halle, secundo loco genannt. Tatsächlich wurde aber - wie bereits erwähnt - Ernst Ludwig bestellt.

---

130 Dies geht aus den noch nicht edierten Briefen Billroths an Hoppe-Seyler hervor. - Freundlicher Hinweis von Prof. DDr. Johannes Büttner.

2. Johann Florian Hellers Bericht

2.1. Bemerkungen zur Edition und Beschreibung des Reiseberichtes

Beide Fassungen des in der bisherigen Literatur als verschollen angeführten Reiseberichtes liegen im Österreichischen Staatsarchiv, Allgemeines Verwaltungsarchiv in Wien, und zwar als Teil der Akten der Medizinischen Fakultät der Wiener Universität, Medizinische Chemie[1].

Der im folgenden abgedruckte Text gibt die erste, umfangreichere Fassung des Reiseberichtes wieder. Jene Passagen, die Heller in der zweiten Fassung wegließ, sind in kursiver Schrift gesetzt.

In der zweiten, knapperen Fassung, die vollständig in der ersten enthalten ist, verzichtete Heller weitgehend auf Wertungen bzw. auf die Wiedergabe von Beobachtungen, die außerhalb des fachspezifischen Bereiches lagen.

Heller schrieb die erste Fassung nicht selbst ins Reine, während die zweite Fassung bis zum Ende des Kapitels "Bern" von Heller selbst geschrieben wurde. Der folgende Teil, ab "Paris", wurde möglicherweise von Heller diktiert, zumal gerade in diesem Teil vornehmlich die Schreibweisen von Namen sehr häufig von der damals üblichen Form abweichen.

Die Orthographie Hellers wurde zur Gänze beibehalten; die von Heller zum Zweck der Hervorhebung vorgenommenen Unterstreichungen einzelner Wörter wurden in der Wiedergabe nicht berücksichtigt, weil die Hervorhebungen in beiden Fassungen des Berichtes erheblich voneinander abweichen. Die Schreibung der Eigennamen, die bei Heller nicht selten von der gängigen Form abweicht, wurde - um etwaigen Irrtümern vorzubeugen - vereinheitlicht. Jenen Wörtern, deren Rechtschreibung von dem um 1850 gebräuchlichen Usus abweicht, wurde ein Rufzeichen in Klammer (!) nachgestellt. Im Falle nicht wirklich störender Unterschiede zur heutigen Orthographie, generell in der Groß- und Kleinschreibung, wurde auf die Anbringung des Rufzeichens in Klammer verzichtet. Die Auflösung von Abkürzungen wurde zwischen [ ] gesetzt.

Der Kommentar ist in der Absicht erstellt worden, zu manchen Äußerungen Hellers eine gewisse Grundinformation mit dem Hinweis auf weiterführende Literatur zur bieten. Die Auswahl der kommentierungsbedürftigen Stellen erfolgte letztlich subjektiv. So stehen neben so manchem Leser wohl banal erscheinenden Erläuterungen zur Abrundung des Gesamteindruckes fallweise auch Informationen, die über das unmittelbare Verständnis des Textes hinaus von Interesse sind.

In ganz wenigen Fällen war es nicht möglich, die im Text erwähnten und zugleich kommentierungsbedürftig erscheinenden Begebenheiten, Personen, Forschungsfragen, Laboratoriumsgerätschaften etc. mit der wünschenswerten Klarheit zu erläutern. In diesen Fällen wurde dies im Kommentar ausdrücklich vermerkt.

---

[1] AVA MCU Zl 7253 ex 1852.

2.2. Die Zuverlässigkeit der Aussagen Hellers

Im allgemeinen ist der Bericht von dem offensichtlichen Bemühen Hellers getragen, die Reiseeindrücke möglichst getreu wiederzugeben.

Nicht zu übersehen ist Hellers Absicht, die eigene Person dem Ministerium gegenüber im allerbesten Licht darzustellen. Wenn Heller in der erweiterten Fassung des Berichtes die zuvorkommende Aufnahme lobte, die ihm allerorten zuteil wurde, so entsprach dies mit größter Wahrscheinlichkeit den Tatsachen. Namentlich die in der "Allgemeinen Medicinischen Central-Zeitung" überlieferte positive Reaktion auf den Aufenthalt Hellers in Berlin und dessen Vorlesungszyklus stimmt mit der Darstellung Hellers weitgehend überein.

Nichtsdestoweniger unterlief Heller so mancher Irrtum, der besonders im Falle der Wiedergabe von Namen bedauerlich ist, zumal dies die Auflösung des Namens erheblich erschwert oder in wenigen Fällen gar unmöglich macht.

Daneben trifft Heller subjektiv gefärbte Aussagen, die oftmals keineswegs der Realität entsprochen haben dürften. Allen voran sind die negativen Äußerungen über Skoda zu erwähnen, die den Schluß zulassen, daß Heller auf seiner Reise im Verlauf der jeweiligen Gespräche die Wiener Verhältnisse wiederholt zum Thema erhob und dabei wohl jede Gelegenheit genützt haben dürfte, um die Person seines Wiener Hauptgegners in einem schlechten Licht darzustellen.

Subjektiv gefärbt sind auch die Aussagen über die Qualifikation und Leistungen all jener Wissenschafter, die auf dem gleichen Feld bzw. auf verwandten Gebieten forschten wie er selbst. In all diesen Fällen sind Hellers Äußerungen über diese seine Kollegen im besten Fall zurückhaltend, zumeist kritisch ablehnend. Es sei an dieser Stelle auf die Passagen verwiesen, in denen er über Lehmann, Heintz, Hoefle, Becquerel und Rodier schreibt. Heller verfolgte damit die Absicht, sich dem Ministerium gegenüber als Bahnbrecher seiner Disziplin darzustellen, doch lassen diese abschätzigen Wertungen zugleich auch ein gewisses Maß an Unsicherheit erkennen.

An einem Beispiel ist nachweisbar, daß Heller nicht alles Bemerkenswerte seiner Reise wiedergab. So verschwieg er, Wöhler in Berlin getroffen zu haben, der seinerseits an Liebig schrieb, Heller und dessen Gemahlin in Berlin begegnet zu sein. In der Einleitung und im Kapitel über Gießen betonte Heller, daß für ihn die Trennung von seiner Familie ein besonders großes Opfer bedeutete, verschwieg aber, daß anscheinend seine Gattin nach Berlin, wo er sich längere Zeit aufhielt, nachgereist war. Der Grund für Hellers Diskretion lag vermutlich wohl in dem Umstand, daß das staatliche Reisestipendium ausschließlich für ihn und nicht auch für seine Gattin gedacht war. Es ist zu vermuten, daß auch die während der Pfingstfeiertage unternommene Reise nach Hamburg nicht ausschließlich aus den Gründen unternommen wurde, die Heller angab.

2.3. Text

Bericht

an das Hohe k.k. Ministerium

des Cultus und öffentlichen Unterrichtes

über die

im Jahre 1850 im Auftrage Desselben

zurückgelegte wissenschaftliche Reise

im Ausland

von

Dr. Johann Florian Heller,

Docenten *für physiologische und pathologische*

Chemie und Mikroskopie an der Wiener k.k. Universität,

dann medizinisch-gerichtlichen Chemie

und prov. Vorstande des Wiener

k.k. pathologisch-chemischen Laboratoriums

Inhaltsverzeichnis

Meine Verwendung daselbst
Neues daselbst
Schweigger, sein Laboratorium und physikalisches Kabinet[t].
Medizin: Krukenberg u[nd] seine Klinik
Blasius und seine Klinik
Die Professoren und Studenten in Halle
Stimmung für uns
Meine Aufnahme

V. **Berlin**

Zweck meines Aufenthaltes
I. Chemie
Heinrich Rose, sein Laboratorium und seine Vorlesungen
Meine Verwendung daselbst
Mitscherlich, sein Laboratorium und seine Sammlungen; seine Vorlesungen
Meine Verwendung bei Mitscherlich
Meine Entdeckung über *die Ursache* des Leuchtens des gefaulten Holzes und der todten Seethiere (Hamburg.)
Rammelsberg u[nd] sein Laborator[ium]
Werther u[nd] sein Laborat[orium]
Heintz und sein Laborat[orium]
Meine Vorlesungen über klinisch-pathologische Chemie und Mikroskopie in Berlin
Auszug derselben und Kritik in der medizinischen Centralzeitung vom 22. Juni [1]850. Anerkennung vom H[err]n Unterrichtsminister von Ladenberg
Physik u[nd] die anderen reinen Naturwissenschaften
Poggendorff, Magnus, Dove
Mineralogie, Geognosie *u[nd]* Geologie. *Leopold* v. Buch *und* Weiss, *G. Rose*
Vergleichende Anatomie u[nd] Zoologie. Johannes Müller
Mikroskopie, Ehrenberg *u[nd]* seine Sammlung
Oschatz, seine Maschine zu Durchschnitten
Remak
Botanik - Link u[nd] Humboldt
Medizin. Allgemeines
Physiologie und Anatomie. Johannes Müller
Meine Verwendung bei Müller
August Müller: Meine Verwendung *u[nd] Arbeiten* bei ihm
Meine Arbeiten daselbst über das Leuchten der Seethiere
Hystologie (!) Remak
Pharmakologie u[nd] Pharmakodynamik
C. Mitscherlich
Die Charité, die Fußböden, die Bettstellen
Schönlein *und dessen Klinik*
Wolff *und dessen Klinik*
Rombergs *Polyklinik*

Meine Ansicht über die Polykliniken
Pathologische Anatomie - Reinhardt
Operative Chirurgie - Langenbeck
Geburtshilfe Gynäkologie Busch, Mayer
Okulistik Jün[g]ken, *von Gräfe*
Orthopädisches Institut v[on] Berend
Gründungsfest
Das neue Krankenhaus Bet[h]anien
Pharmacie - Simon
Die k.k. (!) Hofapotheke
Die praktischen Prüfungen der Pharmaceuten bei Mitscherlich
Die wissenschaftliche*n* Vereine in Berlin
K. Akademie der Wissenschaften
Gesellschaft für wissenschaftliche Medizin
Meine Vorträge in derselben
Erhaltenes Diplom
Vereine praktischer Ärzte
Annahme meines Antrages zur Gründung einer *med[izinischen]* Witwensocietät in Berlin nach dem Muster der Wiener
Überblick über den Stand der Naturwissenschaften u[nd] der Medizin in Berlin
Die Professoren und die Studenten in Berlin
Stimmung für Wien und Prag
Meine Aufnahme und über einige Erfolge meines Aufenthaltes in Berlin
Minister von Ladenberg und meine beabsichtigte Berufung nach Berlin Betreffendes
Meine Zeitschrift und mein Lehrbuch
Verschiedenes.

VI. **Göttingen**

Zweck meines Aufenthaltes
Wöhler u[nd] dessen Laboratorium
Erfahrungen b[ei] Wöhler
Rud[olf] Wagner u[nd] dessen physiologisches Institut
Meine Arbeiten daselbst
Langenbeck und dessen anatomisches Institut
Meine Aufnahme in Göttingen
Stimmung
Die Studenten

VII. **Marburg**

Zweck meines Aufenthaltes
Bunsen und sein Laboratorium
Nasse und sein Laboratorium
Zwenger u[nd] sein Laboratorium
Stand der Medizin. Heusinger
Fick u[nd] dessen anatom[isches] Institut

XI. **Zürich**
Zweck meines Aufenthaltes
Löwig und dessen Laboratorium. Genaueres hierüber
Die Medizin. Urtheile über Engel und die Wiener
Die Professoren und Studenten
XII. **Bern**
Zweck meines Aufenthaltes
Die Chemie - Brunner. Die Universität
Valentin. Meine Aufnahme
XIII. **Paris**
Zweck meines Aufenthaltes - **Allgemeines**
Die **Chemie**. Dumas, sein Benehmen gegen mich, sein ministerielles Circulandum und Empfehlungsbriefe
Unterredungen mit Dumas
Berichtigung eines falschen Zeitungsberichts
Die Chemie u[nd] Dumas' Laboratorien. Wurtz
Meine Verwendung und Arbeiten daselbst
Über die chemische Richtung
Becquerel und Rodier
Pelouze und sein Laboratorium
Fremy und sein Laboratorium
Chevreul und sein Laboratorium
Payen und sein Laboratorium
Peligot u[nd] und sein Laboratorium
Die Pariser Arbeitsherde
Conservatoire des arts et métiers
Die Kabinet[t]e daselbst
Insbesondere das Kabinet[t] aller europäischen Maaße und Gewichte außer den österreichischen
Bemerkungen über das Fehlen der letzteren
Orfila und sein Laboratorium
Magendie. Bernard
Thénard
Pelletier, Pannier. Die chemischen Fabriken
Medizin. Bernard und sein Laboratorium
Meine Verwendung und meine Arbeiten daselbst
Über den künstlichen Diabetes - über den succus pancreaticus - und über den Übergang der Zuckerarten *ins Blut und* in den Harn. Verschiedene Analysen *der* Amniosflüssigkeit, Allantoisflüßigkeit etc.
Eine neue Zuckerprobe auf Rohrzucker von mir hier erfunden
Civiale, seine Klinik, seine Harnsteinsammlung
Hôpital de Necker
Ricord und Hôpital du midi
Die anatomische Lehranstalt in der école de médecine

Musée Dupuytren
Hôtel Dieu und die übrigen *Ho*Spitäler_
Mikroskopie und Hystologie (!), Robert, Mandl, Gruby
Lebert - Die Optiker
Wissenschaftliche Vereine in Paris, die ich besuchte
Académie des sciences
Académie de médecine
Société biologique
Verein deutscher Ärzte
Mein Vortrag in letzterem
v. Well und Guentner werden zu Ehrenmitglieder und ich zum correspondi[e]renden Mitgliede gewählt
Jardin des plantes
Die verschied[enen] Sammlungen daselbst
Der botanische Theil
Der mineralogische Theil, vortheilhafte Einrichtungen
Der zoologische Theil - Kollibrihaus
Skelet[t]sammlung und musée anatom[ique] comparé Serres
Die Ménagerie
Serres
Die Daguerre[o]typie
Die Aäronautik
Die Telegraphie
Der Lehrkörper und die Studentenschaft
Allgemeines. Der Oesterreichische (!) Peplovsky
Meine Aufnahme in Paris

XIV. **Brüssel**

Zweck meines Aufenthaltes
Dr. Koepl - Die Chemie und Medizin. Gluge und sein Werk
Stas

XI. **Bonn**

Zweck meines Aufenthaltes
Die Chemie und Medizin im Allgemeinen
Bischof und sein Laboratorium
Die Professoren und Studenten

XVI. **München**

Zweck meines Aufenthaltes
Pettenkofer und sein Universitätslaboratorium, dann dessen k. Hofapothekenlaboratorium
Buchner jun. und dessen Universitätslaboratorium
Buchner sen., sein Laboratorium und pharmaceutisches Institut
Vogel sen[ior] [August Heinrich] und jun[ior] [August] *und ihr* k. akadem[isches] Laboratorium
Medizin. Harless' physiologisches Laborator[ium]

Meine Arbeiten mit ihm. - Brutmaschinen.
Medizin.
Das k. allgemeine Krankenhaus
Hofrath Gietl u[nd] s[eine] Klinik
Seitz und dessen Poliklinik
Ringseis und Breslau
Breslau's eigene Worte über meine Richtung und Leistungen
Stimmung über unsere Schule
Die Professoren und Studenten
Aufnahme
Allgemeines.
Schlussbemerkungen
Verleihung der Reisestipendien - Aufnahme - Reise-Zeit - Zweck: Chemie, Physiologie; Medizin im allgem[einen]; Pharmazie Vorschläge für d[as] pharmaz[eutische] Stud[ium]. Anstalten; Pauschalien; die Professoren; *die* Assistenten; Docenten; Studenten; über den Sitz der Universitäten. Prüfungen.

Vorwort

Erfreut und vom größten Danke erfüllt ergriff ich die Gelegenheit, die mir zu meiner weiteren Ausbildung und Belehrung durch den gnädigen und wohlwollenden Antrag S[eine]r Exzellenz des Herrn Unterrichtsministers Grafen Leo von Thun[2] zur Unternehmung einer wissenschaftlichen Reise ins Ausland gebothen wurde. Es war einer der größten Wünsche meines Lebens erfüllt. Lange erkannte ich die Nothwendigkeit einer solchen Reise und hätten mir die Mittel hiezu nicht gefehlt, so hätte ich diesen Plan schon früher zu realisi[e]ren gesucht. Jedoch muß ich es offen gestehen, daß ich dießmal meine Reise im schwerem (!) Kampfe mit meinem Gemüthe und großen Sorgen antrat, indem ich meine Gattin als Rekonvalescentin nach einer sehr schweren Krankheit zurücklassen sollte. Anderseits waren es größere planmäßig in Angriff genommene pathologisch-chemische Arbeiten, aus denen herausgerissen, ich dieselben auf meine Zurückkunft verschieben mußte, deren Unterbrechung meine Sorgen vermehrten; so wie endlich die geringen Subsistenzmittel, die mir sammt meiner Familie durch die Einstellung meines Gehaltes während meiner Abwesenheit zu Gebothe standen, indem mir auch die Collegiengelder[3] entgehen mußten. Ich war also auf meine Reisepauschale von 800 fl. beschränkt, denn gleich vor meiner Abreise fielen von den mir verliehenen 1000 fl. 200 fl. an Agio bei dem Banquier Esqueles & Arnstein[4] ab. Mein Gemüth erschwerte daher noch ein mehrseitiges Abrathen von dem Antritte meiner Reise. Doch wurden mir während meines Aufenthaltes in Gießen durch die besondere Gnade S[eine]r Exzellenz des Herrn Unterrichtsministers abermals 1000 fl. verliehen, davon jedoch abermals 21 % an Agio abfielen.

Der Zweck meiner wissenschaftlichen Reise war nur meine chemische Belehrung und Ausbildung, sie war keine Dienstreise, dieß war das ausdrückliche Mandat, der wohlmeinende Befehl des H[err]n Ministers, ich hatte keine weiteren Aufträge und Befehle, als dem oben bezeichneten Zwecke nach Kräften zu folgen; diesem entsprechend schlug ich daher meinen Weg ein und verwendete

---

[2] Leo Graf Thun-Hohenstein führte nach der Revolution des Jahres 1848 in den Jahren 1849-1860 als Minister die Schulreformen, im besonderen jene der Universitäten der Habsburgermonarchie durch. - *Engelbrecht* 4 (1986), 27-28, 367: Mit weiteren Literaturangaben. - *Lentze* (1949). - *Meister* (1957).

[3] Die Einkommenssituation Hellers war in der Tat nicht besonders rosig, erhielt er doch bloß 600 fl. Jahresgehalt. So stellten die Kollegiengelder, die er für seine Lehrtätigkeit erhielt, einen essentiellen Bestandteil seines Einkommens dar.

[4] Das Bankhaus Arnstein & Eskeles wurde 1774 gegründet; Kaiser Franz II./I. erhob die beiden Kompagnons in den Adelsstand. Die Bank beteiligte sich beim Ausbau der Südbahnstrecke (1847) und der Nordbahn (1854) und ging 1860 infolge des Krieges und der Abtretung Venetiens und der Lombardei in Konkurs.

meine Zeit nach meiner Einsicht. Mein wesentlichstes Augenmerk zogen daher, wie von jeher, Liebig[5], Rose[6], Mitscherlich[7] und Dumas[8] auf sich. Obwohl ich mir vorgenommen, den Universitäten, an denen diese ausgezeichnetsten Chemiker lehren, am meisten Zeit zuzuwenden, so gieng ich doch mit der größten Unbefangenheit dahin, nemlich mit dem Vorhaben, mich dennoch auf keinen Fall länger aufzuhalten, als ich es für meine Belehrung für nothwendig halte. Meine Erwartungen wurden besonders in Berlin und Paris befriedigt, in Gießen jedoch jedenfalls übertroffen, und ich hielt mich daher bei Liebig[9] am längsten,

---

[5] Justus (von) Liebig (1803-1873) besuchte das Gymnasium in Darmstadt und ab 1818 eine Apothekerlehre in Heppenheim, studierte 1819-22 in Bonn und Erlangen, 1822-24 in Paris, wo er über Alexander von Humboldt die Bekanntschaft Gay-Lussacs machte. Humboldts Einfluß bewirkte seine Anstellung 1824 als außerordentlicher, 1826 als ordentlicher Professor in Gießen. 1845 wurde er in den erblichen Freiherrenstand erhoben. 1852 übernahm er eine Professur an der Universität München, war Konservator des chemischen Laboratoriums, wurde 1853 vom König zum Vorstand des Kapitels des Maximilianordens für Wissenschaft und Kunst und 1860 zum Präsidenten der Akademie der Wissenschaften erhoben.
Abgesehen von seinen Verdiensten als chemischer Forscher machte seine Art des Laboratoriumsunterrichts Gießen zu einem führenden Zentrum der akademischen Ausbildung mit großer Ausstrahlung. - Die allerwichtigste Literatur zu Liebig findet sich in: *NDB* 14, 497-501.

[6] Heinrich Rose (1795-1864) studierte in Berlin, ab 1819 bei Berzelius in Stockholm und ab 1821 in Kiel, wo Christoph Heinrich Pfaff einem ausgezeichneten Laboratorium vorstand. 1822 habilitierte er sich in Berlin, wurde dort 1823 außerordentlicher und 1835 ordentlicher Professor der Chemie. Ab 1832 war er Mitglied der Akademie der Wissenschaften. Er war einer der Begründer der neueren analytischen Chemie. - *ADB* 29, 177-181. - *DAB* 2, 538-540. - *DSB* 11, 540-542. - *Partington* 4 (1972), 185-190.

[7] Eilhard Mitscherlich (1794-1863) studierte in Heidelberg, Paris, Göttingen und Berlin. Im Auftrag der preußischen Regierung ging er zur Weiterbildung zu Berzelius nach Stockholm, wurde 1822 außerordentlicher und 1825 ordentlicher Professor für Chemie in Berlin. Schon in jungen Jahren war er mit der Entdeckung des Isomorphismus berühmt geworden. - *ADB* 22, 15-22. - *DSB* 9, 423-426. - *Lenz* 2,1, (1910), 226-227. - *Partington* 4 (1972), 205-211.

[8] Jean Baptiste Dumas (1800-1884) studierte in Genf und Paris, wurde 1823 Répétiteur an der Polytechnischen Schule und am Lyzeum in Paris, war 1835-1840 Professor an der École Polytechnique, 1839 an der École de Médecine und 1841 an der Sorbonne, an der er bis 1868 tätig war. 1832 wurde er Mitglied der Académie des sciences. In den Jahren 1849-51 war er Minister für Ackerbau und Handel, war im Kaiserreich Senator und Mitglied des höheren Unterrichtsrates, dessen Vizepräsident er 1861-63 war. 1875 wurde er Mitglied der Französischen Akademie. Mit seinen Arbeiten über organische Chemie hatte er früh Berühmtheit erlangt. - *NBG* 15, 171-175. - *DSB* 4, 242-248.

[9] Liebig hatte schon im Jahre 1837 Hellers Arbeit über die Rhodizonsäure zur Kenntis genommen. Am 6. November 1837 schrieb er an Friedrich Mohr: "Ich bitte Sie, mir die Abh. über Rhodizonsäure zuzusenden um zu sehen was daran ist." - *Kahlbaum* (1904), 47. - Siehe dazu auch die "Einleitung" S. 4.

und zwar bis zum Schluße des Semesters und der Abreise Liebigs, auf, wäre Liebig nicht abgereist, so wäre ich auch während der Ferien noch eine Zeit bei ihm geblieben, um meine Arbeiten, die ich in Angriff hatte, fortzusetzen. Auch hatte ich früher den Plan, nach den Ferien von Paris noch auf einige Wochen zu Liebig zu gehen, allein er erklärte mir mit Bestimmtheit, daß er im nächsten Semester eine größere Reise unternehmen wolle und nicht lesen werde.

Indem ich nun in meinem Berichte genaue Rechenschaft über die Verwendung meiner Zeit lege, füge ich nur die Bemerkung hinzu, daß ich es für meine Pflicht hielt, in diesem Berichte, der nicht für die Oeffentlichkeit, sondern zur Einsicht des hohen Ministeriums bestimmt ist, und von meiner innersten Ueberzeugung Rechnung legen soll, meiner Feder freien Lauf zu lassen und die vielfachen Rücksichten bei Seite zu setzen, die man in den dem Drucke gelieferten Berichten zu befolgen pflegt oder dazu oft gezwungen ist. - Ich glaube daher auch, außer der Rechenschaft über meine Verwendung insoferne meiner Pflicht und dem Wunsche des hohen Ministeriums zu entsprechen, wenn ich durch kritische Besprechungen den nach meiner augenscheinlichen Ueberzeugung wahren Stand der Anstalten, Universitätsverhältnisse und Personen im Auslande dem hohen Ministerium eröffne.

Indem ich zu große Weitläufigkeit in meinem Berichte befürchtete, so befinden sich viele Gegenstände und Umstände nur im Allgemeinen oder kurz besprochen, in meinem Tagebuch sind sie indeß oft sehr ausführlich beschrieben; sollte daher über manchen der Punkte ein Weiteres verlangt werden, so glaube ich im Stande zu sein, dem Berichte eine Vervollständigung folgen lassen zu können.

Reiseüberblick

Am 21. Februar 1850 trat ich meine Reise an und reiste von Wien über Iglau, Brünn und Olmütz nach Breslau, wo ich bis 8. März blieb; von da über Dresden nach Leipzig, um noch Oppolzer[10] vor seiner Abreise nach Wien zu treffen. Reise nach Halle, von da wieder zurück nach Leipzig, von wo ich den 18. März nach Berlin abreiste, um mich hier das Semester hindurch bei Rose und Mitscherlich namentlich zu beschäftigen. Die Pfingstfeiertage[11] benutzte ich, um

---

[10] Johann Oppolzer (1808-1871) studierte in Prag Medizin, ließ sich dort als praktischer Arzt nieder, wurde 1841 Professor und Primararzt am Allgemeinen Krankenhaus in Prag, 1848 Professor der speziellen Pathologie und Therapie und Direktor des Jakobsspitals in Leipzig. 1850 folgte er einem Ruf an die Universität Wien. Als Kliniker von Weltruf bekämpfte er den therapeutischen Nihilismus. - *Pagel*, Sp. 1233-1235. - *Hirsch* 4, 435-436. - *DSB* 10, 218-221. - *Lesky* (1978), besonders 149-152.

[11] Es waren dies der 19. und 20. Mai 1850.

nach Hamburg zu gehen[12] und meine Studien an den Seethieren (siehe meinen Berliner Bericht[13]) dort ersprießlicher fortzusetzen, und kehrte nach 3 Tagen wieder nach Berlin zurück, um bis zum Anfange des Sommersemesters in Gießen daselbst zu bleiben, worauf ich Ende Mai abreiste. Ich trat den Weg über Kassel nach Göttingen, Marburg und Gießen an. In Göttingen hielt ich mich nur 3 Tage auf und in Marburg anderthalb Tage, da ich schon nach Gießen eilte. Von Gießen reiste ich nach Beendigung des Semesters am 1. September zugleich mit Liebig, Will[14] und Bischoff[15] nach Frankfurt, von da nach Heidelberg, wo ich mich 3 Tage aufhielt, von da über Baden-Baden und Straßburg nach Basel, hielt mich hier einige Tage auf und reiste von da nach Zürich, wo ich mich einige Tage aufhielt, von wo aus ich eine Fußreise zur Erholung bis Thun machte. Von hier fuhr ich nach Bern und von da wieder nach Basel. Nachdem ich meine Arbeiten bei Schönbein[16] hier geendet hatte, fuhr ich direkt über Mühlhausen und Troi[s] nach Paris, wo ich den 24. September ankam, bis zum November blieb und dann, am Rückwege über Brüssel reisend, die Universität Bonn besuchte, von wo aus ich die bairischen Universitäten besuchen wollte, allein nicht mehr Zeit und Geld hatte, als noch München zu besuchen, von wo aus ich nach einem 6 tägigen Aufenthalte direkt über die Oesterreichische Gränzstadt Scherding (!) und über Linz nach Iglau reiste, um meine Familie abzuhohlen. Ich kam Anfangs Dezember in Wien an, wo ich am 7. Dezember das Laboratorium wieder übernahm.

---

[12] Dorthin dürfte ihn auch seine Frau begleitet haben, die ganz offensichtlich nach Berlin gekommen war, was Heller aber in seinem Bericht übergeht.

[13] Heller meint damit das Kapitel über seinen Aufenthalt in Berlin.

[14] Heinrich Will (1812-1890) war Assistent Leopold Gmelins in Heidelberg, ab 1835 Assistent Liebigs in Gießen, habilitierte sich 1844 und folgte 1853 Liebig in der Leitung des Laboratoriums nach. - *Hock* (1957), 294-296.

[15] Theodor Ludwig Wilhelm Bischoff (1807-1882) studierte in den Jahren 1826-32 Naturwissenschaften und Medizin an den Universitäten Bonn, Heidelberg, Berlin, erwarb das Doktorat der Philosophie in Bonn im Jahre 1829 und das der Medizin 1832 in Heidelberg, habilitierte sich 1833 in Bonn und 1836 in Heidelberg, wurde 1836 außerordentlicher Professor der Anatomie und der Physiologie in Heidelberg, wo er 1843 zum Ordinarius befördert wurde. Im selben Jahr wurde er nach Gießen berufen, wo er neben der Anatomie ab 1844 auch die Physiologie vertrat. Im Jahre 1854 folgte er einem Ruf nach München. Bischoff brach mit der Naturphilosophie und wurde der erste Vertreter der naturwissenschaftlichen Ära der Medizin in Gießen. - *Haupt* (1907), 419. - *Tonutti* (1957), 33. - *ADB* 46, 570. - *Hirsch* 1, 550-553. - *DSB* 2, 160-162.

[16] Christian Friedrich Schönbein (1799-1868) studierte in Tübingen und Erlangen Naturwissenschaften, war 1824-25 Lehrer der Physik und der Chemie in Keilhau, unterrichtete ab 1826 in Epsom, hielt sich zu Studienzwecken in London und Paris auf und wurde 1828 Professor an der Universität Basel. Von seinen zahlreichen Forschungsergebnissen seien die bekanntesten, die Entdeckung des Ozons, der Schießbaumwolle und die Darstellung des Kollodiums, das er der Chirurgie zur Anwendung empfahl, erwähnt. - *Partington* 4 (1972), 190-196. - *ADB* 32, 256-259. - *DSB* 12, 196-199.

Ich werde nun speziell über meine Reise und meine Aufenthalt[e] in den einzelnen Städten den Bericht erstatten, und zwar in derselben Reihenfolge, in der ich die Universitäten besuchte, nemlich Breslau, Dresden, Leipzig, Halle, Berlin, Göttingen, Marburg, Gießen, Heidelberg, Basel, Zürich, Bern, Paris, Brüssel, Bonn und Münnchen (!).

I. Breslau

Zweck meines Aufenthaltes. Es lag in meiner Absicht, mich in Breslau nur wenige Tage aufzuhalten, um die naturhistorische Schule überhaupt kennen zu lernen, indem mir Männer bekannt waren, die lange Jahre einen großen Ruf daselbst bewahrten; ohne daß ich jedoch beabsichtigte, zu meiner speziellen Belehrung zu viel meiner Zeit, die ich vorzüglich für Gießen, Berlin und Paris bestimmte, zu entziehen.

I. Chemie und Physik. Die Chemie ist vertreten durch den Veteranen Fischer[17], Professor für allgemeine Chemie, Duflos[18] vorzüglich für pharmaceutische Chemie, dann die Docenten Dr. Baumert[19] und Dr. Schwarz[20]. Physik durch Prof[essor] Frankenheim[21]. -

1. Fischers Laboratorium. (Universitätslaboratorium) Es befindet sich in Verbindung mit Fischers Wohnung, wie dieß überhaupt fast überal[l] zu finden ist, daß, wie es auch die Nothwendigkeit erheischt, der Professor seine Woh-

---

[17] Nicolaus Wolfgang Fischer (1782-1850) war als praktischer Arzt tätig gewesen, bevor er als akademischer Lehrer das Fach Chemie an der Universität Breslau vertrat. Er habilitierte sich 1811, wurde 1813 zum Extraordinarius, 1814 zum Ordinarius an der medizinischen Fakultät ernannt. Sein Institut bestand aus einem Auditorium und einer Küche, die als Laboratorium diente. - *Ladenburg-Buchner* 2 (1911), 452. - *Poggendorff* I, 754-755.

[18] Adolph Ferdinand Duflos (1802-1889) war Universitätsapotheker und Professor der pharmazeutischen Chemie in Breslau. Seine wichtigsten Publikationen erschienen in den vierziger Jahren und nach seiner im Jahre 1869 erfolgten Emeritierung: Theorie und Praxis der pharmaceutischen Experimentalchemie, 2 Bände, 1841-1842; Die wichtigsten Lebensbedürfnisse, 1846; Die Prüfung chemischer Gifte, 1867; Chemisches Apothekerbuch, 3. Aufl., 1870. - *Schaedler* (1891), 30. - *DAB* 1, 132-133.

[19] Friedrich Moritz Baumert (1818-1865) war zum Zeitpunkt von Hellers Reise noch nicht Dozent: er studierte Medizin und anschließend Chemie bei Liebig, Redtenbacher und Bunsen, war vorerst praktischer Arzt in Breslau, wo er sich 1853 habilitierte; von 1854 bis 1857 war er Extraordinarius für Chemie in Bonn. Als einer der ersten wandte er die Gasanalyse auf die Physiologie an. - *ADB* 2, 157. - *Hirsch* 1, 386. - *Wenig* (1968), 13.

[20] Karl Leonhard Heinrich Schwarz (1824-1890) schloß sein Studium 1846 mit der Promotion zum Dr. phil. ab, habilitierte sich 1849 in Breslau für technische Chemie, war 1855 Direktor von Glashütten in London, wurde 1856 Leiter der thüringisch-sächsischen Aktiengesellschaft für Braunkohlenverwertung, kehrte 1857 als Dozent nach Breslau zurück, wo er 1863 zum außerordentlichen Professor ernannt wurde. Im Jahre 1865 folgte er einer Berufung an die Technische Hochschule in Graz. - *Poggendorff* III, 2, 1224. - *Ladenburg-Buchner* (1911), 452.

[21] Moritz Ludwig Frankenheim (1801-1869) habilitierte sich 1826 in Berlin für Physik, wurde 1827 zum außerordentlichen Professor in Breslau ernannt, wo er 1849 zum Ordinarius bestellt wurde. - *Poggendorff* I, Sp. 792. - *Asen* (1955), 51. - *Lummer* (1911), 442.

nung stets anstoßend oder wenigstens in demselben Hause hat, wo sich das Laboratorium befindet[22]. Schönes Auditorium, allein das Laboratorium ist sehr schlecht eingerichtet und unzweckmäßig gebaut[23]; man sieht die neuere Chemie nicht vertreten, doch fand ich manche schöne Apparate und Präparate. Vorzüglich sind sämtliche Apparate zur Untersuchung der Gase und höchst ausgezeichnet die Gasometer aus Glas, die ich mir genau copi[e]rte. Bemerkenswerth ist auch eine besonders gut eingerichtete Camera obscura[24], d.h. ein vollkommen finsterer Raum zu chemischen Versuchen. Fischer zeigte mir in demselben seine Versuche mit Phosphor, dessen Verhalten nemlich in verschiedenen Gasen[25]. Von Apparaten sind besonders bemerkenswerth: die reichliche Ausstattung an Gold-, Platin- und Silbergeräthen[26], wie ich sie nur sehr selten sah, auch gute Waagen. Man sieht aber weder ein Mikroskop noch die Einrichtungen zur organischen Analyse[27]. Die Präparatensammlung ist besonders reich an den großentheils von Fischer entdeckten Verbindungen von Platin und Palladium und auch Silber, denen er viele Jahre seiner Thätigkeit widmete[28]. Das Laboratorium besitzt 340 Thaler jährlicher Dotation[29].

2. Duflos' Laboratorium. Es befindet sich bei der Universitätsapotheke[30], deren Direktor Prof[essor] Duflos ist. Das Laboratorium ist ein wohleingerichtetes Apothekerlaboratorium.

Baumert besitzt ein kleines Privatlaboratorium bei seiner Wohnung im 3. Stock, die Einrichtung entspricht der neueren Richtung und dem Streben dieses fleißigen Docenten.

---

[22] Die meisten der in der zweiten Hälfte des 19. Jahrhunderts errichteten chemischen Institutsgebäude hielten an diesem Prinzip fest und sahen eine Wohnung des Institutsvorstandes vor.

[23] Im Jahr 1911 sah man die Einrichtung in der Rückschau nicht viel besser: "Sein ganzes Institut bestand aus einem Auditorium und einer Küche, die als Laboratorium diente." - *Ladenburg-Buchner* (1911), 452.

[24] Das Prinzip der Camera obscura wurde zu Anfang des 17. Jahrhunderts entwickelt.

[25] Fischer beschäftigte sich in zahlreichen seiner Arbeiten mit der Reaktion einzelner Stoffe, namentlich von Metallen, auf Gase.

[26] Siehe dazu zeitgenössische Inventare anderer chemischer Laboratorien. - *Kernbauer* (1985), 639-662.

[27] Heller meinte damit wohl jene Einrichtungen, die damals Gemeingut der Chemiker waren und in der Standardliteratur der Zeit entsprechend dokumentiert ist, namentlich in: *Justus Liebig:* Anleitung zur Analyse organischer Körper. Braunschweig 1837. 2. Aufl. 1853. - *Handwörterbuch* 1, 359-365.

[28] Darüber publizierte er mehrfach in "Poggendorffs Annalen".

[29] In der im Jahre 1911 erschienenen Festschrift wurde das "Etat" für das Jahr 1848 mit 450 Taler angegeben. - *Ladenburg-Buchner* (1911), 452.

[30] Die Universität Breslau war im Besitz einer Apotheke, die bis zum Jahre 1843 verpachtet war. Auf Drängen des Ministeriums, das den Verkauf oder die Selbstverwaltung der Apotheke forderte, wurde 1843 ein wissenschaftlich gebildeter Pharmazeut, Eugen Duflos, angestellt, der ein für die Medizinerausbildung gedachtes pharmazeutisches Institut schaffen sollte. - *Gadamer* (1911), 458.

Die Universität besitzt weiter weder Laboratorien noch Lehrer für physiologische und pathologische Chemie, noch für technische Chemie. Frankenheims physikalisches Kabinet[t] ist wohl eingerichtet[31], doch steht es hinter den unseren zurück, während Frankenheims Leistungen stets viel Anerkennung gefunden haben[32].

Medizin. Purkynje[33] und das von ihm gegründete physiologische Institut sind die Glanzpunkte der medizinischen Schule und medizinischen Seite Breslaus überhaupt, so wie auch das anatomische Kabinet[t][34].

Purkynjes physiologisches Institut ist eine sehr zweckmäßig eingerichtete, aus mehreren zu den verschiedenen speziellen Zwecken adapti[e]rten Lokalitäten bestehende Anstalt[35]. Professor und Assistent haben jeder ihre für ihre eigenen Arbeiten bestimmten Lokalitäten; mehrere Studirende arbeiten in den lichten und gut eingerichteten Räumen[36], in welchen es an physikalischen und den nothwendigsten chemischen Apparaten nicht fehlt, obwohl mit letzteren in einer eigens dazu eingerichteten Küche sehr wenig gearbeitet wird. Vier Plößlsche Mikrosko-

---

31 Dieses Kabinett wurde in der ersten Hälfte des 19. Jahrhunderts aufgebaut. - *Lummer* (1911), 441.

32 Neben seinen Untersuchungen über Thermoelektrizität und den Peltier-Effekt lag sein hauptsächliches Forschungsgebiet auf dem Gebiet der Kristallographie, was in zahlreichen Abhandlungen und einem Lehrbuch "Zur Kristallkunde", von dem allerdings nur der erste Band erschien, dokumentiert ist.

33 Johannes Evangelista (von) Purkinje, tschech. Jan Purkynè (1787-1869) schloß 1819 das Medizinstudium an der Universität Prag ab, wurde Assistent, folgte 1823 einem Ruf als Professor der Physiologie und Pathologie an die Universität Breslau und kehrte 1850 als Ordinarius nach Prag zurück. Er zählt zu den bedeutendsten Physiologen überhaupt. Sowohl in Breslau wie auch in Prag richtete er ein physiologisches Institut ein. - *Poggendorff* II, Sp. 544. - *ADB* 26, 717-731. - *Pagel*, Sp. 1328-1329. - *DSB* 11, 213-217. - *Rothschuh* (1953), 105-107. - *Rothschuh* (1968), 220-221.

34 Es handelte sich dabei um eine von Adolph Wilhelm Otto (1786-1845) in der ersten Jahrhunderthälfte eingerichtete und später zu Berühmtheit gelangte Sammlung von Mißbildungen, über die er in seinem letzten Werk "Museum anatomico-pathologicum Vratislaviense" schrieb. - *ADB* 24, 744-745. - *Hasse* (1911), 267.

35 Nach einem ersten vergeblichen Anlauf im Jahre 1830 gelang die Institutsgründung im Jahre 1836. Im Jahre 1839 bezog Purkynje das neuerbaute Institutsgebäude, bei dem es sich um ein einstöckiges Haus in der engen und verkehrsreichen Katharinenstraße handelte, das Purkynje angeblich erst gar nicht beziehen wollte. Entsprechend dem Plan Purkynjes bestand das Institut aus drei Abteilungen, aus einer experimentell-physiologischen, einer mikroskopischen und einer physiologisch-chemischen. - *Hürthle* (1911), 275-277.

36 Purkynjes anfängliche Abneigung rührte auch von dem Umstand her, daß die Dominikanerkirche und die gegenüberliegenden Häuser den Lichteinfall stark einschränkten. - *Hürthle* (1911), 275-276.

pe[37], 2 größte (!) und 2 mittlere, stehen den Arbeitern zu Gebothe und werden fleißig benützt. Das Auditorium ist klein, höchstens 30 Zuhörer fassend.

Die Studenten. Wegen des kurzen Aufenthaltes hatte ich zwar zu wenig Gelegenheit, in den Geist der Breslauer Studentenschaft einzudringen, doch boten sich einige Gelegenheiten dar, die mich ein Urtheil schließen lassen, welches auch durch Erzählungen der Professoren u.a. gerechtfertigt erscheint. Eine große öffentliche Feierlichkeit zu Ehren eines abberufenen beliebten juridischen Lehrers[38] *gab am Tage und am späten Abend viel Gelegenheit zu ernsten bedauerlichen Betrachtungen.*

Herumziehen der Chefs der vielen Burschenschaften in lächerlichen Uniformen und mit Schwertern bewaffnet, furchtbares Lermen auf den Straßen, Trinkgelage durch die Nacht, ungezogene politische Demonstrationen, Lieder etc. bezeichneten eher Handwerksbursche als gebildete junge Leute; da ich so etwas nie sah, so war ich um so mehr über ein solches Benehmen erstaunt[39]. *Ich habe es mir zur Aufgabe gemacht, das Privatleben der Studentenschaft an allen Universitäten, an denen ich mich aufzuhalten gedenke, zu beobachten. Es muß jeden Lehrer der Boden interessiren, auf welchem er säet, und als solcher muß ich mich sehr ungünstig aussprechen über das Treiben der Nord- und Westdeutschen Studenten, indem besonders hier in Breslau einer vagen politischen Diskussion, der Kneipe und dem Duell selbst mehr Zeit und Aufmerksamkeit geschenkt wird, als der Wissenschaft und der Schule. Nachdem ich am Ende meines Berichtes das Resultat der Einzelnbeobachtungen zusammenführen werde, will ich meine unmaßgebliche Meinung über die Mittel zur Verbesserung dieser Zustände aussprechen.*

---

[37] Simon Plößl (1794-1868) hatte 1829 bei der Versammlung deutscher Naturforscher in Heidelberg für sein achromatisch zusammengesetztes Mikroskop den Preis für die besten Instrumente dieser Art erhalten, die in den dreißiger Jahren von Wien aus in alle Länder, auch nach England, exportiert wurden. Er war der erste, der die achromatischen Mikroskopobjektive vervollkommnete. Als Purkynje im Jahre 1830 den Antrag auf Anschaffung des ersten dieser Mikroskope - die Kosten beliefen sich immerhin auf 200 Taler - stellte, lehnte man dies mit der Begründung ab, daß es unmöglich sei, jedem Professor zum Vortrag jeder einzelnen medizinischen oder naturwissenschaftlichen Disziplin einen besonderen Apparat anzuschaffen. 1832 gelang ihm der Ankauf des ersten dieser Mikroskope. - *ADB* 26, 311. - *Harting* (1859) 638, 645-646, 730-733, 767-768, 910. - *Schmitz* (1989), 127-128. - *Hürthle* (1911), 275. - *ÖBL* 8, 128.

[38] Es könnte sich hierbei um den seit 1836 habilitierten und in den Jahren 1840-50 als Extraordinarius in der Juridischen Fakultät wirkenden Hermann F. Ludwig Wilhelm Wasserschleben (1812-1893) gehandelt haben, der am 23. Februar 1850 zum Ordinarius in Halle berufen wurde. - *Meyer* (1911), 215, 221.

[39] Im Vormärz waren in der Donaumonarchie Studentenverbindungen untersagt; sie entstanden erst ab den sechziger Jahren des 19. Jahrhunderts.

Ich wohnte am 6. März einer allgemeinen Versammlung vaterländischer Naturfreunde[40] bei, wo Koch[41] einen sehr interessanten Vortrag über das von ihm mitgebrachte Zeuglodon[42] hielt. In dieser Gesellschaft scheint ein schöner, reger, wissenschaftlicher und solider Geist zu herrschen.

Aufnahme. Welch eine zuvorkommende Aufnahme ich in Breslau fand, beweist, daß mir zu Ehren am Tage vor meiner Abreise die dortigen Chemiker ein Festsoupée veranstalteten, zu welchem außer sämtlichen Chemikern u.a. auch Frankenheim, Purkynje, der durchs Krankenbett zu erscheinen verhindert war, dann Göppert[43] und der nach Krakau berufene Prof[essor] Weinhold[44] beiwohnten. Ich verließ nach einem 4tägigen Aufenthalte Breslau, um noch in Leipzig Oppolzer zu treffen. Die gute Aufnahme, welche ich in Breslau fand, war eine für mich sehr erfreuliche.

---

[40] Es handelte sich dabei um die im Jahre 1804 gegründete "Schlesische Gesellschaft für vaterländische Cultur", die sich in der zweiten Jahrhunderthälfte große Verdienste um die Fortschritte in den Naturwissenschaften und in der Medizin erwarb. - *Siefert* (1967), 39-40.

[41] Mit großer Wahrscheinlichkeit handelte es sich um Karl Emil Heinrich Koch (1809-1879); dieser studierte Medizin und Naturwissenschaften, widmete sich anschließend hauptsächlich der Botanik, habilitierte sich 1834 in Jena und wurde 1836 zum außerordentlichen Professor ernannt. Im Jahre 1847 ging er nach Berlin, wo er 1849 Adjunkt am königlichen botanischen Garten wurde. Er unternahm zahlreiche wissenschaftliche Reisen, vor allem in den Orient. - *ADB* 16, 395.

[42] Die Zeuglodonten sind eine Familie zum Teil riesiger, fossiler Säugetiere, die den Waltieren durch ihr Skelett, den Seehunden durch ihre Verzahnung nahestehen. - Im Jahre 1851 wurde eine chemische Untersuchung der Knochen publiziert: *M. Baumert*: Chemische Untersuchung der Knochen von Zeuglodon. Journal für praktische Chemie 54 (1851), 363-365.

[43] Heinrich Robert Göppert (1800-1884) war seiner Ausbildung nach Pharmazeut, war seit 1827 als Privatdozent, ab 1831 als außerordentlicher Professor und seit 1839 als Ordinarius an der medizinischen Fakultät der Universität Breslau tätig und hielt neben botanischen Vorlesungen auch solche über Rezeptierkunst. Im Jahre 1852 wurde er von der medizinischen an die philosophische Fakultät überstellt. - Er verfaßte Arbeiten morphologischen und physiologischen Inhalts und beschäftigte sich mit pathologischen Erscheinungen im Pflanzenreich. Mustergültig waren seine zahlreichen phytopaläontologischen Veröffentlichungen. - *Poggendorff* I, 922. - *ADB* 49, 455-460. - *NDB* 6, 519-520. - *Pax* (1911), 479.

[44] Karl Weinhold (1823-1901) habilitierte sich 1847 an der Universität Halle für Germanistik, wurde im März 1849 als Extraordinarius nach Breslau und im März 1850 als Ordinarius an die Universität Krakau berufen. Schon im folgenden Jahr wechselte er an die Universität Graz, von wo er 1861 an die Universität Kiel berufen wurde. - *Leitner* (1973), 6-22.

II. Dresden

Dresden mußte ich auf der Durchreise berühren und widmete zwei Tage dieser Residenz. Ich besuchte S[eine] Exzellenz, den k.k. Gesandten G[ra]f von Kuefstein[45], der mich auf das gütigste und auf die zuvorkommendste Weise empfieng, sich selbst gleich antrug, mich S[eine]r Exzellenz, dem Herrn Unterrichtsminister von Beust[46] vorzustellen, den er brieflich einstweilen davon avisi[e]rte. Ich wurde vom Herrn Unterrichtsminister sehr gütig empfangen, er drückte großes Bedauern aus, Oppolzer von Leipzig verlohren zu haben, so wie er sich aussprach, daß es ihm besonders daran liege, die Medizin und die Naturwissenschaften in Leipzig zu heben; er bat mich, ihm einen Bericht über die Zustände in Leipzig zu erstatten so wie ihm (!) insbesondere von meinen Einrichtungen und dem Geschäftsgang der pathologisch-chemischen Anstalt in Wien in Kenntniß zu setzen.

Ich besuchte ferner die beiden sehr verdienstvollen Männer Ammon[47] und Carus[48], deren persönliche Bekanntschaft ich schon früher gemacht hatte. Ich besuchte Struves[49] chemisches Laboratorium, um die einzig in ihrer Art be-

---

[45] Franz Graf Kuefstein vertrat Österreich als Gesandter 1838-1839 in Hannover, 1839-1843 in Braunschweig und 1843-1856 in Sachsen. - *Matsch* (1980), 111, 114, 123.

[46] Friedrich Ferdinand Graf Beust (1809-1886) studierte in Göttingen und Leipzig, trat 1832 in den sächsischen Staatsdienst ein, vertrat sein Land als Diplomat in Berlin, Paris, München und London und schließlich als Minister des Äußeren. In all den politischen Fragen von der Zeit des Frankfurter Parlaments an spielte er eine bedeutende Rolle. 1866 schloß er das Bündnis Sachsens mit Österreich, trat zurück und wurde im selben Jahr Außenminister Österreichs, 1867 Ministerpräsident bzw. Reichskanzler. 1871 wurde er seines Amtes enthoben und war in der Folge Botschafter der Habsburgermonarchie in London, in den Jahren 1878-82 in Paris. - *ÖBL* 1, 79-80.

[47] Friedrich August (von) Ammon (1799-1861) ließ sich 1822 als Arzt in Dresden nieder, wurde 1828 Professor der allgemeinen Pathologie, Materia medica und Direktor der chirurgisch-medizinischen Akademie. Im Jahre 1837 wurde er zum Leibarzt König Friedrich August II. von Sachsen bestellt. Er zählte zu den bedeutendsten Chirurgo-Ophthalmologen in der ersten Hälfte des 19. Jahrhunderts. - *NDB* 1, 254. - *Hirsch* 1, 117-121.

[48] Carl Gustav Carus (1789-1869) war nach seiner Promotion im Jahre 1811 in Leipzig als Arzt tätig, wurde 1814 zum Professor der Frauenheilkunde an der chirurgisch-medizinischen Akademie und zum Direktor der Entbindungsanstalt bestellt. Im Jahre 1827 wurde er zum königlichen Leibarzt bestellt. Als Arzt, Naturforscher und Naturphilosoph war er einer der selbständigsten Vertreter romantischen Denkens. - *Hirsch* 1, 845-846. - *NDB* 3, 161-163.

[49] Friedrich Adolph August Struve (1781-1840) war ausgebildeter Mediziner, kaufte 1805 die Salomonis-Apotheke in Dresden und widmete sich in der Folgezeit technisch-naturwissenschaftlichen Fragestellungen. Im Jahre 1818 eröffnete er in Dresden die erste Mineralwasseranstalt. - *ADB* 36, 676-677. - *DAB* 2, 663. - *Hirsch* 5, 463-464. - *Nowotny* (1953), 500.

Sein Sohn Gustav Adolf Struve, geb. 1811, setzte das Werk des Vaters fort und besaß ab 1840 die Anstalt für künstliche Mineralwässer in Dresden. - *Poggendorff* I, Sp. 1037.

stehenden großartigen Einrichtungen zur Entwicklung und Comprimi[e]rung der Gase so wie die berühmte Fabrikation der künstlichen Mineralwässer[50] zu sehen, erhielt aber nur einen theilweisen Zutritt, da ich Chemiker bin, für die Vieles geheim gehalten wird.

Nachdem ich mir die wichtigsten Kunstanstalten besah, verließ ich nach einem 2 tägigen Aufenthalt Dresden, um die Leipziger Universität zu besuchen.

III. Leipzig

Angekommen den 11. März. Ich hatte die Absicht, noch früher nach Leipzig zu gehen, bevor ich Berlin besuch[t]e, um noch Oppolzer hier zu treffen. Ich wurde von Prof[essor] Lehmann[51] am Bahnhofe erwartet. Meine Absicht für Leipzig war vorzüglich Erdmanns[52] und Kühns[53] Laboratorium, ebenso Lehmanns Labo-

---

[50] Nach dem Vorbild der Struveschen Anstalt wurden auch an anderen Orten alsbald solcherlei Einrichtungen geschaffen, so etwa in Leipzig und Berlin, in Paris, Brighton, Warschau, Moskau und Kiew. - *Vershofen* 1 (1949), 116, 120; Bd 2, 12.

[51] Karl Gotthelf Lehmann (1812-1863) studierte Medizin, habilitierte sich 1837, wurde fünf Jahre später zum außerordentlichen Professor und 1847 zum ordentlichen Professor der physiologischen Chemie an der Universität Leipzig ernannt. Im Jahre 1856 wurde er als Professor der allgemeinen Chemie nach Jena berufen. Er veröffentlichte mehrere Arbeiten zur physiologischen Chemie, in denen er sich u.a. mit der Chemie des Blutes beschäftigte. In den Jahren 1842-45 erschien sein dreibändiges "Lehrbuch der physiologischen Chemie". Die zweite Auflage des ersten Bandes erschien gerade zu der Zeit im Druck, als sich Heller in Leipzig aufhielt; die darin gegebene methodologische Kritik der physiologischen und pathologischen Chemie ist nach einem freundlichen Hinweis Prof. DDr. Johannes Büttners eine indirekte Kritik der Vorgangsweise Hellers. - *Poggendorff* I, Sp. 1411-1412; III, 1, 791. - ADB 18, 147. - *Lieben* (1935), 275, 392-394.

[52] Otto Linné Erdmann (1804-1869) war seiner Ausbildung nach Pharmazeut, habilitierte sich 1825 für Chemie an der Universität Leipzig, wo er 1827 zum außerordentlichen und 1830 zum ordentlichen Professor ernannt wurde. Er gab gemeinsam mit Richard Felix Marchand bis zu seinem Tod das "Journal für praktische Chemie" heraus. Er arbeitete zuerst auf dem Gebiet der anorganischen, dann äußerst erfolgreich auf dem der organischen Chemie. - *Poggendorff* I, 674-675; III, 414. - *Pötsch* (1988), 139. - *NDB* 4, 572-573. - *Partington* 4 (1972), 397.

[53] Otto Bernhard Kühn (1800-1863) war der Sohn des an der Leipziger Universität tätigen Mediziners Karl Gottlob Kühn, studierte Medizin, war ab 1825 Privatdozent und ab 1830 Professor der allgemeinen Chemie an der Universität Leipzig. Seine erste selbständige Publikation "Versuch einer Anthropochemie" erschien in Leipzig 1824, fünf Jahre danach sein Buch "Chemie für Staatsärzte". Die zahlreichen Publikationen der Folgezeit bewegten sich vornehmlich auf dem Gebiet der "allgemeinen" Chemie. - *Poggendorff* I, Sp. 1325; III, 1, 755.

ratorium und dessen Art und Weise kennen zu lernen, wie er, da er ein Lehrbuch für physiologische Chemie[54] geschrieben, die Chemie für die Medizin nutzbringend, praktisch bearbeitet.

1. Erdmanns Laboratorium[55] ist wohl in Betreff der Lokalitäten und Pracht das erste, welches ich auf meiner Reise zu sehen Gelegenheit hatte, und ist deshalb einer näheren Beschreibung werth, indem es jedenfalls musterhaft angelegt und eingerichtet ist. Allein diese Pracht, Politur und Ordnung läßt schließen, daß es wenig benützt wird, und in der That, es wird auch sehr wenig daselbst gearbeitet, die meisten Arbeitsplätze sind unbesetzt.

Aus Erdmanns Studierzimmer und Handlaboratorium tritt man in das große, allgemeine Laboratorium mit einem anstoßenden Nebenlaboratorium, dann in den Hörsaal. Alle Lokalitäten ebenerdig und mit großen Fenstern versehen. In allen Lokalitäten ist hinreichend Licht und Raum, sowohl in die Breite als Höhe. Es wäre unausweichlich, viel zu weitläufig werden zu müssen, um dieses großartige Institut nach allen seinen Theilen beschreiben zu sollen, und will aus meinem Tagebuche[56], in welchem von jedem Laboratorium eine genaue Beschreibung sich befindet, stets nur das Wesentlichste entnehmen, indem ich, falls es sich um eine Benützung zur Nachahmung handeln würde, stets bereit und im Stande bin, eine genaue Beschreibung zu liefern. Sämtliche Holzgeräthe sind aus Eichenholz, meist poli[e]rt, die Elegans (!) ist für ein chemisches Laboratorium, in welchem viel gearbeitet werden soll, oft bis ins Lächerliche getrieben. Das Handlaboratorium hat 2 Fenster, in denen tiefe Arbeitstische stehen, in der Mitte ein großer Tisch mit Apparaten. Ein Glaskasten enthält reichlich Platin- und Silbergeräthe, obenauf eine Waage. Zweckmäßig angebracht ist im Hintergrunde ein Liebigscher Glasherd[57] und nebenan ein Fenster, durch welches man in das Auditorium sehen kann. In dem an das Handlaboratorium anstoßenden Studierzimmer ist eine sehr reichhaltige chemische Bibliothek.

Das große allgemeine Laboratorium hat 6 große Fenster, in der Mitte große Arbeitstische mit den Arbeitsplätzen für 20 Schüler, die meist leer stehen, und

---

[54] *Karl Gotthelf Lehmann*: Lehrbuch der physiologischen Chemie. 3 Bände. Leipzig 1842-1845.

[55] Erdmanns Forschungsstätte war nahezu zwei Jahrzehnte lang im Paulinergebäude höchst unzulänglich untergebracht gewesen, ehe 1843 das von ihm nach dem Muster des Gießener Institutes erbaute Laboratorium fertiggestellt wurde. - *Das chemische Laboratorium* der Universität Leipzig. Journal für praktische Chemie 31 (1844), 65-75. - *Zwahr* (1984), 163. - *Drucker* (1961), 208.

[56] Dieses Tagebuch befindet sich leider nicht in dem von der Familie verwahrten Nachlaß.

[57] Dabei handelte es sich um Arbeitsstätten, bei denen der Experimentator durch eine Glaswand vor den Dämpfen geschützt war. - *Hofmann* (1842), 3, 12. - Abbildungen finden sich u.a. auch in: *Mohr* (1847), 43-44.

das, was gearbeitet wird, gehört entweder der anorganischen oder technischen Chemie an. Im Hintergrunde einige große Liebigsche Glasherde. Die Arbeitsplätze sind alle mit Waagen versehen.

Das Auditorium ist ein großer Saal mit mehreren Reihen von poli[e]rten Sesseln (für die Zuhörer), deren jeder numeri[e]rt ist, nach hinten ist der Boden treppenartig erhöht, das Auditorium kann paar Hundert Zuhörer fassen. Auch hier stehen viele und sehr gute Waagen. Hinter dem Vorlesetisch ist eine große Tafel, die zugleich ein Schuber vor den Experimenti[e]rherd ist, aus welchem ein Schuberfenster ins Präparatenzimmer mündet. Im Präparatenzimmer sind mehrere Glaskästen mit sehr schönen Präparaten, die in Eprouvetten auf Roseschen Gestellen gruppenweise aufgestellt sind, welche Einrichtung zweckmäßig erscheint. Meine besondere Aufmerksamkeit zogen Reihen von anorganischen chemischen Verbindungen an sich, denn die organische Chemie ist hier schwach vertreten. Im Präparatenzimmer befindet sich noch eine Einrichtung, die sinnreich, aber entbehrlich ist, nemlich ein Aufzug, mittelst welchem aus dem Keller Cruda und Apparate etc. durch den Boden heraufgezogen werden können.

Ich wurde durch Erdmann auf zwei für die Technik gewiß sehr wichtige Gegenstände aufmerksam gemacht.

1. Das Brüchigwerden des Zinns, zuerst beobachtet an Orgelpfeifen, an denen plötzlich, während sie im Gebrauche stehen, bis Thaler große graue Stellen entstehen, welche sich aufblähen, Sprünge bekommen und platzen, das Zinn wird an diesen Stellen ganz spröde; Erdmann versprach, nach der Ursache zu forschen, hat aber noch nichts bisher bekannt gemacht[58].

2. Weiße Meißner Schmelztiegel[59] von allen Größen. Diese Waare besitzt so ausgezeichnete Eigenschaften, daß sie nicht allein für die Wissenschaft sondern auch für die Technik, namentlich die Metallurgie von großer Wichtigkeit erscheint. Denn fürs Erste sind diese Schmelztiegel so fein in Substanz und weiß, daß sie wie unglasi[e]rtes Porzellan aussehen, dabei bestehen sie eine Probe, die alles übertrifft, nemlich: es können die bisher besten hessischen Tiegel[60] in

---

[58] Er sollte erst später, im Band 52 (1851) des "Journals für praktische Chemie", eine Abhandlung über "Merkwürdige Strukturveränderungen des bleihaltigen Zinns" publizieren. Im selben Jahr erschien: *O. L. Erdmann*: Ueber die merkwürdige Strukturveränderung bleihaltigen Zinnes bei Orgelpfeifen. Polytechnisches Journal 121 (1851), 433-436.

[59] Die Meißner Tiegel waren seit den dreißiger Jahren Gegenstand chemischer Untersuchungen: *Brett-Golding Bird*, Ueber die Zusammensetzung der hessischen Schmelztiegel und das Vorkommen der Titansäure in denselben. Journal für praktische Chemie 4 (1835), 493-498. - *R. A. Couper*, Ueber die chemische Zusammensetzung der in der Töpferei angewendeten Substanzen. Journal für praktische Chemie 44 (1848), 232-241. - Vermutlich handelte es sich bei von Heller gerühmten Tiegeln um Kalk- oder Kreidetiegel, wie sie in dieser Zusammensetzung nach der Jahrhundertmitte auch zum Metallschmelzen verwendet wurden.

[60] Die sogenannten hessischen Schmelztiegel erlangten aufgrund ihrer Haltbarkeit einen besonders guten Ruf. Diese Tiegel aus Großalmerode in Kurhessen wurden aus kalkfreiem Ton hergestellt, der zu 71 Prozent aus Kieselerde, 25 Prozent Tonerde und 4 Prozent Eisenoxyd bestand und der in einem Ausmaß von mindestens einem Drittel bis

ihnen geschmolzen werden. Der Preis ist zugleich sehr billig, das Seidel zu sechs Pfennig sächsisch.

Ich traf bei Erdmann Emil Schmid[61] aus Spanien, der daselbst Direktor ausgezeichneter Eisenwerke und Gußwerke ist. Er zeigte mir eine Menge selbst der feinsten Gegenstände, die hier in Deutschland nur aus Schmiedeeisen verfertigt werden, z.B. Schrauben, Nägel, Schlüssel, Lichtscheren, Bilderringe etc. sämmtlich gegossen; er übergab sie Erdmann und gab auch mir einige Stücke.

2. Kühns Laboratorium[62] (im sogenannten Schloß). Es ist ebenerdig und besteht aus 4 wesentlichen Lokalitäten, dem Auditorium, dem Praktikum, dann dem Präparaten- und Apparatenzimmer. Die Lokalitäten sind schlecht, es wird aber daselbst viel mehr als bei Erdmann gearbeitet, doch meist die Anfangsgründe der analytischen Chemie. Für 18 Arbeitsplätze ist gesorgt, die meisten sind besetzt, und es wurde in meiner Gegenwart sehr lebhaft gearbeitet, Kühn gibt sich viel Mühe mit den Schülern. Kühn ist eigentlich für die pharmazeutische Chemie bestimmt und ist außerordentlicher Professor mit 700 Thalern Gehalt und 300 Thalern Pauschale. Ich lernte hier eine sinnreiche Einrichtung, nemlich die Verbrennung bei der organischen Elementaranalyse mit durch das Lokale geleitetem Gas anstellen zu können, ferner eine bisher nicht beobachtete Eigenschaft des Zinks, welche mit der am Zinn der Orgelpfeifen von Erdmann beobachteten (siehe oben) Aehnlichkeit hat, indem nemlich ein Block Zink, als er vom Schiffe abgeladen wurde, in lauter krystallinische Stückchen von höchstens 1mm Durchmesser und paar Linien Länge zerfiel. Die Analyse zeigte, daß das Zink chemisch rein, doch etwas spezifisch leichter war.

3. Lehmanns Laboratorium ist ein Privatlaboratorium und besteht aus einem gewöhnlichen Zimmer bei seiner Wohnung und sieht eigentlich gar keinem Laboratorium gleich; er hofft, erst ein offizielles Lokale zu bekommen. Es sind blos die allernothwendigsten kleineren Geräthe zugegen, die zu gewöhnlicheren Analysen nöthig sind. Arbeitsplätze sind nicht eingerichtet, doch wäre für 2-3 höchstens auch nur Raum. Lehmann beschäftigt sich fleißig mit physiologisch-chemischen Untersuchungen, doch ist ihm die pathologische klinische Chemie fremd. Ich lernte hier nichts kennen, was mir neu wäre.

Die Chemie in Leipzig überhaupt. Ich muß mit Bedauern erwähnen, daß ich in Leipzig nicht mehr für die medizinische Chemie gefunden habe, denn Lehmann ist mehr praktischer Arzt, a.o. Professor und Compilator als praktischer Chemi-

---

zur Hälfte des Gewichtes mit Quarzsand vermischt wurde. - *Gottlieb* (1857), 449.

61 Möglicherweise handelt es sich dabei um den Autor des Artikels: *Emil Schmidt*: Analyse des Asbests von Zöblitz. Journal für praktische Chemie 45 (1848), 14-15.

62 *Drucker* (1961), 181-183.

ker, obwohl ihm chemische Kenntnisse nicht fehlen, wie so manche seiner Leistungen zeigen; allein die physiologische Chemie kann und soll nicht isoli[e]rt von der pathologischen behandelt werden, wir sehen dieß ganz deutlich bei Lehmann selbst[63]. Die Physiologen sagen: man müsse zuerst den Normalzustand der Se- und Excremente kennen, bevor man den pathologischen Zustand beurtheilen und studieren könne; Lehmann befolgte diesen Satz und gerieth auf einen Irrweg, indem er seinen Harn als normalen betrachtete und eine übrigens sehr fleißige und zeitraubende Untersuchung des normalen Harnes lieferte, während er später gezwungen war, seine Resultate zu widerrufen, wozu ich vorzüglich durch pathologisch-chemische Untersuchungen die Veranlassung gab, indem ich bewiesen, daß Lehmanns Harn der chronisch-rheumatischen Krase angehöre und daß namentlich der von ihm als normal angenommene oxalsaure Kalk ein abnormer Harnbestandtheil[64], dann die Harnsäuremenge, das specif[ische] Gewicht, die Erdphosphate zu hoch angenommen sind[65].

Die Chemie kann und darf nicht, soll sie für die Medizin nutzbringend sein, ohne gleichzeitiger Beobachtung an gesunden und kranken Menschen und Thieren betrieben werden[66], und bin zu der unwiderruflichen Ueberzeugung gelangt, daß ich erst durch meine zahlreichen pathologischen Untersuchungen erfahren habe, was physiologisch wahr ist, mein physiologisches Wissen mehr geregelt und befestigt habe. Und dieß ist es, was ich vorzüglich in Leipzig tadle, daß man bei Gegenwart des ausgezeichnetsten aller Kliniker, Oppolzers nemlich, die Klinik so unbenutzt ließ, indem Lehmann selbst sagte, "ich komme fast nie mit Oppolzer zusammen, ich arbeite für mich blos physiologische Chemie, mir nimmt die Lehrkanzel für Pharmakologie und meine Praxis zu viel Zeit weg"; so kömmt es, wenn man sich isoli[e]rt, wenn man sich nicht allein Ein Fach zur Lebensaufgabe macht.

Zu Leipzig ist somit die allgemeine reine Chemie, auch in Beziehung auf Technik, nicht so die specielle technische Chemie durch Erdmann, die analytische und pharmaceutische Chemie durch Kühn beide gut vertreten, während die

---

[63] Es handelt sich bei diesen Ausführungen wohl um eine Replik auf die im ersten Band der zweiten Auflage von Lehmanns Lehrbuch angestellten methodologischen Überlegungen, die zugleich eine Kritik an Hellers Vorgangsweise darstellten. - Freundlicher Hinweis Prof. DDr. Johannes Büttners.

[64] Lehmann stellte in der zweiten Auflage seines Lehrbuches fest, daß die "oktaedrischen Krystalle oxalsauren Kalks" im normalen Harn in geringerer Menge, bei "gewissen krankhaften Zuständen" in größerer Menge gefunden werden. - *Lehmann* II (1852), 345.

[65] Heller hatte dazu im vierten Band seiner Zeitschrift, erschienen 1847, publiziert. - *Schmalhofer* (1980), 131-132.

[66] Heller war durchaus nicht der erste, der diese Überlegungen anstellte. - *C. G. Lehmann*, Ueber menschlichen Harn in gesundem und krankhaftem Zustande. Journal für praktische Chemie 25 (1842), 1-29.

physiologische Chemie durch Lehmann, die pathologische Chemie jedoch gar nicht vertreten ist[67]. -

Medizin. Ich besuchte Oppolzers Klinik einige Male und war Zeuge von der ungetheilten Theilnahme und Anerkennung, die Oppolzer hier nicht nur von den Studenten, so auch von einem großen Zuhörerkreise älterer praktischer Aerzte geerntet hat. Ich habe das Jakobshospital[68] überhaupt reinlicher und zweckmäßiger eingerichtet gefunden, als es in vielen anderen deutschen Städten der Fall war. Insbesondere fand ich sowohl in lokalen als scientifischen Verhältnissen nirgends im Auslande die Klinik in einem so vortheilhaften Zustande wie hier, auch werden die pathologisch-anatomischen Sectionen mit vielem Fleiße und zahlreich vom Prof. Dr. Bock[69] vorgenommen.

Am 14. März fand, nachdem am Vorabend die Studentenschaft Oppolzern einen großartigen Fackelzug mit Musik brachte, das Abschiedsfestessen, welches die Aerzte Leipzigs zu Ehren Oppolzers veranstalte[te]n, statt, zu welchem ich geladen war. Es waren über 70 Aerzte und Professoren zugegen. Dr. Brachmann[70] hielt an Oppolzer eine anerkennende und Dankrede im Namen der praktischen Aerzte Leipzigs und überreichte Oppolzer einen Kranz aus frischen Lorbeerzweigen, während auch der Sessel Oppolzers mit Epheu, Immergrün und Lorbeerzweigen geschmückt war. Ein Chor des Männergesangsvereins tönte abwechselnd mit passenden Reden verschiedener Aerzte. Ich führe dieß an, da ich Gelegenheit hatte, Augenzeuge der Theilnahme und Anerkennung zu sein, die unser Landsmann bei seiner Berufung nach Wien im Auslande gefunden hatte. Dieselbe Gemüthlichkeit bewies man Oppolzer noch bei seiner Abreise am 17. März, worauf auch ich den andern Tag nach Halle abreiste.

Die Professoren und die Studenten. Nähere Bekanntschaft machte ich außer den bereits genannten: Erdmann, Kühn, Lehmann, mit denen ich meist verkehrte, auch mit dem äußerst thätigen und ausgezeichneten pathologischen Anatomen

---

67 Zu Mitte der fünfziger Jahre bestand im Jakobsspital ein physiologisch-chemisches Laboratorium. - *Eulner* (1970), 84.

68 Das Krankenhaus St. Jacob diente seit 1798 gleichermaßen als städtische Einrichtung wie als chirurgische Universitätsklinik. An seiner Stelle wurde in den Jahren 1869-1870 ein Neubau errichtet. - *Murken* (1988), 148-151.

69 Karl Ernst Bock (1809-1874) war der Sohn des Anatomen August Karl Bock, war seit 1833 als Dozent und ab 1845 als Professor der pathologischen Anatomie an der Universität Leipzig tätig. Nach Studienaufenthalten in Wien und Prag verfaßte er Lehrbücher der pathologischen Anatomie und physikalischen Diagnostik und trug somit zu deren Verbreitung bei. - *Pagel*, Sp. 198-199. - *Hirsch* 1, 583-584.

70 Raimund Dietrich Brachmann (1804-1861) stammte aus Dresden, wurde 1831 in Leipzig zum Doktor der Medizin promoviert, trat 1833 in die Leipziger Medizinische Gesellschaft ein, deren Sekretär und Bibliothekar er in der fraglichen Zeit war. - Freundliche Mitteilung des Karl-Sudhoff-Instituts der Universität Leipzig. - Heller schrieb den Namen im übrigen "Prachmann".

Prof. Bock, dann Radius[71], Günther[72], Weber[73] und a[ndere] und gewann die Ueberzeugung, daß man hier in scientifischer Beziehung mit großer Hochachtung von uns und unserer Schule spricht. *Ueberhaupt habe ich bemerkt, daß in Sachsen große Anhänglichkeit an Oesterreich herrscht. Besonders hoch wird unsere medizinische Schule so wie überal[l] geachtet, doch herrscht hier nur Eine Stimme über die Trägheit und den Charakter Skodas*[74]*, und man bezeichnet ihn als den Urheber des "allbekannten Wiener Spitalszwiespalts" und des "medizinischen Kliquenwesens"*[75]*, mit welchen Worten man sich ausdrückte.*

Die Studenten sind hier weit solider, gebildeter und weit weniger burschikos als in Breslau und Halle u.a. kleineren Universitäten[76]*; welch einen Unterschied*

---

[71] Justus Radius (1797-1884) habilitierte sich 1821, erhielt 1822 die Doktorwürde der Medizin, wurde 1825 außerordentlicher Professor und war in der Folgezeit auch als praktischer Arzt und Augenarzt tätig. 1870 wurde er zum Ordinarius bestellt. Als akademischer Lehrer widmete er sich anfangs der Augenheilkunde, später nahezu ausschließlich der Hygiene und der Pharmakologie. Er war Direktor der medizinischen Gesellschaft in Leipzig von deren Begründung 1829 bis 1861. - *Hirsch* 4, 709-710.

[72] Gustav Biedermann Günther (1801-1866) studierte in Leipzig Medizin, war ab 1825 in Hamburg tätig, wurde 1837 Professor der Chirurgie in Kiel und 1841 als Ordinarius dieses Faches nach Leipzig berufen. - *Hirsch* 2, 887-889.

[73] Vermutlich war der ältere der beiden Brüder gemeint:
Ernst Heinrich Weber (1795-1878) habilitierte sich 1817 in Leipzig, wurde im folgenden Jahr außerordentlicher Professor der vergleichenden Anatomie und 1821 Ordinarius für Anatomie und Physiologie. Die Professur der Physiologie legte er 1866, jene der Anatomie 1871 nieder. - *Pagel*, Sp. 1813-1814. - *Hirsch* 5, 866-867.
Eduard Friedrich Wilhelm Weber (1806-1871) war ab 1836 als Prosektor der anatomischen Anstalt in Leipzig tätig und wurde 1847 zum außerordentlichen Professor ernannt. Er arbeitete eng mit seinem Bruder zusammen. - *Pagel*, Sp. 1814-1815. - *Hirsch* 5, 868.

[74] Josef Skoda (1805-1881) studierte in Wien Medizin, trat 1832 als Sekundararzt in das Allgemeine Krankenhaus in Wien ein, baute die Perkussion zur physikalischen Diagnostik aus, übernahm 1840 die Abteilung für Brustkranke am Allgemeinen Krankenhaus, 1846 den Lehrstuhl für Innere Medizin an der Universität; 1848 wurde er Mitglied der Akademie der Wissenschaften. Im Jahre 1871 zog er sich in das Privatleben zurück. Skoda wurde aufgrund seines trockenen Benehmens, seines Ernstes, seiner rückhaltlosen Aufrichtigkeit und seiner schonungslosen Direktheit wegen oftmals verkannt. Skoda schätzte Heller nicht und war der Ansicht, daß dieser die ihm gestellte Aufgabe keineswegs bewältigen könne. - *Pagel* Sp. 1605-1607. - *Hirsch* 5, 300-301. - *Lesky* (1978), besonders 142-152.

[75] Sichtet man die Sitzungsprotokolle der Wiener medizinischen Fakultät dieser Zeit, so zeigt sich, daß Ferdinand von Hebra, Karl von Rokitansky und Josef Skoda oftmals einer Meinung waren und sich im Gegensatz zu anderen Gruppierungen innerhalb der Wiener Medizinischen Fakultät befanden.

[76] Diese Äußerung verdeutlicht, wie sehr Hellers Urteil von ersten und äußerlichen Eindrücken bestimmt war. Im Revolutionsjahr 1848 zeigte sich die Leipziger Studentenschaft nämlich politisch durchaus engagiert. - *Herbst* (1961), 72-74. - Weiterführende Literatur in: *Karl-Marx-Universität Leipzig* (1961), 361-371.

fand ich im Benehmen der Studenten bei den Fackelzügen hier und in Breslau. Auch werden die Kollegien fleißig frequenti[e]rt, und das Benehmen auf der Straße und öffentlichen Orten, selbst die Kleidung verrathen hier mehr Bildung, als es der Fall ist an den meisten anderen Universitäten.

Aufnahme. Die Aufnahme, welche ich in Leipzig gefunden, war eine durchaus auszeichnende und freundliche, besonders von Seite des medizinischen Lehrkörpers, *wie es zahlreiche Einladungen und das Zuvorkommen bewiesen haben.*

IV. **Halle**

Am 18. März besuchte ich die Universität Halle, vorzüglich um das chemische Laboratorium des mit Recht berühmten Professors Richard Felix Marchand[77] kennen zu lernen. Ich wohnte auf Marchands Einladung bei ihm, und er zeigte mir alle seine Einrichtungen auf das Bereitwilligste.

Laboratorium Marchands. Es ist das Universitätslaboratorium, befindet sich ebenfalls in Verbindung mit dessen Wohnung als Universitätsmiethe im Hause des Prof[essors] der Chir[urgie] Blasius[78]. Aus Marchands Studierzimmer gelangt man in das Auditorium, welches sehr klein ist, von da in sein äußerst zweckmäßiges Handlaboratorium. Ueberhaupt findet man überal[l], daß der Professor ein Laboratorium für sich allein besitzt, wo nicht jeder Zuhörer oder Arbeitende ungehinderte Einsicht hat, was eine große Nothwendigkeit ist[79]. Arbeitsplätze sind nur einige und die nicht alle besetzt.

Meine Verwendung daselbst. Besonderes Augenmerk hatte ich auf die in der letzten Zeit von Marchand bekannt gewordenen Respirationsversuche[80], die

---

[77] Richard Felix Marchand (1813-1850) lehrte ab 1838 an der Artillerieschule, ab 1840 als Dozent an der Universität in Berlin, wurde 1843 zum außerordentlichen und 1846 zum ordentlichen Professor in Halle bestellt. Er starb an der Cholera. Gemeinsam mit Otto Linné Erdmann gab er das "Journal für praktische Chemie" heraus, verfaßte ein "Lehrbuch der organischen Chemie", 1838, einen "Grundriß der organischen Chemie", 1839, und ein 1844 veröffentlichtes "Lehrbuch der physiologischen Chemie". - *ADB* 20, 296. - *Hirsch* 4, 71. - *Lenz* 2,1 (1910), 509. - *Partington* 4 (1972), 397.

[78] Ernst Blasius (1802-1875) absolvierte das Medizinstudium in Berlin, war als Militärarzt tätig und habilitierte sich 1828 in Halle für Chirurgie. Im Jahre 1830 wurde er zum außerordentlichen, 1834 zum ordentlichen Professor der Chirurgie ernannt; im gleichen Jahr wurde er nach drei Jahren der interimistischen Leitung Direktor der chirurgisch-augenärztlichen Klinik. Seine Lehrbücher waren weit verbreitet, besondere Berühmtheit erlangten seine Operationsmethoden. - *Pagel*, Sp. 191-192. - *Hirsch* 1, 566-567. - *ADB* 2, 694-695.

[79] Diese Trennung in ein Laboratorium des Professors und in ein solches der Studierenden war eine Folge des von Justus Liebig eingeführten Laboratoriumsunterrichts.

[80] Der Schwerpunkt der Forschungen dieser Zeit richtete sich auf das Verhältnis von eingeatmeter zu ausgeatmeter Luft. - *R. F. Marchand*: Lehrbuch der physiologischen Chemie. Berlin 1844, S. 441-458. - *R. F. Marchand*: Ueber die Respiration der Frösche. Journal für praktische Chemie 33 (1844), 129-179; 37 (1846), 1-14. - *R. F. Marchand*: Ueber das Verhalten des Stickstoffs bei dem Respirationsprocesse. Journal für praktische

mich in physiologischer Beziehung interessi[e]ren mußten, da Marchand einen eigends von ihm construi[e]rten, doch zu complici[e]rten Apparat[81] anwendet. Ich stellte mit Marchand zwei Analysen an, die seiner und meiner ausgeathmeten Luft[82]. Ferner machte ich mit Marchand eine organische Elementaranalyse[83], da seine Methode besonders in Betreff des Apparates einige Abweichung von den übrigen hat[84], und muß gestehen, daß seine Anwendung des Bimssteins mit Schwefelsäure bei der Wasserbestimmung so auch am Kohlensäureresorptionsapparat 6 anstatt 5 Kugeln besonders zur Analyse kohlenstoffreicher Substanzen vortheilhaft ist[85].

Ich lernte hier an Apparaten kennen: Marchands Selbstfiltri[e]rapparat[86], dann einen neuen Apparat zur quantitativen Bestimmung der Kohlensäure[87], der

---

Chemie 44 (1848), 1-37.

[81] Marchand gab im Rahmen seiner Untersuchungen eine Beschreibung dieses Apparates: *Marchand* (1844), 137-140. (Mit Abbildung)

[82] Marchand entwickelte immer wieder eigene Apparaturen, die er im Rahmen seiner Untersuchungen fallweise auch beschrieb. - *R. F. Marchand*: Ueber eine neue Methode, das specifische Gewicht einiger Gasarten zu bestimmen, und über die Dichtigkeit des Sauerstoffs, der Kohlensäure, des Kohlenoxydgases und der schwefligen Säure. Journal für praktische Chemie 44 (1848), 38-49.

[83] Marchand entwickelte im Jahre 1838 gemeinsam mit Otto Linné Erdmann eine Bestimmungsmethode für Stickstoff in organischen Verbindungen durch Anwendung von Kupferoxid in einer inerten Atmosphäre von Kohlendioxid. Im Jahre 1842 stellte er seinen Apparat zur organischen Analyse der Öffentlichkeit vor. - *R. F. Marchand*: Bemerkungen über die organische Analyse. Journal für praktische Chemie 13 (1838), 509-513. - *Otto L. Erdmann*: Nachschrift des Herausgebers. Journal für praktische Chemie 13 (1838), 513-514. - *O. L. Erdmann-R.F. Marchand*: Ueber die quantitative Bestimmung des Stickstoffs in organischen Körpern. Journal für praktische Chemie 14 (1838), 206-214. (Mit Abbildungen). - *Marchand*: Nachschrift, die quantitative Bestimmung des Kohlenstoffs bei organischen Analysen und das Atomgewicht des Kohlenstoffs betreffend. Journal für praktische Chemie 14 (1838), 223-226. - *O. L. Erdmann-R. F. Marchand*: Apparat zur organischen Analyse. Journal für praktische Chemie 27 (1842), 129-140. (Mit Abbildungen.)

[84] Die übliche Vorgangsweise der organischen Elementaranalyse basierte auf dem Werk Justus' von Liebig "Anleitung zur Analyse organischer Körper", 1. Auflage, Braunschweig 1837, und findet sich in allen Lehr- und Handbüchern der Zeit beschrieben, so etwa in: *Handwörterbuch der reinen und angewandten Chemie* 1, 357-399.

[85] *Handwörterbuch der reinen und angewandten Chemie* 1, 357-399.

[86] *R. F. Marchand*: Neuer Filtrirapparat. Pogg. Annalen der Physik und der Chemie 24 (1832), 649-651. - Es wurden in der Folgezeit mehrfach Verbesserungen der Filtriereinrichtungen vorgenommen, doch fand Marchand es offensichtlich nicht der Mühe wert, die an seinem Apparat durchgeführten Änderungen eigens zu publizieren.

[87] *R. F. Marchand*: Ueber eine neue Methode, das specifische Gewicht einiger Gasarten zu bestimmen, und über die Dichtigkeit des Sauerstoffs, der Kohlensäure, des Kohlenoxydgases und der schwefligen Säure. Journal für praktische Chemie 44 (1848), 38-49. - *R. F. Marchand*: Ueber den Kohlensäure-Gehalt des Harns und der Milch. Journal für praktische Chemie 44 (1848), 250-254. - Zu den gängigen Methoden der Zeit vgl.: *Handwörterbuch der reinen und angewandten Chemie* 4, 456-467. - *Gottlieb* (1857),

an Einfachheit alle übertrifft. Er ist von einem Utrechter Glasbläser konstrui[e]rt. Der Apparat zur organischen Elementaranalyse. Die Verbrennung, wie ich dies in den meisten Laboratorien fand, geschieht mit Spiritus. -

Besonders schöne Waagen von Oertling[88] mit einigen vortheilhaften Modifikationen. - Die Präparatensammlung sehr unbedeutend. Auffallend daselbst eine große Menge wasserloser Blausäure. Ich besuchte ferner den Veteran Schweigger[89], besah dessen Laboratorium und physikalisches Kabinet[t], welches mit dem nöthigsten ziemlich reich ausgestattet ist, ich fand jedoch nichts neues.

Medicinische Schule. Großes Interesse erweckte in mir der klare Geist und der rege Fortschritt bis auf das Neueste in der medicinischen Lehre an dem greißen klinischen Lehrer Krukenberg[90], dessen Vortrag am Krankenbette so wie die mündliche Unterredung mit ihm mich für ihn unter allen älteren Klinikern, die ich kennen lernte, am meisten begeisterte. Hierauf besuchte ich Blasius's chirurg[ische] Klinik und Vorlesung, allein der Vortrag ließ mich sehr kalt, besonders unvergeßlich bleibt mir die ihm höchsten Grade faulige Luft und immense Unreinlichkeit, die sich auf dieser chirurgischen Klinik befindet[91].

118-124.

[88] Johann August Oertling (1803-1866) war seit 1826 in Berlin als Mechaniker tätig und stellte zahlreiche Präzisionsinstrumente, darunter auch Waagen, her. - *Poggendorff* II, Sp. 343; III, 2, 983.

[89] Johann Salomo Christoph Schweigger (1779-1857) schloß das Studium an der Universität Erlangen im Jahre 1800 mit dem Doktorgrad der Philosophie ab, war ab 1803 Professor der Mathematik und Physik am Gymnasium in Bayreuth, in den Jahren 1811-1816 an der Realschule in Nürnberg, in den Jahren 1817-1819 Professor der Physik und Chemie an der Universität in Erlangen und in den folgenden Jahren an der Universität Halle. Neben zahlreichen Publikationen, in denen der mit Goethe befreundete Gelehrte viele Fragen gleichermaßen vom geistes- wie vom naturwissenschaftlichen Standpunkt aus zu betrachten suchte, gab er das nach ihm benannte "Journal für Chemie und Physik" phasenweise allein, manchmal gemeinsam mit anderen Gelehrten heraus. - *Poggendorff* II, Sp. 873-875. - *ADB* 33, 335-339. - *Kolde* (1910), 137, 151, 222, 539. - *Timm* (1960), 54, 68. - *Partington* 4 (1972), 176.

[90] Peter Krukenberg (1788-1865) studierte in Braunschweig, Göttingen und Berlin, wurde 1814 als außerordentlicher Professor nach Halle berufen, wo er die medizinische Klinik - ab 1815 definitiv - zu leiten hatte. 1816 richtete er die Poliklinik ein, wurde 1821 Ordinarius und Direktor des klinischen Instituts und verblieb in dieser Stellung bis zum Jahre 1856. Er war einer der bedeutendsten Kliniker seiner Zeit und hatte maßgeblichen Anteil am Aufschwung der Medizin in Halle. Krukenberg vertrat das Prinzip der klinischen Erfahrung und stützte sich dabei auf möglichst exakte Untersuchungsmethoden der Physiologie, Chemie, pathologischen Anatomie und Mikroskopie. - *Hirsch* 3, 620-621. - *NDB* 13, 117-118. - *Frese* (1944). - *Timm* (1960), 67. - Heller schrieb den Namen im übrigen "Kruggenberg".

[91] Im Jahre 1839 hatte man am Dom die Chirurgisch-Medizinische Klinik errichtet, die 1859 erweitert wurde und schon in den sechziger Jahren den Bedürfnissen nicht mehr entsprach, weil ursprünglich nur 46 Betten für den Internisten und 48 für den Chirurgen vorgesehen gewesen waren. - *Eulner* (1952). - *Murken* (1988), 168.

Nachdem ich gesehen und profiti[e]rt, was ich wollte, kehrte ich nach 2 Tagen nach Leipzig zurück, nachdem ich mich einer wahrhaft auszeichnenden Aufnahme zu erfreuen hatte, wie es schon die Gastfreundschaft und Bereitwilligkeit Marchands beweist, der mir seine ganze Zeit schenkte, um obige drei Analysen mit mir anzustellen, so wie er auch mich (!) in Leipzig einen Gegenbesuch machte, *so wie er auch erklärte, eigens nach Leipzig kommen zu wollen, um mir einen Gegenbesuch zu machen, wie er auch Wort hielt.*

Die Lehrer und die Studenten. Ich kann hier nur nach Erkundigungen urtheilen. Die Professoren scheinen sich fern von allem andern rein nur mit der Wissenschaft zu beschäftigen, besonders äußerten sich Schweigger und Marchand, daß die Politik den Lehrkörper sehr wenig beschäftigte, nur seien die Studenten nachläßiger und raufsüchtiger geworden[92]*, auch diese einsichtsvollen Männer äußerten sich dahin, daß das gute bei uns in Oesterreich ist, daß die Klubbs (!) und Burschenschaften nicht existi[e]ren, übrigens hörte ich viel an verschiedenen Orten von der Rohheit der Hallenser Studenten.*

Marchand äußerte sich unter Anderem auch wie folgt: "Liebig wollte viel Gutes gethan haben, daß er über den Zustand der Chemie in Oesterreich[93] *und in Preußen*[94] *geschimpft; uns hat er schon genützt, aber Euch Oesterreichern weniger, denn die jungen*[95]*, die an Meissners*[96] *und Pleischls*[97] *Stelle kamen, leisten viel weniger für ihre Zeit, als diese geleistet haben, als sie so jung waren."*

---

[92] Dieser Eindruck stimmt mit dem von der bisherigen Historiographie gezeichneten Bild im wesentlichen überein. *Schäfer* (1952).

[93] *Justus Liebig*: Der Zustand der Chemie in Oestreich. Annalen der Pharmacie 25 (1838), 339-347. - Liebig übte diese Kritik allerdings nicht ohne naheliegendere persönliche Absicht. - *Brand* (1907). - *Kernbauer* (1984).

[94] *Justus Liebig*: Der Zustand der Chemie in Preussen. Annalen der Chemie und Pharmacie 33 (1840), 97-136.

[95] Gemeint waren damit neben den zahlreichen jungen Chemikern an Österreichs Universitäten wohl in erster Linie der neuernannte Wiener Professor Joseph Redtenbacher, der am Polytechnikum tätige Anton Schrötter von Kristelli und der seit kurzem in Prag wirkende Friedrich Rochleder. Infolge der Kritik Liebigs war es in der Donaumonarchie in der Vertretung des Faches Chemie an den Universitäten nach dem vergeblichen Versuch, Liebig nach Wien zu berufen, zu einem Generationenwechsel gekommen. - *Kernbauer* (1984).

[96] Paul Traugott Meissner (1778-1864) schlug vorerst die Laufbahn eines Apothekers ein, studierte ab 1797 Chemie und Pharmazie an den Universitäten Wien und Pest, war in der Folge als Apotheker tätig, bis er im Jahre 1815 zum Adjunkten am Wiener Polytechnikum, im folgenden Jahr zum Professor der speziellen technischen Chemie ernannt wurde. Ab 1823 supplierte er daneben auch die Lehrkanzel für allgemeine Chemie, die er 1842 übernahm. Im Jahre 1845 in den Ruhestand getreten, nahm er nach 1850 seine Lehrtätigkeit, diesmal über Pyrotechnik, wiederum auf und gewann eine große Bedeutung auf dem Gebiet der Aräometrie und auf dem der Heizungstechnik. - *DAB* 2, 421-422. - *ÖBL* 6, 202-203. - *Bauer* (1915), 400-404.

[97] Adolph Martin Pleischl (1787-1867) absolvierte in Prag ab 1806 die philosophischen Studien und in den Jahren 1809-1814 das Studium der Medizin. Anfangs als praktischer Arzt tätig, war er später vier Jahre lang Assistent an der Lehrkanzel für Chemie an der

Krukenberg und Blasius sprachen mit der größten Hochachtung von unserer medizinischen Schule, so sagte Krukenberg: "In Oesterreich herrscht Redlichkeit der Männer, die für den Fortschritt zu sorgen haben, in Berlin sorgen die alten redlich für sich." -

V. **Berlin**

Der Zweck meines Aufenthaltes war zugleich einer der Hauptzwecke meiner Reise[98], indem ich beschlossen hatte, außer Gießen mich auch hier so lange aufzuhalten, als ich es für meine Belehrung nutzbringend halte; ich beabsichtigte, Heinrich Roses und Mitscherlichs Laboratorien zu frequenti[e]ren und außerdem aus den hießigen Zuständen der Medizin und Chemie so viel als möglich zu profiti[e]ren, wo ich zwar hauptsächlich in der Chemie, nicht aber so in der Medizin meinen Wunsch erreichen konnte.

Ich werde auch hier wieder über die chemischen Laboratorien, ihre Vorstände und meine Beschäftigung daselbst berichten und dann auf die anderen Naturwissenschaften und die Medizin übergehen und darüber das Wesentlichste berichten.

I. Chemie

Heinrich Rose und sein Laboratorium[99]. Das Laboratorium Roses[100] entspricht dem Zwecke und der Richtung der Chemie, welche hier vertreten wird. Die Rich-

---

Universität Prag, die er ab 1819 supplierte und 1821 als Professor übernahm. Im Jahre 1838 wurde er zum Professor der Chemie an der Medizinischen Fakultät der Universität Wien ernannt und zehn Jahre später in den Ruhestand versetzt. - *Wurzbach* 22, 415-419. - *ÖBL* 8, 121-122. - *Michl* (1950), 17-20. - *Lang* (1952), 23-36. - *Goldschmiedt* (1899), 408-410. - *Vogel* (1972), 24-25.

[98] Posner berichtete in der Ausgabe seiner Zeitung vom 20. März 1850, daß seit mehreren Tagen Heller in Berlin weile. - *Allgemeine Medicinische Central-Zeitung* 19 (1850), Sp. 204.

[99] Friedrich Wöhler schrieb am 31. Mai 1850 an Justus Liebig, daß er in der "Pfingstwoche" - es war dies wohl die Woche vom Pfingstsonntag, der auf den 19. Mai fiel, bis zum darauffolgenden Samstag, den 25. Mai - einen Ausflug nach Berlin unternahm: "Bei Rose traf ich den Dr. Heller aus Wien mit seiner wunderschönen jungen Frau. Er wird Dich nächstens heimsuchen, um bei Dir zu arbeiten." - *Hofmann* (1888), 352. - Ganz offensichtlich war Hellers Frau, die er zu Beginn seiner Reise zu den Schwiegereltern nach Iglau gebracht hatte, nach Berlin nachgereist, wo Heller sich eine Zeitlang aufhielt. Im letzten Absatz der Beschreibung des Gießener Aufenthalts erwähnte Heller, daß er in Gießen so lange getrennt von seiner Frau und seinem Kind leben mußte. Auffallend ist jedoch, daß Heller in der Beschreibung seines Berliner Aufenthaltes mit keinem Wort erwähnte, daß er dort bereits Friedrich Wöhler antraf. Eine der möglichen Erklärungen

tung, die Rose vertrit[t], ist der rein analytische Theil der Chemie. Ich fand nirgends, weder in noch außer Deutschland, eine Anstalt, die so ausschließlich und umfassend allein der analytischen Chemie gewidmet wäre wie diese, obwohl hier mehr die anorganische Chemie als die organische bearbeitet wird. Es giebt wohl nirgends eine so ausgezeichnete Gelegenheit für den Metallurgen, den Bergmann und Mineralogen, Pharmaceuten etc., sich in der analytischen Chemie auszubilden als hier bei Rose. Die Vorlesungen werden in zwei Theile getheilt, im Sommer trägt Rose die reine anorganisch analytische Chemie, im Wintersemester die organische Analyse vor, und diesen Vorlesungen wohnte ich auch bei. Der Vortrag Roses ist streng systematisch und logisch geordnet, ununterbrochen von analytischen Experimenten begleitet. Seine Experimente sind so mit dem Vortrage verwebt und präcis, daß jeder in der Vorlesestunde selbst schon bei einiger Aufmerksamkeit alles behalten muß. Rose ist so genial, so vielseitig gelehrt, daß es wohl keinen zweiten solchen Lehrer der reinen analytischen Chemie geben dürfte, er ist der Gründer der neueren anorganischen Analyse, wie es sein großes Werk[101] beweist; niemand kann ihm diesen Rang streitig machen. Nicht minder als Gelehrter hat Rose als Privatmann in Betreff seiner makellosen Redlichkeit und Solidität und des vollsten biedersten Charakters meine größte Verehrung gegen ihn erweckt, so wie er eine solche auch unter den Gelehrten Berlins genießt. Rose hat enorm viele Schüler, mindestens 500 in einem Studienjahre. Sein Laboratorium und Auditorium befinden sich im Zusammenhange mit dessen Wohnung. Das Auditorium ist sehr groß und faßt über 200 Zuhörer. Das Laboratorium besteht aus 3 großen Zimmern mit einigen kleinen Nebenräumen. In zwei Zimmern sind die Arbeitsplätze für die Schüler eingerichtet, und zwar dem rein analytischen Zwecke entsprechend, daher sehr einfach. Alle nöthigen Apparate und Einrichtungen zur Analyse sind im Ueberfluße zugegen, besonders schöne Platingeräthe, Waagen, Luftpumpen etc. Die Präparatensammlung ist sehr reichhaltig und zweckmäßig. Eine besonders lobende Erwähnung verdient auch Roses Assistent, Herr Weber[102].

---

für diesen Umstand könnte sein, daß Heller dem Ministerium gegenüber verheimlichen wollte, daß seine Frau nachgereist war, zumal die Studienreise rein wissenschaftlichen Zwecken dienen sollte und vom Staat subventioniert wurde.

[100] Das Laboratorium war ursprünglich auf Privatinitiative Roses hin eingerichtet worden. - *Lenz* (1910) II,1, 427; II, 2, 367-368, 373.

[101] Gemeint ist damit wohl nicht allein die große Zahl von Einzelpublikationen, sondern hauptsächlich das 1829 erstmals erschienene "Handbuch der analytischen Chemie", das insgesamt sechs Auflagen erlebte. Nach der Jahrhundertmitte wurde folgendes Buch zum Standardwerk: *H. Rose*: Ausführliches Handbuch der analytischen Chemie. Bd 1: Qualitative Untersuchungen. Bd 2: Quantitative Untersuchungen. Braunschweig 1851.

[102] Thomas Reinhardt Weber (1818-1878) war in den Jahren 1842 bis 1856 Assistent Roses und in der Folgezeit Chemiker in der Herrmannschen Fabrik zu Schönebeck bei Magdeburg. - *Poggendorff* II, Sp. 1275; II, 2, 1421.

Meine Verwendung bei Rose bestand in dem Besuche seiner Vorlesungen über organisch analytische Chemie und dem fast täglichen Besuche seines Laboratoriums, wo ich mich bemühte, mich in Roses Methoden einzuweihen, während es mir weniger daran lag, etwas selbständiges zu leisten, da ich es überhaupt zu meinem Grundsatze auf meiner Reise machte, mich mehr passiv als aktiv zu verhalten, nemlich so viel zu profiti[e]ren als möglich. Doch habe ich zu Folge einer Aufforderung Roses ihm die von mir im Harn entdeckten Farbstoffe Urrhodin[103] und Uroglaucin[104] dargestellt und ihm die Methoden gezeigt. Die Sache gefiel Rose so, daß ich ihm das ganze Verfahren dikti[e]ren mußte, und er benützte es gleich bei seinen Vorlesungen als Collegienversuch. Unter den Einrichtungen und Apparaten, die ich bei Rose fand, finde ich nichts, was ich erst erwähnen sollte, indem sie alle bereits beschrieben sind, und sind hier in vollem Ueberfluße vorhanden. Aus der Präparatensammlung erwähne ich jedoch als ganz neu die in der letzten Zeit neu entdeckten Metalle und ihre Verbindungen, die ich nur bei Rose, besonders die Pelop-[105] und Niobverbindungen, in großer Menge fand. Besonderen Dank muß ich Rose dafür aussprechen, daß er sich besonders fast jeden Tag bemühte, mit eigener Zeitaufopferung oder durch Beauftragung seines Assistenten mir alle seine neueren analytischen Methoden oder Reaktionen praktisch selbst zu zeigen, ohne daß ich mir erst hätte Mühe geben müssen, um von ihm etwas zu erfahren.

Mitscherlich und dessen Laboratorium[106].

Die Anstalt selbst sammt Wohnung Mitscherlichs in dessen eigenem Hause ist großartiger und schöner als die Roses. Das ganze Institut umfaßt 2 Flügel des Gebäudes sowohl im Erdgeschoße als ersten Stockwerke, so daß ein Ueberfluß an Lokalitäten vorhanden.

Das Auditorium ist prachtvoll und sehr groß, von mindestens 200 Zuhörern besucht. Nächst der Kanzel ein Zugwerk aus dem Keller angebracht, wo die Oefen und anderen Apparate zu den Experimenten ähnlich wie bei Erdmann in Leipzig hinaufgedreht werden.

Ebenerdig auch, befindet sich Mitscherlichs Handlaboratorium, in welchem auch ich mit Mitscherlich arbeitete, anstoßend das große allgemeine Laborato-

---

[103] Heller publizierte darüber in seiner Zeitschrift 1845, 464-473. - *Lehmann* 1 (1853), 298-299. - *Schmalhofer* (1980), 138-139.

[104] *Lehmann* 1 (1853), 298-299. - *Schmalhofer* (1980), 138-139.

[105] Heinrich Rose sah im Pelopium ein metalllisches Element, das sich in Verbindung mit Sauerstoff als Pelopsäure neben Niobium und Tantal in dem Mineral Tantalit finden sollte. Später stellte sich heraus, daß es sich im Falle der Pelopsäure um unreine Niobsäure handelte.

[106] Der Neubau eines chemischen Institutsgebäudes erfolgte nach vielen vergeblichen Anläufen und einer erfolglosen Initiative der Medizin- und Pharmaziestudenten erst unter Mitscherlichs Nachfolger August Wilhelm Hofmann. - *Balk* (1926), 156-157.

rium mit Arbeitsplätzen etwa für 15 bis 20 Schüler, die aber meist leer stehen, nur zur Zeit des praktischen Examens sind sie besetzt. Ebenerdig befindet sich auch die Präparatensammlung und die Apparatensammlung in 3 großen Zimmern. Erstere sehr reich an anorganischen Körpern, aber sehr arm an organischen. Die Apparatensammlung aber ist überaus reich und zwar: 1. An allen möglichen rein chemischen und analytischen Apparaten. 2. An Modellen, der technischen Chemie und Technologie angehörig. Diese Sammlung ist sehr reichhaltig, und die Modelle besonders schön gearbeitet. 3. Die Sammlung physikalischer Apparate und Instrumente ebenfalls mit großem Kostenaufwande zahlreich angeschafft. Ebenso in einem eigenen Zimmer eine sehr reichhaltige chemische Bibliothek. Im ersten Stockwerke sind mehrere Zimmer, besonders zu verschiedenen analytischen Zwecken, auch für die organische Analyse eingerichtet. Ich fand hier eine besonders schöne Harnsteinsammlung, die Mitscherlich in Hamburg kaufte, ohne daß es bekannt ist, von welchem Operateur sie stammt. Mitscherlich beschenkte mich mit vielen sehr schönen Exemplaren dafür, daß ich ihm die Steine zerschnitten und mehrere analysi[e]rte.

Was die Einrichtungen betrifft, so fand ich als neu und besonders zweckmäßig und der Nachahmung besonders werth Mitscherlichs Glasherde[107], welche besonders zum Verdampfen und zur Beseitigung von übelriechenden Stoffen, Entwicklung von Gasarten besonders praktikabel sind, wie ich sie jedenfalls auch erbauen möchte. Im Uebrigen ist ein Ueberfluß an Allem Nothwendigen, doch außer dem Erwähnten nichts neues. Unter der reichhaltigen Sammlung von Mikroskopen der berühmtesten Meister war mir interessant eine Vorrichtung mit polarisi[e]rtem Lichte, mit welchem namentlich in der Pflanzenwelt neue Forschungen angestellt wurden, so von Ehrenberg[108] und Mitscherlich[109], welcher

---

[107] Diese Glasherde boten dem Experimentator durch eine eingezogene Glaswand Schutz vor übelriechenden und schädlichen Dämpfen, ermöglichten aber zugleich die Beobachtung des Vorganges. Der Begriff des "Mitscherlich'schen Glasherdes" war in der Literatur der Zeit ebensowenig anzufinden wie jener des "Liebig'schen Glasherdes", wiewohl man diese Termini in Fachkreisen umgangssprachlich ganz offensichtlich verwendete, um die jeweiligen Abänderungen zu charakterisieren. - Mitscherlich führte im übrigen bei so manchem Laboratoriumsgerät Verbesserungen durch und ging auch in der organischen Elementaranalyse eigene Wege; so entwarf er auch einen neuen Kühlapparat, der im Unterschied zu den auf dem Markt befindlichen leichter zu reinigen war. - *Mohr* 1 (1853), 84. - *Handwörterbuch der reinen und angewandten Chemie* 1, 363-369.

[108] Christian Gottfried Ehrenberg (1795-1876) war an der Berliner Universität ab 1827 Extraordinarius und ab 1839 Ordinarius für Geschichte der Medizin und Physiologie. Er hatte in Leipzig und Berlin Zoologie, Medizin und Naturwissenschaften studiert und trug viel zur mikroskopischen Zoologie und Botanik bei. - *Hirsch* 2, 384. - *Asen* (1955), 42. - *NDB* 4, 349-350.

[109] Mitscherlich stellte in seinem 1844 erschienenen Lehrbuch der Chemie einen "Polarisationsapparat" vor, der für die Glucoseuntersuchung im Urin von großer Bedeutung wurde. - *Eilhard Mitscherlich*: Lehrbuch der Chemie. Bd 1, 4. Auflage. Berlin 1844, 360-368. - Freundlicher Hinweis von Prof. DDr. Johannes Büttner.

letztere sich überhaupt in letzterer Zeit vorzüglich mit Pflanzenphysiologie beschäftiget[110].

Mitscherlichs Vorlesungen über allgemeine und Experimentalchemie, mit derselben Tendenz wie die Liebigs, sind von sehr zahlreichen Experimenten begleitet. Sein Vortrag ist selbst den nahesitzenden schwer verständlich, sehr populär und mehr für Anfänger berechnet, gerade das Gegentheil von Liebig. Seine Experimente sind geläufig und schön. Mitscherlich genießt hier in Berlin unter der gelehrten Welt nicht das Ansehen, welches ich zu finden vermuthete. Da jedoch seine Verdienste um die Chemie doch groß sind, so schreibe ich dieß mehr seiner Persönlichkeit zu. Er verträgt sich mit keinem Chemiker, so wird sein Haus auch von keinem der Chemiker oder Physiker, meistens von Botanikern u[nd] a[nderen] Naturforschern besucht. Er gilt allgemein als Unterdrücker aufkeimender chemischer Talente und läßt keinen Docenten in Berlin aufkommen. Insbesondere tadelnswerth ist aber, daß, wie ich's bei keinem auswärtigen Gelehrten fand, [er] sich in seinem lauten Enthusiasmus für Preußen, aber [über] Oesterreich, namentlich auch in politischer Beziehung, sehr feindlich, oft mit unausstehlicher Arroganz äußert.

Meine Verwendung bei Mitscherlich bestand in dem täglichen Besuche seiner Vorlesungen so auch seines Laboratoriums, es lag mir daran, so wie bei Rose auch in Mitscherlichs Methode näher einzudringen. Auf Mitscherlichs ausdrückliches Ansuchen arbeitete ich einige Wochen über die Harnfarbstoffe, die ich im Harn schon früher entdeckte, Urrhodin und Uroglaucin, mit der Tendenz, ihre Zusammensetzung durch Elementaranalysen festzustellen. Da der Harn dem Gewichte nach nur sehr wenig liefert, so mußten die Operationen sehr oft wiederholt werden, um die nöthige Menge zur Analyse zu erhalten, auch konnten in der Charité keine solche Krankheitsfälle aufgetrieben werden, in welchem eine starke Vermehrung dieser Farbstoffe vorzukommen pflegt. Mitscherlich trug sich an, die Kosten zu tragen, es schien ihm daran zu liegen, daß ich hier bei ihm die Analysen anstellte, allein als Mitscherlich über die Pfingstfeiertage[111] einen Ausflug machte und die Arbeiten im Laboratorium eingestellt wurden, gerieth mein ganzer Vorrath der auch mit meinem Namen signi[e]rten Präparate in Verlust. Doch machte ich vorher einige neue Beobachtungen in dem chemischen Verhalten, den Eigenschaften und den mitunter neuen Zersetzungsprodukten der Harnfarbstoffe, die ich in Vervollständigung in meiner Zeitschrift bekannt zu machen beschloß[112].

---

110 *Mitscherlich*: Ueber die Zusammensetzung der Wand der Pflanzenzelle. Journal für praktische Chemie 50 (1850), 144-152.

111 Der Pfingstsonntag des Jahres 1850 fiel auf den 19. Mai.

112 Vermutlich handelte es sich hierbei um Beobachtungen zu dem von ihm so benannten "Urophäin", worüber er im Jahrgang 1852 seiner Zeitschrift publizierte. - *Schmalhofer* (1980), 136-139.

Ferner stellte ich mehrere Analysen von noch unbestimmten Harnsteinen der Mitscherlichschen Sammlung an.

Lehrreich war mir auch die Beschäftigung mit Mitscherlichs am Mikroskop mit polarisi[e]rtem Lichte, Studien, denen sich jetzt Mitscherlich besonders widmet.

Ich beschäftigte mich ferner mit der Untersuchung des gefaulten Holzes, insbesondere in Betreff der von mir schon früher gemachten Entdeckung, daß das Leuchten desselben nicht dem Holzfäulungsprozesse, sondern einem Pilze angehört. Die Sache war in Berlin noch wenig bekannt, obwohl ich bei der Gratzer Naturforscherversammlung hierüber einen Vortrag hielt, der in den Verhandlungen abgedruckt wurde[113]. Die Sache wurde in Gegenwart von einer größeren Versammlung, die Mitscherlich eigens hiezu veranstaltete, besonders von Botanikern, auch Alexander von Humbold[t][114], durch zahlreiche Experimente, die ich in einem finsteren Zimmer unter einigen Mikroskopen demonstri[e]rte, vollkommen bestättigt.

Ich dehnte meine Studien ferner aus auf die leuchtenden Seethiere, todte Seefische etc. und machte hiebei die Entdeckung, daß auch das Leuchten der Seethiere isoli[e]rt von dem Thiere einem auf demselben sich schnell bildenden Pilze zukömmt.

Ich machte einen Ausflug auf 2 Tage nach Hamburg, um an dem reichlichen Materiale der Nordsee die Sache zu konstati[e]ren, welches mir vollkommen gelang, und ich verschaffte dann Mitscherlich, der einen Kreis von Gelehrten hiezu lud, dann auch Johannes Müller[115], dem berühmten Physiologen, die volle Ueberzeugung von dieser meiner Thatsache.

Prof[essor] Rammelsberg[116]*, ein Schüler Berzelius' und Roses, vertrat bisher dieselbe Richtung wie Rose, doch mehr mit specieller Tendenz für Metallurgie*

---

[113] Heller hatte darüber in den "Berichten der Versammlung Deutscher Naturforscher und Ärzte" 1843 eine einseitige Notiz veröffentlicht.

[114] Alexander Friedrich Wilhelm Heinrich von Humboldt (1769-1859) war 1827-1828 lesendes Mitglied der Berliner Akademie für Geographie. Zu seinen größten Leistungen zählt die Begründung der Pflanzengeographie und der modernen Landeskunde. - Die wesentlichste Literatur findet sich zusammengefaßt in: *NDB* 10, 33-43. - *DSB* 9, 567-574.

[115] Johannes Peter Müller (1801-1858) war von Bonn, wo er seine akademische Karriere eingeschlagen hatte, 1833 als Professor der Anatomie und Physiologie nach Berlin berufen worden. Er stellte die Physiologie des Menschen auf eine neue, zukunftsweisende Grundlage. - *Pagel*, Sp. 1166-1169. - *Hirsch* 4, 285-290. - *DSB* 9, 567-574. - *Rothschuh* (1953), 112-118. - *Rothschuh* (1968), 221-229.

[116] Karl Friedrich Rammelsberg (1813-1899) war Schüler Roses und Mitscherlichs, habilitierte sich 1841 in Berlin, wurde 1845 zum Extraordinarius für anorganische Chemie, 1850 zum Ordinarius an der Gewerbeakademie und 1874 zum Ordinarius für Mineralogie und Chemie bestellt. 1855 wurde er auch Mitglied der Akademie der Wissenschaften. - *Poggendorff* II, 562-563; III, 2, 1085-1086. - *DAB* 2, 511-512. - *DSB* 11, 270-271. - *Partington* 4 (1972), 899.

und Technik, er wurde jetzt Nachfolger Schubart[h]s[117]*, der in Pension trat. Ein neues Laboratorium in der technischen Schule*[118]*, dem aber jetzt Rammelsberg vorstehen wird, ist erst im Baue. Rammelsberg, ein noch junger Mann von ausgezeichneten Leistungen*[119] *und besonderem Lehrtalente, ist allgemein geachtet, sowohl wegen seiner Thätigkeit als auch seines biederen Charakters wegen. Wir besitzen keine Chemiker in Oesterreich, der so wie Rose oder auch wie Rammelsberg die reine analytische Chemie so ausschließlich und ausgezeichnet verträte; dieses ist meine entschiedene Behauptung.*

Prof[essor] Werther[120] *ist Prof[essor] der Chemie an der Artillerieschule; er ist ein Schüler Mitscherlichs, aber betreibt die Chemie seicht und hat noch wenig geleistet*[121]*. Sein Laboratorium, obwohl genug geräumig, ist schlecht eingerichtetes.*

Dr. Heintz[122]*, Docent für physiologische Chemie, kam nach Marchands Tode an dessen Stelle nach Halle*[123]*, äußerte sich gegen mich gleich bei meinem ersten*

---

117 Ernst Ludwig Schubarth (1797-1868) habilitierte sich 1819 an der Universität Berlin, war seit 1824 Extraordinarius und in den Jahren 1821 bis 1849 auch Lehrer der Naturwissenschaften am königlichen Gewerbe-Institut. - *Poggendorff* II, 850; III, 2, 1215.

118 Damit ist das königliche Gewerbeinstitut gemeint.

119 Rammelsberg hatte zu diesem Zeitpunkt nicht bloß mehrere Lehrbücher, u.a. zur Mineralchemie und zur Stöchiometrie, sondern auch eine überaus große Anzahl von Einzelstudien zur analytischen Chemie und zahlreiche Mineralanalysen publiziert.

120 August Friedrich Gustav Werther (1815-1869) hatte das Studium 1843 mit dem Doktorat der Philosophie abgeschlossen, war Amanuensis bei Mitscherlich gewesen, ehe er als Lehrer an der Artillerie- und Ingenieur-Schule in Berlin unterrichtete. Er wurde 1853 als Extraordinarius an die Universität Königsberg berufen, wo er 1859 zum Ordinarius bestellt wurde. - *Poggendorff* II, Sp. 1303-1304; III, 2, 1432.

121 Er hatte nach seiner Dissertation in der Tat nicht sonderlich viele Untersuchungen veröffentlicht.

122 Wilhelm Heinrich Heintz (1817-1880) habilitierte sich 1846 in Berlin für Chemie, wurde 1850 außerordentlicher und 1856 ordentlicher Professor der Chemie und Direktor des pharmazeutischen Instituts an der Universität Halle. - In einem Brief vom 22. November 1849 hatte ihm Ernst Wilhelm von Brücke über Emil du Bois-Reymond folgendes ausrichten lassen: "Grüsse Heintz bestens und sage ihm, dass von einigen Professoren (Scoda u. Redtenbacher) darauf gedrungen sei dem H. Fl. Heller seine Stellung als Spitalschemiker nicht weiter zu verlängern, weil er derselben nicht gewachsen sei, dass dieser Antrag an dem Mitleiden des Ministerii (welches allerdings in so fern begründet ist, als Heller Familie und keine anderweitigen Subsistenzmittel hat) gescheitert ist, welches sich dahin entschieden hat, den p.p. Heller auf Reisen zu schicken, damit er sich die ihm fehlenden Kenntnisse in der Chemie erwirbt. Nach dieser vertraulichen Mitheilung mag er den albernen Artikel unserer Zeitungen beurtheilen, in welchem dem Ministerium Glück gewünscht wurde, dass es ein bisher verkanntes vaterländisches Talent (!) hervorgezogen habe und durch die Mittel zu einer wissenschaftlichen Reise thätig unterstütze." - *Poggendorff* I, Sp. 1052-1053; III, 1, 606-607. - *Asen* (1955), 74. - *Brücke u.a.* (1978), 29.

123 Diese Berufung erfolgte nach dem Aufenthalt Hellers in Berlin.

Besuche, "daß er sich nur mit physiologischer, nicht mit pathologischer Chemie beschäftigte". Doch macht er für Schönlein[124] *auf dessen Klinik sehr oberflächliche und nutzlose Harnuntersuchungen, die weder er, noch Schönlein, der ihn kommandi[e]rt, richtig zu deuten wissen*[125]. *Heintz ist jedoch sonst in der reinen Chemie tüchtig ausgebildet, wenn er gleich von einer medizinischen Chemie nichts versteht*[126]; *er ist auch in keinem Theile der Medizin bewandert und sagte, er habe keine Lust, die Medizin nachzutragen, um der pathologischen Chemie nützlich zu werden, er wolle jetzt Professor werden und nichts mehr abwarten - und besitzt eine ungeheuer hohe Meinung von sich selbst.*

So ist denn die medizinische Chemie in Berlin jetzt so gut wie nicht vertreten, und das Wenige, was in der Charité beobachtet wird[127], *ist nicht einmal der Erwähnung werth.*

Meine Vorlesungen über klinisch-pathologische Chemie und Mikroskopie wurden hervorgerufen durch eine Anzahl von Aerzte[n], die mich durchaus nicht früher in Ruhe ließen, bis ich ihnen zusagte, einen Cyclus von Vorlesungen geben zu wollen[128], *dem ich mich insoweit bereit erklärte, wenn man sich mit*

---

[124] Johann Lucas Schönlein (1793-1864) habilitierte sich in Würzburg 1817 für pathologische Anatomie, übernahm 1819 die Leitung der Klinik, wurde im folgenden Jahr außerordentlicher und 1824 ordentlicher Professor der speziellen Pathologie und Therapie und machte die Klinik des Juliusspitals in kurzer Zeit zu einer der bekanntesten in Deutschland. 1833 ging er nach Zürich. Er war ab dem Jahre 1839 Ordinarius für pathologische Anatomie und Therapie in Berlin und Leibarzt des Königs. Er gilt als einer der bedeutendsten Kliniker seiner Zeit. - *ADB* 32, 315-319. - *Pagel*, Sp. 1521-1522. - *Hirsch* 5, 123-125. - *Asen* (1955), 177. - *DSB* 12, 202-203.

[125] Heller und Heintz, der von Schönlein als Nachfolger von Hellers Freund Simon eingesetzt worden war, waren miteinander gewiß näher bekannt, zumal sie Fachkollegen warn. - Freundlicher Hinweis von Prof. DDr. Büttner.

[126] Dieses harte Urteil gründete sich wohl auf den Umstand, daß Heintz ebenso wie Heller selbst nicht als Mediziner ausgebildet war. Immerhin veröffentlichte Heintz 1853 ein "Lehrbuch der Zoochemie" und eine Fülle von Einzeluntersuchungen namentlich zu Strukturfragen der organischen Chemie.

[127] Nach Simons Tod beauftragte Schönlein den jungen Chemiker Wilhelm Heinrich Heintz mit der Durchführung chemischer Untersuchungen an seiner Klinik, während Robert Remak für die mikroskopischen Untersuchungen zuständig sein sollte. Die Realisierung des 1847 von Heintz vorgelegte Planes zur Errichtung eines "chemischen Laboratoriums für physiologische und pathologische Chemie" im Charité-Krankenhaus scheiterte an der Frage der Finanzierung. Die Errichtung des Labortoriums gelang erst unter Schönleins Nachfolger Friedrich Theodor Frerichs. - An dieser Stelle sei nochmals auf die an Heintz adressierte vertrauliche Mitteilung Brückes an du Bois-Reymond verwiesen, in der er den "Zweck" der Studienreise Hellers darlegte. - *Büttner* (1989), 120-121. - *Brücke u.a.* (1978), 29.

[128] Diese Darstellung stimmt mit dem Bericht Posners in der "Allgemeinen Medicinischen Central-Zeitung" überein, worin davon die Rede ist, daß Heller auf Ansuchen mehrerer Ärzte Vorlesungen hielt. - *Allgemeine Medicinische Central-Zeitung* 19 (1850), Sp. 281.

der 7. Morgenstunde einverstanden erklärt, indem ich meiner Tageszeit in Berlin, die ich meiner Belehrung, nicht dem Lehren zu widmen beschloß, somit dem Zwecke meines Aufenthaltes keinen Abbruch thun wollte. Meine 24 Vorlesungen[129]*, die ich von 7-8 Uhr Morgens in dem Auditorium des ausgezeichneten Anatomen Müller*[130] *hielt, wurden von diesem und einem Kreise meist renomi[e]rter Aerzte besucht, so auch vom Redakteur der medizinischen Centralzeitung Posner*[131]*, der in seiner Zeitschrift Auszüge aus meinen Vorlesungen gab, welche sich in den Nummern vom 17. April bis 22. Juni 1850 befinden*[132].

Alles Nöthige zu den chemischen und mikroskopischen Experimenten wurde mir vom Assistenten Mitscherlichs, dann Müller, die meinen Vorlesungen beiwohnten, so wie von einigen beiwohnenden Aerzten der Charité das pathologische Materiale geliefert. Ueber den Erfolg und den Anklang, den meine Vorlesungen fanden, muß ich selbst mich enthalten, etwas zu sagen, und erlaube mir daher nur, auf die Kritik hinzuweisen, welche in der medizinischen Centralzeitung vom 22. Juni 1850 zu einer Zeit, als ich lange schon in Gießen mich aufhielt, erfolgte, so wie ich mich auch der schmeichelhaftesten Anerkennung von Seite des Herrn Unterrichtsministers von Ladenberg[133] *zu erfreuen hatte, auf dessen Rücksprache mit mir ich am Schluße des Kapitels "Berlin" zurückkommen werde.*

Als ich meine Abreise schon bestimmt hatte, von der ich mich auf keinen Fall mehr zurückhalten ließ, weil mir daran lag, noch am Beginn des Semesters nach Gießen zu kommen, sandte eine große Zahl von Aerzten eine Deputation mit einer Theilnehmerliste zu mir, um mich zu einem neuen Vorlesekreis aufzufordern, dem ich aber, den Zweck meiner Reise vor Augen habend, nicht mehr entgegen kommen konnte.

---

[129] Die erste dieser an jedem Wochentag abgehaltenen Vorlesungen fand am 25. April 1850 statt. - *Allgemeine Medicinische Central-Zeitung* 19 (1850), Sp. 281.

[130] Gemeint ist der Professor der Anatomie und Physiologie Johannes Peter Müller.

[131] Louis Posner (1815-1868) schloß das Medizinstudium 1841 in Berlin ab und übernahm 1849 die Redaktion der "Allgemeinen medizinischen Central-Zeitung", bis er 1864 die "Berliner klinische Wochenschrift" begründete und diese bis zu seinem Tod führte. - *Hirsch* 4, 661.

[132] *Allgemeine Medicinische Central-Zeitung* 19 (1850), Sp. 281, Sp. 290-291, Sp. 297-300, Sp. 321-322, Sp. 330-331, Sp. 336-337, Sp. 347-348, Sp. 361-362, Sp. 379-380, Sp. 405-406.

[133] Adalbert von Ladenberg (1798-1855) studierte Rechts- und Kameralwissenschaft in Berlin, trat 1818 in den preußischen Justizdienst ein und war in der Folge lange Jahre in verschiedenen Funktionen für das Ministerium des geistlichen Unterrichts und der Medizinalangelegenheiten zuständig. 1848 trat er in das Kampfkabinett "der rettenden Tat" ein, engagierte sich für die Lösung der deutschen Verfassungsfrage gemeinsam mit Österreich und geriet innerhalb des Kabinetts mit dieser Position in die Minderheit. Im Dezember 1850 trat er zurück. Gerade zur Zeit der Aufenthaltes Hellers waren die Vorbereitungen des neuen Unterrichts- und Medizinalgesetzes noch nicht abgeschlossen. - *NDB* 13, 385-386.

II. Die Physik

und anderen reinen Naturwissenschaften sind in Berlin im höchsten Grade ausgezeichnet vertreten. Ich besuchte oft die Physiker Poggendorf[f][134] und Magnus[135], auch Dove[136] und gestehe: der Eindruck, den die Lehre und Lehrmethode der beiden ersteren auf mich machten, war ein wahrhaft begeisternder. In eben so hohem Grade der Vollkommenheit erscheinen mir die physikalischen Kabinet[t]e.

Die Mineralogie, Geologie und Geognosie ist besonders ausgezeichnet durch Gustav Rose[137] und Leopold von Buch[138], dann Weiss[139] vertreten, doch stehen die Sammlungen weit den unseren nach. Ebenfalls weniger Interesse bietet das zoologische Kabinet[t], doch im hohen Grade reichhaltig ist die Sammlung für vergleichende Anatomie und Zoologie, insbesondere großartig die Skelet[t]sammlung unter Johannes Müller, dessen Gefälligkeit ich es zu verdanken

---

[134] Johann Christian Poggendorff (1796-1877) war ausgebildeter Pharmazeut, studierte an der Universität Berlin, an der er ab 1834 Extraordinarius der Physik war. Er gab ab 1824 die "Annalen der Physik und der Chemie" heraus; Poggendorff ist einer der Mitbegründer der physikalischen Chemie, arbeitete über Elektrizitätslehre, den Magnetismus und über die Geschichte der Physik. - *Poggendorff* II, Sp. 480-483; III, 2, 1052. - *ADB* 26, 364-366. - *DAB* 2, 502-503. - *DSB* 11, 49-51. - *Asen* (1955), 150. - *Lenz* 2,1 (1910), 508-509.

[135] Heinrich Gustav Magnus (1802-1870) habilitierte sich 1831, wurde 1834 Extraordinarius und ab 1845 Ordinarius der Physik und Technologie an der Universität Berlin. Der Berliner Akademie gehörte er ab 1840 an. - *Poggendorff* II, 14-15; III, 2, 856. - *NDB* 15, 673-674. - *DSB* 9, 18-19. - *Asen* (1955), 123. - *Lenz* 2,1 (1910), 509-510.

[136] Heinrich Wilhelm Dove (1803-1879) war ab 1829 außerordentlicher und ab 1844 ordentlicher Professor der Physik. - *Asen* (1955), 38. - *NDB* 4, 92-93.

[137] Gustav Rose (1798-1873) habilitierte sich 1823, wurde 1826 außerordentlicher und 1839 ordentlicher Professor für Mineralogie an der Universität Berlin. Der hauptsächliche Schwerpunkt seiner Forschungstätigkeit galt den Zusammenhängen zwischen geometrischen und chemischen Eigenschaften der Kristalle; er begründete die Systematik der Minerale. - *ADB* 29, 175-177. - *DSB* 11, 539-540. - *Asen* (1955), 162.

[138] Christian Leopold von Buch (1774-1853) gilt als einer der bedeutendsten Geognosten der ersten Hälfte des 19. Jahrhunderts. Er war ab 1806 Mitglied der Berliner Akademie der Wissenschaften. - *Poggendorff* I, Sp. 324-326. - *ADB* 3, 464-475. - *DSB* 2, 552-557. - *Lenz* 2,1 (1910), 227.

[139] Christian Samuel Weiß (1780-1856) gilt als einer der Begründer der systematischen Kristallographie. Er habilitierte sich 1803 an der Universität Leipzig, wo er Professor der Physik wurde; von 1810 bis zu seinem Tod war er Professsor der Mineralogie und Direktor des mineralogischen Kabinetts an der Universität Berlin und Lehrer und Förderer Gustav Roses. - *Poggendorff* II, Sp. 1287-1289. - *ADB* 41, 559-562. - *Asen* (1955), 213.

hatte, dieses Kabinet[t] öfter besuchen zu können, denn ich hatte bisher nicht die Gelegenheit, eine solche Sammlung zu sehen, indem dieß die Lücke in unseren österreichischen Kabinet[t]en ist.

Die Mikroskopie ist in ausgezeichneter Weise von Ehrenberg vertreten. Doch die Richtung ist keine specielle, sie ist vielmehr eine allgemeine naturhistorische. Ehrenberg empfieng mich sehr freundlich und zeigte mir mit großer Bereitwilligkeit und Zeitaufopferung seine mikroskopischen Präparate. Diese Sammlung ist gewiß die größte der Welt, sie beträgt dreimalhunderttausend Präparate, die alle von Ehrenberg selbst gesammelt wurden. Ein Menschenalter dünkt dem Beseher zu kurz für die Anlegung einer so großartigen mikroskopischen Sammlung. Ferner ist es auch Dr. Oschatz[140], den ich einigemale besuchte, er ist höchst ausgezeichnet in der Aufbewahrung und Verfertigung mikroskopischer Objecte. Höchst interessant ist die von ihm erfundene Maschine zur Bereitung mikroskopischer Durchschnitte von Körpern[141], wie sie noch nie so schön und so leicht erzielt wurden; ich brachte eine kleine Sammlung mit, die z.B. die vorzüglichsten Knochendurchschnitte enthält.

Für die eigentliche Hystologie (!) hat sich Remak[142] bestimmt, dessen ich bei den medizinischen Lehrfächern näher erwähnen will.

Die Botanik, durch den Veteranen Link[143] repräsenti[e]rt, bot nur weniger interessantes als Wien in dieser Beziehung, indeß habe ich, theils als zu viel Laie, theils weil dieses Fach zu viel aus meiner Sphäre lag, diesem weniger Aufmerksamkeit zugewendet, obwohl ich mich der größten Bereitwilligkeit Links so wie der aller obgenannten Herren zu erfreuen hatte. v. Humbold[t], diesen für die Naturwissenschaften im Allgemeinen höchst verdienstvollen Mann, müßte ich bei mehr als einem Fache nennen, sein Name ist zu bekannt, als daß es mei-

---

140 Oschatz war schon im Jahre 1841 mit einer ersten einschlägigen Publikation in der "Übersicht der Arbeiten und Verhandlungen der Schlesischen Gesellschaft für Vaterländische Cultur", dann in Simons "Beiträgen zur physiologischen und pathologischen Chemie und Mirkoskopie", 1843, 143 und 317, und 1849 in "Dinglers polytechnischem Journal", XII, 191, mit einschlägigen Publikationen hervorgetreten.

141 Oschatz hatte dieses Gerät, das von Nösselt in Breslau hergestellt wurde, in Simons "Beiträgen zur physiologischen und pathologischen Chemie und Mikroskopie" 1, 131, erstmals vorgestellt, es aber in den folgenden Jahren noch verbessert. - *Harting* (1859), 914-916.

142 Robert Remak (1815-1865) verschaffte sich vor allem auf dem Gebiet der Embryologie einen hervorragenden Namen. Er war seit 1847 Privatdozent, ab 1859 Extraordinarius für mikroskopische Anatomie. - *ADB* 28, 191-192. - *Pagel*, Sp. 1361-1362. - *Hirsch* 4, 764-765. - *Asen* (1955), 157.

143 Heinrich Friedrich Link (1767-1851) hatte seine akademische Laufbahn in Göttingen begonnen und war nach Professuren in Rostock (ab 1792 für Naturgeschichte, Botanik und Chemie) und Breslau (ab 1811 für Chemie und Botanik) seit 1815 Professor der Botanik und Direktor des botanischen Gartens an der Universität Berlin. - *Poggendorff* I, Sp. 1469-1470. - *Hirsch* 3, 796. - *NDB* 14, 629. - *Asen* (1955), 119.

nerseits nöthig wäre, nur Etwas über ihn zu sagen. Er ist noch fortwährend thätig, trotz seinem Alter von 81 Jahren, ich wurde von ihm sehr freundlich aufgenommen und mit dem Auftrage beehrt, ihn öfter zu besuchen, dem ich auch entgegengekommen.

III. Die Medizin in Berlin

ist im Allgemeinen gegen den Stand, auf dem sie sich bei uns in Oesterreich, namentlich in Wien befindet, um mehr als ein Decennium zurück, während doch die reinen Hilfswissenschaften oder reinen Naturwissenschaften daselbst in höchster Blüthe stehen.

Ich machte es mir zur Aufgabe, die vorzüglichsten Zweige kennen zu lernen.

Die Physiologie, vertreten durch den höchst verdienstvollen Johannes Müller, dessen Schüler und früherer Assistent unser ausgezeichneter Brücke[144] ist, steht auf einer Stufe, die ich wohl nicht näher zu bezeichnen brauchte, denn der Name Müllers ist allbekannt ebenso, daß erst durch ihn und Purkynje die neuere Physiologie ihre Basis erhalten hatte; es gebührt demnach den beiden preußischen Universitäten Breslau und Berlin jedenfalls das Verdienst, obwohl ich anderseits bemerke, daß jetzt Müller sich mehr mit der vergleichenden Anatomie und Zootomie als mit der reinen Physiologie beschäftiget.

Müller wird in persönlicher Beziehung bei uns in Oesterreich als ein düsterer und für die Fremden trockener Mann bezeichnet, ich muß dem ganz widersprechen, denn Müller empfieng mich mit einer Zuvorkommenheit und Bereitwilligkeit, die ich nur dankbar anerkennen muß. Er zeigte mir selbst die ganze Anstalt und alle Sammlungen mit Zeitaufopferung und wahrlich der größten Bereitwilligkeit, nicht nur an Einem, sondern an mehreren Tagen. Als ich ihm meine Entdekkung über die Ursache des Leuchtens der Seethiere mitteilte und zeigte, so gab er mir alle ihm bekannten Aufschlüsse und eigenen Erfahrungen und schenkte mir auch zur Untersuchung eine Masse von Leuchtthierchen der Nordsee, die er selbst gesammelt, und erklärte sich stets bereit, mich in meiner Arbeit unterstützen zu wollen.

Ich kann es nicht unterlassen, mich auch über den Anatomen August Müller[145], bisher noch Docent, entschieden lobend auszusprechen. Er ist einer der

---

144 Ernst Wilhelm von Brücke (1819-1892) studierte in Berlin und Heidelberg, habilitierte sich 1843 für Physiologie, wurde 1848 Professor in Königsberg und 1849 Professor der Physiologie und mikroskopischen Anatomie und Vorstand des Physiologischen Instituts an der Universität Wien. Er legte als umfassend gebildeter Gelehrter zahlreiche über sein akademisches Lehrfach hinausgehende Arbeiten vor. Brücke schätzte die Befähigung Hellers allerdings gering ein. - *ÖBL* 1, 119. - *NDB* 2, 655. - *DSB* 2, 530-532. - *Lesky* (1978), 258-268. - *Brücke u.a.* (1978) 29, 87.

145 August Müller (1810-1875) habilitierte sich 1848 für Anatomie und wurde 1861 als Professor nach Königsberg berufen. - Hirsch 4, 291. - *Asen* (1955), 135.

gründlichsten und ausgezeichnetsten jungen Gelehrten, die ich überhaupt kennen lernte. Sein ganzes Wesen so wie seine Lehre sind die reinste Gediegenheit und fern von jeder Charlatanerie. Gewiß alle Berliner Gelehrten stimmen mit mir in diesem Urtheile überein. Besonders ausgezeichnet sind seine anatomischen Präparate, die er mit vieler Mühe seit Jahren selbst verfertigte. Auch ihm bin ich Dank schuldig für die Bereitwilligkeit, mit der er mich bei meinen Untersuchungen der Seethiere sowohl durch seine Assistenz als durch seine Lokalitäten unterstützte, so wie auch für den Antrag seines Auditoriums zu meinen Vorlesungen, die ich hier hielt.

Die mikroskopische Anatomie und Hystologie (!) wird wiewohl von beiden Müller doch Insbesondere von Remak, der Docent dieses Faches ist, ausgezeichnet und als Specialität betrieben. Ich fand jedoch hier nichts Neues, obwohl seine Demonstrationen und Vorträge durch ausgezeichnete mikroskopische Präparate begleitet sind.

Die Pharmakologie und Pharmakodynamik vertreten durch den ausgezeichneten C. Mitscherlich[146], Bruder des Chemikers, wird hier wahrlich wissenschaftlich betrieben. Mitscherlich arbeitet sehr fleißig experimentell, sowohl chemisch als pharmakodynamisch in vergleichenden Versuchen an Thieren. Mitscherlich zeigte mir verschiedene Experimente und beschenkte mich mit mehreren Druckschriften über seine Arbeiten, die eben so ausgezeichnet sind als Mitscherlichs Tendenz und Richtung, die vollkommen den Ansprüchen einer wahren wissenschaftlichen Medizin entspricht, doch ist es zu bedauern, daß sich Mitscherlich so viel durch ärztliche Praxis von seinem schönen Ziele ablenken läßt.

Die Charité, das k. allgemeine Krankenhaus in Berlin[147]. Im Allgemeinen ist zu bemerken, daß dieses Krankenhaus ursprünglich Militärschule ist und auch noch als militärische Anstalt gilt, in welcher gleich unserem ehemaligen Josefinum[148] durchaus militärische Institutionen und Subordination herrscht. Hier befinden sich die Kliniken Schönleins und Wolf[f]s[149]. Es müßte zu weit führen, wenn ich die Details des großen Krankenhauses beschreiben wollte, und will

---

[146] Karl Gustav Mitscherlich (1805-1871) vertrat die Arzneimittellehre an der Universität Berlin, und zwar ab 1834 als Privatdozent, ab 1842 als Extraordinarius und ab 1844 als Ordinarius. - *ADB* 22, 22. - *Pagel*, Sp. 1145-1146. - *Hirsch* 4, 223-224. - *Asen* (1955), 132.

[147] Anläßlich des 275-jährigen Bestandsjubiläum erschien als eine der jüngsten Publikationen die Broschüre: *Tutzke u.a.* (1985). - *Murken* (1988), 21-25, 38-42.

[148] Heller meinte damit das von Josef II. eingerichtete Institut der medizinisch-chirurgischen Akademie. - *Wyklicky* (1985).

[149] Eduard Wolff (1794-1878) erhielt seine Ausbildung an medizinisch-chirurgisch militärischen Bildungsanstalten, habilitierte sich 1829 in Berlin und war 1832 bis 1857 als Extraordinarius für Militärheilkunde tätig. Er leitete in der Charité die sogenannte "Medizinische Klinik für Wundärzte" und hatte sich als Arzt einen bedeutenden Ruf erworben. - *Asen* (1955), 220. - *Hirsch* 5, 985.

daher nur das mir vortheilhaft erscheinende hervorheben, das aber sehr wenig beträgt. - Sehr vortheilhaft scheint mir ganz entschieden die ganz eigenthümliche Art der Zubereitung der hölzernen Fußböden sowohl in als außer den Zimmern zu sein, welche jedenfalls Nachahmung verdient, indem dadurch zu mehr Reinlichkeit und Nettigkeit erzweckt wird, anderseits der schädlichen Feuchtigkeit durch das Wasser ausgewichen wird. Es ist dieß eine eigene Art von Einlassen mit Oel, dann Glätten, wo die Fußböden schön braun und glatt werden, ohne oft neu eingelassen werden zu müssen. Sie haben das Ansehen unserer Parkettböden, sind aber dauerhafter und selbst durch Wasser zu reinigen, ohne daß dieses aufgesogen werden kann. Ich fand diese vortheilhafte Herrichtung noch nirgends in Oesterreich. Ferner sind es die schönen eisernen Bettstellen, welche hier durchaus so wie in Paris eingeführt sind, welche, wie ich glaube, schon der Reinlichkeit wegen den hölzernen vorzuziehen sind. Was Reinlichkeit und Krankenpflege so wie die Menage anbelangt, kann man nur lobend sich aussprechen, allein was den wissenschaftlichen Theil betrifft, so muß dieser Abstand einem jeden Zögling der Wiener Schule enorm auffallend erscheinen. Schönleins Klinik[150], unter dem Namen "lateinische Klinik" bekannt[151], befriedigte mich nicht nur nicht, sondern ich konnte es nicht über mich bringen, sie zu oft zu besuchen. Schönlein selbst kommt regelmäßig 1/4 Stunde zu spät und geht ebenfal[l]s regelmäßig 1/4 Stunde früher fort, hält also höchstens 1/2 Stunde Klinik, besieht meist nur die neuen Fälle, examini[e]rt und bespricht die Fälle mit einer Apat[h]ie und Gleichgültigkeit, die wahrlich abschreckend ist. Die chemische Untersuchung durch Heintz besteht nur mehr für den Namen, Proben auf Eiweiß, Zucker, Galle, Harnsäure, etwas Mikro-skopie, das ist alles, was geschieht, ohne daß die gefundenen Erscheinungen richtig semiotisch gedeutet werden.

---

[150] In der Einleitung zur Edition der klinischen Vorträge an dieser Klinik schrieb L. Güterbock über den Zweck dieser Anstalt: "Sie soll zu wissenschaftlichen practischen Aerzten ausbilden! Sie soll beobachten lehren, zeigen, wie man seine fünf Sinne anzuwenden habe, um die Phänomene der Natur, die Symptome der Krankheit, aufzufassen: wie man den Verstand gebrauchen muss, die durch die Sinne aufgefassten Thatsachen zu werthen, die wesentlichen von den unwesentlichen zu trennen, sie zu ordnen: sie soll zeigen, wie ein Krankheitsbild zu constituiren sei. Sie soll ferner andeuten, wie man auf den Grundpfeilern der Medicin, der Anatomie und Physiologie, bei seinen Beobachtungen zu bauen habe: wie unumgänglich nothwendig das Studium der Naturwissenschaften für einen guten practischen Arzt sei: wie diesem die Kenntnisse der Physik, Chemie und Mikroskopie am Krankenbette nicht fehlen dürfen.". - *Güterbock* (1842), 1842, V-VI. - Die Würzburger Vorlesungen wurden im Jahre 1831 - im übrigen gegen den Willen Schönleins - erstmals gedruckt und in der Folge mehrfach aufgelegt. - *Johann Lukas Schönlein* (1993), 75-77. - Freundlicher Hinweis Prof. Dr.Dr. Büttners.

[151] Die Bezeichnung rührte wahrscheinlich vom Gebrauch der lateinischen Sprache beim klinischen Unterricht her, der gerade anläßlich der Berufung Schönleins umstritten war. - *Lenz* 2,1 (1910), 472.

Wolf[f]s Klinik ist so sehr alte Schule, daß ich über diese Therapie nicht wenig staunte. Auch Wolf ist übrigens ein sehr kenntnißreicher Mann, der aber zu alt, um dem Fortschritte, wenigstens gerne, folgen zu wollen. Die militärische Subordination erstreckt sich hier zu weit, nemlich auch auf die Wissenschaft, und zwar die Meinungsverschiedenheit. -

Rombergs[152] Polyklinik. Auch diese Klinik frequenti[e]rte ich öfter. Ich wurde von Romberg sehr zuvorkommend empfangen und auf mein Ansuchen in das Wesen der Polykliniken, die mir als Oesterreicher bisher unbekannt waren, eingeweiht. Doch ich habe die entschiedene Ueberzeugung erlangt, daß fürs Erste die Polyklinik auf keinen Fall die Spitalsklinik ersetzen kann, indem Schülern die Beobachtung des Verlaufs der Krankheiten in ihren verschiedenen Stadien entgeht, daher auch die Therapie und Prognose nie eine gründliche Lehre sein kann; und glaube, daß die bei uns eingeführten Ambulatorien in Verbindung mit der Klinik dasjenige Vortheilhafte, was man einer Polyklinik zuschreibt, vollkommen ersetzen.

Die pathologische Anatomie war durch den Abgang des ausgezeichneten Virchow[153] verwaist. Dr. Reinhardt[154], der übrigens thätig sein soll und ausgezeichnet zu werden verspricht, stellt die Sectionen an.

Weit besser besetzt als die interne Medizin erscheint mir die operative Chirurgie durch Langenbeck[155], dessen Operationsfertigkeit und Methoden so wie sein Vortrag und Klinikum, so weit ich es zu beurtheilen im Stande bin, mir gefielen.

---

[152] Moritz Heinrich Romberg (1795-1873) habilitierte sich 1830, wurde 1838 Extraordinarius und 1845 ordentlicher Professor für spezielle Pathologie und Therapie. Ab dem Jahre 1840 leitete er die Universitätspoliklinik, an der er erstmals die Hilfsmittel der physikalischen und chemischen Diagnostik einführte. Bahnbrechendes leistete er auf dem Gebiet der Neuropathologie. - *ADB* 29, 115-116. - *Hirsch* 4, 868-869. - *Pagel*, Sp. 1412-1413. - *Asen* (1955), 162.

[153] Rudolf Ludwig Karl Virchow (1821-1902) habilitierte sich 1847 und schied zu Ostern 1850 aus, da er als indirekte Folge seines Engagements bei den Februarwahlen 1849 eine Berufung nach Würzburg annahm. Ab 1856 wirkte der Begründer der Zellularpathologie wiederum als Professor der Pathologie und Anatomie in Berlin. - *Pagel*, Sp. 1774-1777. - *Hirsch* 5, 768-772. - *DSB* 14, 39-44. - *Asen* (1955), 206.

[154] Benno Ernst Heinrich Reinhardt (1819-1852) habilitierte sich 1848 für innere Medizin und Pathologie in Berlin. Zusammen mit Virchow begründete er 1846 das "Archiv für pathologische Anatomie" und wirkte nach Virchows Abgang als Prosector an der Charité. - *ADB* 28, 68. - *Hirsch* 4, 758-759. - *Asen* (1955), 156.

[155] Bernhard Rudolf Konrad (von) Langenbeck (1810-1887) begann seine akademische Laufbahn in Göttingen, wo er sich 1836 habilitierte und wo er zum Extraordinarius ernannt wurde, ehe er 1842 als Professor der Chirurgie und Direktor des Friedrich-Hospitals nach Kiel berufen wurde. Er war von 1848 bis 1872, dem Jahr seines Abganges nach Wiesbaden, Professor der Chirurgie in Berlin, zählte zu den herausragendsten Chirurgen seiner Zeit und führte zahlreiche neue Methoden ein. - *Pagel*, Sp. 954-956. - *Hirsch* 3, 669-671. - *NDB* 13, 580-582. - *Asen* (1955), 111.

Ebenso vortheilhaft besetzt ist das ebenfalls mehr außer meiner Beurtheilungssphäre liegende Fach der Gynäkologie, insbesondere durch von Busch[156] und Mayer[157], dessen besondere Sympathie für uns ich erwähnen muß; stets finden die österreichischen Aerzte bei ihm eine sehr gastfreundliche Aufnahme, so traf auch ich einige Male bei ihm mit einigen österreichischen Aerzten zusammen.

Jüngken[158] gefiel mir gar nicht, er ist weit hinter dem Fortschritte der neuen Schule zurückgeblieben; sein Renomé ist sehr gesunken, desto größere Erwartungen hegt man von dem sehr ausgezeichneten jungen Okulisten v. Gräfe[159], der auch schon zweimal auf längere Zeit unsere Wiener Schule frequenti[e]rte. Ich erwähne noch als vorzüglich zwei besondere Heilanstalten, nemlich das orthopädische Institut von Dr. Berend[160] und das neue Krankenhaus Bet[h]anien[161].

Das orthopädische Institut Berends feierte eben das zehnjährige Stiftungsfest, wozu auch Berend einlud, der H[er]r Unterrichtsminister[162] wohnte der Feyerlichkeit bei. Sehr zweckmäßig ebenso wie großartig sind die Lokalitäten. Eine sehr wohl eingerichtete Turnanstalt, eine sehr reichliche Sammlung von Gypsabgüßen der seit 10 Jahren vorgekommenen Fälle vor und nach der Heilung, endlich die sehr reinlichen Wohnzimmer der Patienten bilden die Hauptheile dieser wohl eingerichteten Anstalt, wie ich bisher keine zu sehen Gelegenheit hatte.

---

156 Dietrich Wilhelm Heinrich Busch (1788-1858) war in der ersten Jahrhunderthälfte einer der berühmtesten Professoren der Geburtshilfe in Deutschland. Er hatte seine akademische Laufbahn in Marburg begonnen und wurde 1829 als Professor der Geburtshilfe und der geburtshilflichen Klinik an die Universität Berlin berufen. - *ADB* 3, 635. - *Hirsch* 1, 782-783. - *Asen* (1955), 28.

157 Karl Wilhelm Mayer (1795-1868) arbeitete nach seiner Promotion im Jahre 1821 in Berlin als Gynäkologe. 1844 gründete er die Geburtshilfliche Gesellschaft in Berlin, die im übrigen die erste ihrer Art war. - *Hirsch* 4, 131-132. - *ADB* 21, 122-124.

158 Johann Christian Jüngken (1793-1875) habilitierte sich 1817, wurde 1825 außerordentlicher, 1834 ordentlicher Professor der Chirurgie und Augenheilkunde in Berlin. 1828 übernahm er die Leitung der neugegründeten Klinik für Augenheilkunde in der Charité. - *Hirsch* 3, 463-465. - *NDB* 10, 645. - *Asen* (1955), 91.

159 Albrecht Friedrich Wilhelm Ernst von Graefe (1828-1870) war gerade von einer Reise zurückgekehrt, die ihn in verschiedene medizinische Zentren Europas geführt hatte; er arbeitete als Augenarzt, habilitierte sich 1852, wurde 1857 außerordentlicher und 1866 ordentlicher Professor der Augenheilkunde in Berlin. - *Pagel*, Sp. 620-622. - *Hirsch* 2, 818-820. - *NDB* 6, 710. - *Asen* (1955), 61.

160 Heimann Wolff Berend (1809-1873) ließ sich 1834 in Berlin als Arzt nieder und errichtete 1840 ein gymnastisch-orthopädisches Institut, das er bis kurz vor seinem Tod leitete. - *Hirsch* 1, 470. - Heller schrieb den Namen "Berendt".

161 Das Diakonissenkrankenhaus Bethanien in Berlin war nach zweijähriger Bauzeit 1847 fertiggestellt worden. Die dreiflügelige Anlage umfaßte 345 Betten. - *Murken* (1988), 85-88.

162 Es war dies Adalbert von Ladenberg.

Das neue Krankenhaus Bet[h]anien. Dieses gleicht von außen wegen seiner Pracht und luxuriösen Bauart eher einem Lustschloße als einem Krankenhause, aber auch im Inneren ist die Bauart äußerst luxuriös, ja prachtvoll zu nennen. Der großartigen Ansicht zu Folge, sollte man glauben, daß es wenigstens 1000 Betten in sich faßt, während es mit größter Raumverschwendung nur 300 birgt[163], von denen nur 100 belegt sind. Dieses schöne Krankenhaus verdient übrigens die volle Berücksichtigung, ich habe mich auch hier beinahe einen ganzen Tag aufgehalten und eine genaue Beschreibung, die mir durch die Herren Aerzte, besonders durch Schuft[164] und Epenstein[165], ermöglicht wurde, in mein Tagebuch geschrieben und behalte es mir vor, hierüber einen speziellen Bericht zu veröffentlichen, indem er für diesen Bericht zu weitläufig erscheinen müßte.

Die Pharmazie befindet sich hier auch nicht in einem viel besseren Zustande als bei uns[166]. Unter den Apothekern ist es Simon[167], welcher unter allen die meiste wissenschaftliche Bildung besitzt und sich auch in der Wissenschaft bereits einen guten Namen verschaffte. Ich besichtigte sein Laboratorium, das ein wohl eingerichtetes Apothekerlaboratorium zu nennen ist. Die k. Hofapotheke besichtigte ich mit dem Chemiker Mitscherlich. Sie besitzt ein sehr ausgezeichnetes Laboratorium für das Nöthige der Pharmacie, sehr schöne Apparate und Dampfapparate[168], besonders zur Darstellung der Arzneimittel in größerer Menge zieren dieses Laboratorium, indem es auch neuerdings dazu adapti[e]rt wurde, die Apotheke des neuen Krankenhauses Bet[h]anien gänzlich mit allem Nöthigen zu versehen.

Der jeweilige Hofapotheker ist zugleich Examinator bei dem pharmaceutischen Rigorosum in den Staatsprüfungen.

---

[163] Tatsächlich waren es 345 Betten.

[164] Wahrscheinlich handelte es sich um den später als Assistenzarzt an der von Graefeschen Klinik tätigen Adolf Schuft, der im Jahre 1858 mit dem Kaiserlich Russischen St. Annen-Orden, 3. Kl., ausgezeichnet wurde. Wenige Jahre später veröffentlichte er die Abhandlung: "Die Auslöffelung des Staares. Ein neues Verfahren", Berlin 1860. - *Allgemeine Medicinische Central-Zeitung* 27 (1858), 752. - Heller schrieb den Namen "Schufft".

[165] In der Sitzung der Berliner Gesellschaft für wissenschaftliche Medizin vom 8. April 1850 war neben Heller auch Epenstein anwesend. Epenstein war in der Folgezeit als praktischer Arzt in Berlin tätig. Im Jahre 1851 wurde er vom Verein deutscher Ärzte und Naturforscher in Paris zum korrespondierenden Mitglied gewählt. - *Allgemeine Medicinische Central-Zeitung 19 (1850), Sp. 242; 20 (1851), Sp. 336.*

[166] In der Donaumonarchie war nach 1848 eine Reformdiskussion in Gang gekommen.

[167] Johann Eduard Simon (1789-1856) war Besitzer der Apotheke zum Bären in Berlin und hatte durch zahlreiche Arbeiten auf sich aufmerksam gemacht. - *Poggendorff* II, 935-936. - *DAB* 2, 635-636.

[168] Ausführliche Skizzen und Beschreibungen solcher Geräte und deren einzelner Bestandteile finden sich in: *Mohr* (1853), 58-79.

Einer sehr zweckmäßigen Einrichtung in den pharmaceutischen Prüfungen muß ich insbesondere erwähnen. Sie ist von Mitscherlich eingeführt worden und wird auch von ihm und seinem Assistenten gehandhabt. Es sind dieß die praktischen Prüfungen der Pharmaceuten, welche in Mitscherlichs Laboratorium am Ende eines jeden Semesters angestellt werden. Es werden nemlich durchs Loos von jedem Pharmazeuten zwei Analysen oder Operationen gezogen, während alles vor dem Beginn der Prüfung vom Assistenten so hergerichtet ist, daß die den Loosen entsprechende Anzahl Präparate und Operationsvorbereitungen, mit den Nummern der Loose versehen, so vorbereitet sind, daß nach der Loosung jeder Apotheker sogleich auf seinem Arbeitsplatz beginnen kann, jedoch ohne Beihilfe eines Buches oder eines Zweiten. Nach dem Erfolge dieser rein praktischen und strengen Prüfung wird der Calcül bestimmt.

Ich besuchte folgende wissenschaftliche Vereine in Berlin.

1. Die k. Akademie der Wissenschaften. Es wurden jede Woche Vorträge gehalten, die Zuhörerräume sind fast immer leer.

2. Die Gesellschaft für wissenschaftliche Medizin[169]. In derselben herrscht ein sehr reges wissenschaftliches Leben, alle jüngeren Kräfte sind hier vereinigt, aber noch viele ältere Gelehrte, die den Fortschritt lieben, sind hier als Mitglieder thätig. Die Hufelandsche Gesellschaft besuchte ich nicht. Ich hielt in der Gesellschaft für wissenschaftliche Medizin 2 Vorträge, über die Oedeme und Exsudate und die äußerliche Anwendung des Chlorcaliums anstatt der Hautimmissionen, dann über eine neue Art, Schröpfköpfe zu setzen, wodurch es sowohl möglich wird, an Stellen, wo sonst kein Schröpfkopf haftet, welche anzubringen, als auch das Verbrennen der Haut zu verhindern und stärkeres Haften zu bezwecken. Die Vorträge sind in der Berliner medizinischen Centralzeitung enthalten[170]. Ich erhielt das Diplom dieser Gesellschaft nach meiner Zurückkunft in Wien[171].

3. Der Verein praktischer Aerzte ist mehr als der Wissenschaft den Interessen der praktischen Aerzte Berlins und Preußens gewidmet, ich stellte hier den Antrag zur Gründung einer Wittwensocietät nach dem Muster der Wiener, indem ich die Einrichtungen und Vortheile auseinandersetzte, der Vortrag wurde mit großem Beifalle angenommen, und mir der Dank der Gesellschaft voti[e]rt. Es wurde sogleich eine Kommission ernannt und beschlossen, zur Gründung einer medizinischen Wittwensocietät, die bisher in Berlin nicht besteht, zu schreiten.

---

[169] Posner meldete in seiner Zeitung, daß Heller in der Sitzung vom 8. April 1850 anwesend war. - *Allgemeine Medicininsche Central-Zeitung* 19 (1850), Sp. 242.

[170] Möglicherweise meinte Heller den in dieser Zeitung abgedruckten Vortragszyklus.

[171] Heller wurde zum korrespondierenden Mitglied dieser Gesellschaft bestellt, was auch in Posners Zeitung vermerkt wurde. - *Allgemeine Medicinische Central-Zeitung* 20 (1851), Sp. 416.

Wenn wir somit einen Ueberblick über den Berliner Stand der Naturwissenschaften und der Medizin fassen, so sehen wir, daß die reinen Naturwissenschaften hier den höchsten Grad von Ausbildung erlangt, auch mit den ausgezeichnetsten Kräften versehen und durch höchst ausgezeichnete Männer vertreten werden, während dieß bei der Medizin nicht ganz der Fall ist. Sehr großen Nachhall findet hier die medizinische Lehre Oesterreichs, namentlich Wiens, dessen Suprematie von allen anerkannt, der aber meist nur von den jüngeren Kräften nachgestrebt wird. Ein sehr reger Geist für die Fortschritte findet in dem ganzen jüngeren medizinischen Publikum hier statt, *er stößt jedoch an große Hindernisse bei den älteren sogenannten großen Praktikern, die noch zu großen Einfluß bei der Regierung haben und dem Systeme huldigen, durch das sie eine so große Praxis erreichten, um die sie sich fürchten, denn bei ihnen ist es nicht so wie bei uns in Oesterreich, daß die Aerzte, die zugleich den größten Einfluß bei der Regierung haben, zugleich diejenigen sind, welche selbst mit der Wissenschaft gleichen Schritt gehen, den Fortschritt wollen, ihn unterstützen und fördern. Und so wird es in Berlin früher nicht anders werden, bevor nicht namentlich in der Charité andere Institutionen getroffen und bessere Kräfte für die wichtigsten Zweige der Medizin gewonnen werden.*

Die Professoren und Studenten. Ich machte die persönliche Bekanntschaft fast aller Professoren und Docenten, welche die Naturwissenschaften und die Medizin lehren. Theils täglichen, theils vielfachen Umgang hatte ich aber mit Heinrich Rose, Gustav Rose, Wilhelm Rose[172]*, Mitscherlich, Rammelsberg, Poggendorf[f], Magnus, Johannes Müller, August Müller, Ehrenberg, Geheimrath Mayer u.a.*

Es muß wahrlich auffallend für den Wiener sein, insbesondere für ein dem medizinischen Lehrkörper angehörenden Individuum, welche Eintracht unter den hiesigen Professoren herrscht, während bei uns das Kliquenwesen so sehr in der Blüthe ist. Während meines ganzen Berliner Aufenthaltes wurde mir keine einzige Spannung zwischen Professoren bekannt als höchstens die zwischen Mitscherlich und Rose, und da liegt es an ersterem, der sich mit gar keinem hiesigen Chemiker, ja auch mit auswärtigen nicht verträgt. So hatte ich von Mitscherlich manche bissigen Vorwürfe zu hören, daß ich Liebig in Gießen auf längere Zeit besuchen wollte; er gab sich alle, doch vergebliche Mühe, mir dieß Vorhaben auszureden und mich länger in Berlin zurückzuhalten, während mir Rose und jeder andere Recht gab[en].

---

172 Valentin Rose der Jüngere hatte nach Angaben der "Allgemeinen Deutschen Biographie" zwei Söhne, Gustav und Heinrich Rose. Gustavs Sohn Edmund war als Chirurg tätig. Ganz offensichtlich handelt es sich bei Wilhelm Rose um einen Verwandten der Familie, der nicht als Wissenschafter tätig war. Heller hielt ihn für einen Bruder Heinrichs und Gustavs Rose, zumal er von den "drei Brüdern Rose" sprach. - *ADB* 29, 137.

Unter den Professoren herrscht im Allgemeinen sehr viel wissenschaftlicher Geist, Eifer und Fleiß, weder die Politik noch Nationalitätsangelegenheiten (letztere bei uns besonders im Vordergrunde) machen ihnen etwas zu schaffen. Sie folgen alle ihrem wissenschaftlichen Ziele als der Aufgabe ihrer Lebensthätigkeit, und ich muß es gestehen, dieß macht einen angenehmen Eindruck auf den, der dieß bisher nicht so sehr zu sehen gewohnt war.

Ueber unsere Universitäten, namentlich Wien und Prag, spricht man hier mit der größten Hochachtung und Anerkennung, besonders von der Medizin, deren Suprematie gegen Berlin sowohl sowohl (!) die Professoren und Aerzte als auch der H[err] Unterrichtsminister[173] zugestehen. *Mit großem Bedauern spricht man sich jedoch über die auch hier sehr bekannten Zerwürfnisse und das Kliquenwesen in unserem medizinischen Lehrkörper aus und bezeichnet allgemein die Berufungen, die in letzterer Zeit statt fanden, als sehr gelungene Wahlen, namentlich die Oppolzers und Brückes, besonders bezeichnet man ersteren als eine sehr nothwendige, da man Skoda, dem man alles Verdienst für die Auskultation und Perkussion gelten läßt, als ungenügend für einen allgemeinen Kliniker so wie als den Kern des hiesigen mißlichen persönlichen Zerwürfnisse bezeichnet*[174].

Die Studenten unterscheiden sich in Berlin von denen anderer Universitäten durch ein sehr gutes Benehmen, dieß ist auch die allgemeine Stimme der Professoren. Das Burschenwesen hat sich hier sehr verlohren. Man sieht, daß alle Collegien sehr fleißig frequenti[e]rt werden und ein sehr ruhiger Geist unter den Studenten herrscht; man bemerkt sie in der Stadt gar nicht. Sie leben zerstreut und folgen ihrem wissenschaftlichen Zwecke im Allgemeinen mit vielem Fleiße. Mit diesem nach meiner Ueberzeugung ausgesprochenen Urtheile stimmen aber auch die Professoren und Privaten Berlins überein. Wir finden somit vorzüglich auf den kleinen Universitäten die nachtheiligen Eigenschaften der Studenten-Burschenschaften.

Meine Aufnahme und über einige Erfolge meines Aufenthaltes in Berlin.

Ich hatte mich in Berlin einer ausgezeichneten Aufnahme[175] zu erfreuen, so wie das Princip der öfteren Verleihung von Reisestipendien allgemeine Anerkennung fand.

Die sehr ausgezeichnete Aufnahme, die ich sowohl in Berlin gefunden als auch die allgemeine Anerkennung, die das Prinzip des hohen Unterrichtsministerium gefunden, erhellt aus den Zeitungsartikeln, die sowohl bei meiner Ankunft

---

173 Dies war Adalbert von Ladenberg.

174 Diese Bemerkung ist vor allem auch unter dem Aspekt zu sehen, daß Skoda der entschiedenste persönliche Gegner Hellers war.

175 Allem Anschein nach brachte man Hellers Vortragszyklus in Berlin große Aufmerksamkeit entgegen. Posner berichtete in seiner Zeitung überaus positiv und schloß die Serie mit der Forderung nach Einrichtung einer Lehrkanzel für pathologische Chemie an der Universität Berlin. - *Allgemeine Medicninische Central-Zeitung* 19 (1850), Sp. 406.

als nach meiner Abreise ohne meinem Einfluße die meisten sowohl wissenschaftlichen als auch politischen Zeitschriften brachten.

Ich müßte zu weitlaufig werden, ja es ist meinem Bescheidenheitsgefühle ent gegen, wollte ich der vielen Auszeichnungen specielle Erwähnung thun, deren ich mich zu erfreuen hatte, wodurch ich umso mehr überrascht wurde, indem man mir hier in Wien die Berliner im Allgemeinen als nicht sehr zuvorkommend gegen Fremde geschildert hat.

Doch glaube ich, es sowohl meinem hohen Sender als mir selbst schuldig zu sein, einige Thatsachen sprechen zu lassen, die meine Aufnahme sowohl von Seiten der Gelehrten als des Herrn Unterrichtsministers v. Ladenberg bezeichnen.

Mehrere der ausgezeichnetsten Professoren veranstalteten mir zu Ehren größere Diners, so die drei Brüder Rose, Mitscherlich, Poggendorf[f], Magnus, Mayer, Posner, Heintz, Gumprecht[176]*, und vieler anderer Einladungen nicht zu gedenken. Ferner veranstalteten mir die Aerzte, die an meinem Kurse theilnahmen, ein Festessen, dem auch andere Aerzte beitraten. Eine Gesellschaft (vorzüglich Leseverein) von praktischen Aerzten, die den Namen Camellia führt, überreichte mir eine Sammlung ihrer Portraits mit der Ueberschrift "dem Meister aller totia, in Liebe die Camellia", so wie mir viele der obgenannten Professoren ihre Porträts zur Erinnerung mitgaben. Posner bat mich, die Dedikation seines Jahrbuches der Medizin für 1851 anzunehmen*[177]*. Die Gesellschaft für wissenschaftliche Medizin machte mich nach meiner Abreise zu ihrem correspondierenden Mitgliede. S[ein]e Exzellenz der k.k. Oesterreichische Gesandte von Prokesch*[178] *lud mich zum Diner und stellte es mir frei, jeden Abend während meines Aufenthaltes in Berlin sein Haus zu besuchen; er drückte mir sein Vergnügen aus über die Aufnahme, die ich hier gefunden. S[ein]e Exzellenz, der Herr Unterrichtsminister von Ladenberg (noch bevor ich meine Reise zurücklegte, erfolgte der Rücktritt Ladenbergs von seinem Posten als Unterrichtsminister) forderte mich auf, ihn öfter zu besuchen, und beehrte mich mit dem besonderen Vertrauen durch die Aufforderung, ganz unverhohlen über die wissenschaftlichen, besonders medizinischen Zustände in Berlin mich auszusprechen und ihn mit den Mängeln bekannt zu machen und Reformvorschläge anzugeben. Nachdem ich meine Meinung ausgesprochen, erklärte er sich einverstanden und sprach den Wunsch aus, daß ich nach meiner Zurück[k]unft ihm einen schriftlichen Bericht erstatten möchte, so auch ihm die Modalitäten der Wiener patholo-*

---

[176] Thaddäus Eduard Gumprecht (1801-1856) war 1843-1854 als Privatdozent für Geologie und Geographie an der Universität Berlin tätig. - *Poggendorff* I, Sp. 979. - *ADB* 10, 123. - *Asen* (1955), 65.

[177] Heller dürfte wohl die "Allgemeine medicinische Central-Zeitung" gemeint haben. Eine Widmung dieses Zeitschriftenbandes ist aber nicht erfolgt..

[178] Anton Graf Prokesch von Osten (1795-1876) wurde als herausragender Diplomat 1849 zum österreichischen Gesandten in Berlin bestellt, ehe er 1853 als Bundespräsidialgesandter in Frankfurt a. M. tätig wurde. - *ÖBL* 8, 301-302.

gisch chemischen und pathologisch anatomischen Anstalt auseinander setzen möge; er sagte, daß es ihnen hier an Personen mangle, mit denen sie diese Stellen gut besetzen könnten, und stellte an mich die Frage, "ob ich in Wien zufrieden bin mit meiner Stellung oder eine Verbesserung wünsche". Ich antwortete hierauf, daß ich zufrieden bin, da ich auch hoffen könne, daß nach meiner Zurück[k]unft meine Anstalt so wie meine Stellung eine Verbesserung erlangen dürfte. Jene Frage fand wohl darin ihren Grund, weil die Berliner Aerzte, wie ich es kurz vor meiner Abreise durch Professor Berend, Posner, Ep[en]stein, A[ugust] Müller u.a. erfuhr, eine Petition mit bereits 100 Unterschriften einzureichen beabsichtigten um meine Berufung nach Berlin.

Ich habe die volle Ueberzeugung davon, daß es nur einer gegentheiligen Antwort meinerseits bedürfte, um den Ruf zu erhalten, allein ich spreche es offen aus, daß sich dieß mit meinem Charakter und meinem Dankgefühle nicht vertrug, indem ich die Gnade des hohen k.k. Ministeriums und die Gelegenheit, die es zu meiner Belehrung und Ausbildung mir bot, hätte dazu benützen wollen, meinem Vaterlande, dem ich mit Liebe und Dankbarkeit anhänge, untreu zu werden.

Endlich erwähne ich auch des ehrenden Antrages der Verlagshandlung Dr. Veit's[179] *(wahrscheinlich durch Veranlassung Johannes Müllers, dessen Archiv daselbst auch im Verlage ist), mein Lehrbuch*[180] *und meine Zeitschrift daselbst erscheinen zu lassen, worüber mir mit den annehmbaren Bedingungen der schriftliche Antrag gestellt wurde, den ich für den Vorbehalt für das Jahre 1852 annahm.*

VI. **Göttingen**

Ich reiste nach Göttingen, wo ich am 16. Juni ankam, um das chemische Laboratorium Wöhlers[181], eines der ersten jetzt lebenden Chemikers, und das physiolo-

---

[179] Dieser renommierte Verlag war 1834 von Moritz Veit begründet worden.

[180] Heller dürfte also an die Abfassung eines Lehrbuches gedacht haben, das allerdings als solches nie entstand. Sein Buch "Die Harnconcretionen, ihre Entstehung, Erkennung und Analyse mit Rücksicht auf Diagnose und Therapie der Nieren- und Blasenerkrankungen" erschien 1860 in Wien.

[181] Friedrich Wöhler (1800-1882) war 1825-31 Lehrer der Chemie an der städtischen Gewerbeschule in Berlin, anschließend an der höheren Gewerbeschule in Kassel und wurde 1836 zum Professor der Chemie an der Universität Göttingen ernannt. Seine Harnstoffsynthese - um nur eine seiner Leistungen herauszugreifen - wird als Markstein der organischen Chemie betrachet. - *ADB* 43, 711-717. - *Arnim* (1930), 282. - *Ebel* (1962), 75. - *Bugge* 2 (1979), 31-52. - *Partington* 4 (1972), 320-334. - *DSB* 14, 474-479. - *Selle* (1937), 285-286. - *Franck* (1988), 57-59, 71-74.

gische Institut Rudolf Wagners[182] kennen zu lernen.

Wöhler und dessen Laboratorium. Ich wurde von Wöhler auf das freundlichste empfangen[183], und er zeigte mir alles auf das bereitwilligste, nachdem ich ihm den Zweck meiner Reise vorstellte. Er las mir vor Allem einen Brief Liebigs vor, in dem er ihm mittheilt, daß Dumas ihn nach Lille rief, um dort Versöhnung zu feiern nach dem langen Streite in der Fettbildungsfrage, in welchem Liebig den Sieg davon getragen hat, und Dumas überreichte Liebig im Namen des Präsidenten Frankreichs das Ritterkreuz der Ehrenlegion[184]. Hofrath und ord[entlicher] Professor Wöhler, welcher ein Mann vom tiefsten Wissen und dem edelsten Charakter ist, nimmt in Folge seiner ausgezeichneten Leistungen einen der ersten Plätze in der Reihe der Europäischen Chemiker ein. Wöhlers Vortrag ist sehr klar, ruhig und ohne alle Effekthascherei, seine Experimente zahlreich und präcis.

---

182 Rudolf Wagner (1805-1864), der sich 1829 in Erlangen habilitiert hatte und 1833 zum Ordinarius der Zoologie ernannt worden war, war ab 1840 Professor der Physiologie und Zoologie und ab 1842 Direktor des physiologischen Instituts in Göttingen. - *Pagel*, Sp. 1798-1799. - *Hirsch* 5, 816. - *Arnim* (1930), 269. - *DSB* 14, 113-114. - *Selle* (1937), 303-310. - *Rothschuh* (1953), 108-109. - *Rothschuh* (1968), 260-261.

183 Mit keinem Wort erwähnte Heller, daß er Wöhler schon in Berlin bei Rose getroffen hatte.

Zum ersten Mal waren die beiden im Herbst 1840 in Wien zusammengetroffen, als Liebig und Wöhler dorthin eine Reise unternommen hatten. Damals war das Berzelius gegenüber geäußerte Urteil Wöhlers über Heller nicht sehr schmeichelhaft ausgefallen: "Heller ist ein ganz junger Mensch, etwas unbequem durch seine wissenschaftliche Zudringlichkeit. Er wird nicht viel mehr produciren als seine Rhodizonsäure." - *Wallach* (1909), 200.

184 Es handelte sich dabei wohl um den Brief vom 1. Juni 1850, in dem Liebig die Ereignisse vom 19. und 20. Mai 1850 beschrieb: "Ich war in Lille, wohin mich Kuhlmann zur Feier der Gründung seiner Fabrik eingeladen hatte. Ich entschloss mich um so leichter dazu, da auch Dumas, jetzt Minister des Handels und Ackerbaues, mich ersucht hatte, hinzukommen, auch Regnault und Pelouze kommen wollten, und ich dadurch Gelegenheit bekam, alte Differenzen auszugleichen und mich mit Paris wieder auf den alten Fuss zu versetzen. Wir kamen Alle gleichzeitig an, umarmten uns, und alles war gut. Dumas war höchst liebenswürdig und sah so jugendlich aus, dass er kaum zu erkennen war. Er hatte seine Frau und Tochter bei sich, wahrscheinlich um als Zeugen seiner Rachepläne, die er brütete, zu dienen. Am ersten Pfingsttag war das Fest glänzend und heiter; am zweiten Abend grosses Diner, zu dem die Civil- und Militärautoritäten von Lille geladen waren. Zu Ende des Diners stand Dumas auf, hielt eine lange Rede, beklebte mich mit Goldpapier und zog zuletzt das Officierskreuz der Ehrenlegion aus der Tasche, das er mir nebst Brevet im Namen des Präsidenten der französischen Republik überreichte. Ich war nicht vorbereitet und meinte, ich müsste umfallen; indesen hielt ich einen speech und erhielt die Accolade. So rächte er sich. Er ist bei allem eine grossartige Natur. Am dritten Tage reiste ich wieder ab." - *Hofmann* (1888), 352-353.

Das Laboratorium Wöhlers[185] besteht aus zwei Gebäuden, von einem schönen Garten umgeben, die außer dessen Privatwohnung blos der Chemie gewidmet sind. Das eine Gebäude ohne Stockwerk ist mitten im Garten und faßt das Auditorium, welches sehr geräumig und licht ist, an 100 Schüler faßt und an das Laboratorium stoßt. Der Vorlesetisch und Herd so wie bei Liebig, nur daß ein Gebläse aus dem Keller in den Herd mündet. Die Präparatensammlung, die sehr reich ist, befindet sich größerntheils in Glaskästen hier im Auditorium. Das Laboratorium in dem obengenannten Gebäude besteht aus mehreren Lokalitäten, in welche die Schüler nach Klassen eingetheilt sind, je nachdem sie in ihren Kenntnissen vorgerückt sind. Es arbeiten hier einige 20 Schüler, Mediziner, Pharmaceuten, Techniker und Bergleute, besonders analytische, meist anorganisch-chemische Uebungen. Der einzelne Schüler hat sehr wenig Raum, da der Zudrang so groß ist. Die beiden Assistenten haben jeder ihr eigenes Zimmer, so wie Wöhler selbst sein Handlaboratorium in dem andern Gebäude, in dessen erstem Stockwerke er wohnt, für sich besitzt. Das große Laboratorium daselbst besteht aus 2 großen Räumen, es arbeiten hier über 30 Schüler, besonders viele Pharmaceuten, Mineralogen und Montanisten. Die Laboratorien sind mit allen möglichen Apparaten und Präparaten so reichlich versehen, daß Ueberfluß in Allem vorhanden.

Besonders 1. die organische Elementaranalyse[186] wird hier mit eigenen vortheilhaften Modificationen angestellt, besonders in den Apparaten zur Absorption des Wassers und der Kohlensäure, bei der Verbrennung. Wöhler wendet freies Sauerstoffgas nebst Kupferoxyd an[187] und sagte: "Liebig habe es noch nicht, er werde sich aber doch hiezu bequemen müssen."

2. Eine neue Bereitungsart der Harnsäure aus Excreten.

3. Machte mich Wöhler auf verschiedene noch unerklärte Erscheinungen bei Behandlung der Harnsäure aufmerksam.

4. An Präparaten fand ich die von mir entdeckte Rhodizonsäure und deren Salze in einer ziemlich reichlichen Reihe, ferner einen schönen Cystinharnstein[188] und das Unicum, den berühmten Xanthin[189], dann das reine Xanthin. -

---

[185] *250 Jahre Georg-August-Universität Göttingen* (1987), 119.

[186] Justus Liebig hatte die Methode zusammengefaßt: *Justus Liebig*: Anleitung zur Analyse organischer Körper. Braunschweig 1837. 2. Auflage. Braunschweig 1853.

[187] Darüber publizierte der Assistent Wöhlers: *G. Städeler*: Ueber die Analyse chlorhaltiger organischer Verbindungen. Annalen der Chemie und Pharmacie 69 (1849), 334-335.

[188] Erstmals wurde Cystin in einem Cystinstein im Jahre 1810 entdeckt: *William H. Wollaston*: On cystic oxide, a new species of urinary calculus. Philosophical Transactions of the Royal Society of London 100 (1810), 223-230. - Freundlicher Hinweis von Prof. DDr. Johannes Büttner.

[189] *Liebig-Wöhler*: Ueber Marcet's Xanthic-Oxyd. Poggendorffs Annalen der Physik und der Chemie 41 (1837), 393-397. - *Liebig-Wöhler*: Marcet's Xanthic Oxyd. Annalen der Pharmacie und der Chemie 26 (1838), 340-344.

Viel wasserlose Blausäure, Stickstoff, Iridium und dessen Verbindungen besonders ausgezeichnet. Ein Pfund Palladium; schön krystallisi[e]rte Diamanten, eine Kugel aus Kalifornischem Gold u.s.w.

5. Wöhler überzeugte mich von seiner neuesten Entdeckung, daß im Kälberharn Allantoin ist[190], ferner theilt er mir mit, daß im Kuhharn Carbolsäure vor komme.

Rudolf Wagner und dessen physiologisches Institut. Wagner, welcher ohne Zweifel einer der ersten jetzt lebenden Physiologen ist, hat mich, nachdem er mich äußerst freundlich empfangen, sogleich in seine Lokalitätsverhältnisse eingeweiht und mich aufgefordert, mit ihm vereinigt eine Arbeit vorzunehmen, die Bernardsche Entdeckung über die Erzeugung von künstlichem Diabetes[191] nemlich zu prüfen, über die Wagner so eben einen Brief aus Paris erhielt, ihm aber unglaublich schien. Nachdem genau nach der brieflichen Mittheilung von du Bois[192] an 4 Kaninchen der Versuch gemacht worden, war das Resultat ein negatives (nach dem wie ich es später bei Bernard in Paris sah und selbst bestätigte, war Wagners Punktionsnadel zu breit). Während Wagner den anatomischen Theil der Versuche übernahm, stellte ich die chemischen Untersuchungen an. Das Institut, von Wagner gegründet, befindet sich in einem blos hiezu bestimmten 2stöckigem Hause. Im ersten Stockwerke befindet sich ein kleines chemisches Laboratorium für physiologisch-chemische, nicht pathologische oder klinische Untersuchungen bestimmt. Viel großartiger ist im 2. Stockwerke des Hauses Wagners ein physiologisch-anatomisches Laboratorium, in einer Reihe von Zimmern, deren jedes seinen eigenen Zweck hat; außerdem eine sehr reich-

---

190 *F. Wöhler*: Allantoin im Kälberharn. Annalen der Chemie und Pharmacie 70 (1849), 229-231; Nachrichten der königlichen Gesellschaften der Wissenschaften zu Göttingen 5 (1849) 61-64.

191 Heller hatte kurz vor seiner Abreise aus Wien in der k.k. Gesellschaft der Ärzte in Wien einen Vortrag über den Zuckergehalt des Harns bei Diabetes mellitus gehalten. - *Allgemeine Medicininische Central-Zeitung* 19 (1850), Sp. 134-135. - Claude Bernard (1813-1878), der ab 1853 als Professor an der Sorbonne, später am Collège de France tätig war, wies die Zuckerbildung in der Leber nach und publizierte mehrfach darüber: C.L. Bernard-C.H. Barreswil. Comptes rendus XXVII (1849) 514-515. C.L. Bernard. Chemical Gazette (1849) 198. C.L. Bernard. Comptes rendus Soc. Biol. (1849) 60. - *Pagel*, Sp. 148-149.- *Hirsch* 1, 486-488. - *DSB* 2, 24-34. - *Rothschuh* (1953), 163-165. - *Rothschuh* (1968), 249-250, 271-272.

192 Emil du Bois-Reymond (1818-1892) war Schüler und Assistent Johannes Müllers, arbeitete in den vierziger Jahren an elektro-physiologischen Untersuchungen, die ihn später berühmt machen sollten. Im Jahre 1850 hielt sich du Bois-Reymond über Humboldts Vermittlung in Paris auf, um dort seine Demonstrationen und Experimente über tierische Elektrizität vorzustellen. - *Hirsch* 1, 609-611. - *Asen* (1955), 40. - *NDB* 4, 146-148.

haltige Skelet[t]sammlung und die weltberühmte Blumenbachsche[193] Schädelsammlung[194]. -

12 ! Mikroskope stehen zu den Arbeiten bereit von Plößl[195], Oberhäuser[196] und Schiek[197]. Besonders interessant erschien mir die Maschinerie Wagners zur Messung der Cirkulation des Blutes und Respirationsapparate[198]. Es haben so eben mehrere Schüler fleißig gearbeitet, und es herrscht hier in dem Institute ein reges Leben. Das Auditorium, ein geräumiger lichter Saal, in welchem die zahlreich besuchten Vorlesungen Wagners, dessen Vortrag ein sehr klarer und präciser und mit zahlreichen Experimenten begleiteter ist, gehalten werden. Ich besuchte Langenbeck Vater[199] und Sohn[200] und des ersteren anatomisches Institut, welches sich in einem eigenen Gebäude, von einem schönen Garten umgeben, befindet. Langenbeck empfieng mich ebenfalls sehr freundlich und zeigte mir mit großer Bereitwilligkeit das besonders an ausgezeichneten Nervenpräparaten reichhaltige anatomische Kabinet[t], auch einen Xanthoxydstein, dieses Unicum, den er damals bei einem 8jährigen Kranken entdeckte, welcher jetzt noch gesund als Mann lebt. Auch zeigte mir Langenbeck sein mit sehr schönen Tafeln

---

[193] Johann Friedrich Blumenbach (1752-1840) war ab 1776 als außerordentlicher und ab 1778 als ordentlicher Professor der Medizin an der Universität Göttingen tätig, hielt als erster Universitätslehrer Vorlesungen über vergleichende Anatomie und veröffentlichte zu Anfang des 19. Jahrhunderts auch ein "Handbuch der vergleichenden Anatomie", das für Jahrzehnte zum Standardwerk wurde. - *ADB* 2, 748-751. - *Hirsch* 1, 576-577.

[194] Diese vielbewunderte Sammlung umfaßte schon zu Ende des 18. Jahrhunderts hundert unterschiedlichen Schädel, auch entwicklungsgeschichtliche Präparate, eine Zusammenstellung von Haaren und schließlich zahlreiche Abbildungen verschiedener Völkertypen. - *Lexis* 2 (1893), 113. - *Selle* (1937), 307.

[195] Heller schreibt an dieser Stelle den Namen "Plößel".

[196] Georg Oberhäuser (1798-1868) absolvierte die Mechanikerlehre in Würzburg, ging 1818 nach Paris, wo er ab 1822 eine eigene Werkstätte einrichtete. 1830 machte er sich in Paris selbständig und fabrizierte vorzügliche Mikroskope, wobei er vor allem das Stativ verbesserte. - *ADB* 24, 94. - *Harting* (1859), 633, 702-713, 766-768, 871-872. - *Schmitz* II, A (1989), 117, 121-123. - Heller schreibt den Namen "Oberhauser".

[197] Heller meinte damit die Mikroskope von Pistor & Schiek. - Harting (1859), 732-734. - *Schmitz* II A (1989), 100.

[198] In seinem Lehrbuch ist dieser Apparat nicht berücksichtigt. - *Wagner* (1843), 264-274.

[199] Konrad Johann Martin Langenbecks (1776-1851) Karriere vollzog sich ausschließlich an der Universität Göttingen: 1802 Privatdozent für Anatomie und Chirurgie, 1804 Extraordinarius, 1814 Ordinarius. Er war als Chirurg gleichermaßen berühmt wie als Anatom. - *Hirsch* 3, 667-668. - *NDB* 13, 582-583. - *Arnim* (1930), 168.

[200] Maximilian Adolf Langenbeck (1818-1877) war an der Universität Göttingen ab 1843 als Privatdozent für Anatomie, Chirurgie und Augenheilkunde, ab 1846 als Extraordinarius tätig, legte 1848 freiwillig sein Lehramt nieder und übersiedelte 1851 als praktischer Arzt nach Hannover. - *ADB* 17, 668-669. - *Hirsch* 3, 668-669.

versehenes, eben zur Veröffentlichung vorbereitetes großes anatomisches Werk[201].

Da mich Wöhlers Laboratorium so wie Wagners Institut und meine Arbeiten daselbst zu viel Zeit kosteten, so konnte ich den Kliniken keine Zeit schenken, *sie sollen aber nichts besonderes bieten und nicht ausgezeichnet sein.*

Aufnahme. Der Empfang, den ich in Göttingen gefunden, war ein höchst erfreulicher für mich, denn ich war überrascht von den ehrenden Aufmerksamkeiten, die mir besonders von Wöhler und Wagner, dann Frerichs[202] *geschenkt wurden. Wagner lud mich zu Mittag und zugleich mehrere Professoren und Aerzte, ebenso lud mich Wöhler zu einem Abendessen, welches er mir zu Ehren veranstaltete und dem auch Wagner, Frerichs, Rauer*[203]*, Stettner*[204] *u.a. beiwohnten.*

Die Stimmung für unsere Hochschulen ist hier eine sehr anerkennende, besonders steht die Wiener medizinische Schule in hohem Ansehen. Wöhler ist mit den Leistungen der reinen Chemie in Oesterreich nicht sehr zufrieden, er erhob große Anerkennung gegen die Regierung, die bereits große und reiche Laboratorien errichtete, "aber es gehe nichts hervor, wenn das Jahr herum ist". Rokitansky[205]*, Schuh*[206] *und Oppolzer stehen hier in besonderem Ansehen, so wie über-*

---

[201] Es handelte sich dabei höchstwahrscheinlich um den letzten Teilband des Werkes "Mikroskopisch-anatomische Abbildungen zur Erläuterung meines anatomischen Handbuches", das 1847-1850 erschien.

[202] Friedrich Theodor von Frerichs (1819-1885) war ab 1846 Privatdozent, ab 1848 Extraordinarius für Physiologie und Pathologie, ehe er 1850 nach Kiel berufen wurde. Die folgenden Stationen seines Wirkens waren ab 1851 Breslau und ab 1859 Berlin, wo er als Nachfolger Schönleins tätig war und ein klinisch-chemisches Laboratorium einrichtete. Er beschäftigte sich in seiner Göttinger Zeit vornehmlich mit physiologisch-chemischen Untersuchungen und arbeitete an Rudolf Wagners großem Handwörterbuch der Physiologie mit. - *Pagel*, Sp. 543-545. - *Hirsch* 2, 613-614. - *Arnim* (1930), 112. - *Büttner* (1989), 121.

[203] Leider konnten die biografischen Daten nicht eruiert werden. Mit einiger Sicherheit läßt sich sagen, daß Rauer nicht dem Lehrkörper angehörte.

[204] Leider konnten die biografischen Daten nicht eruiert werden. Vermutlich zählte Stettner nicht zum Lehrkörper.

[205] Karl von Rokitansky (1804-1878) war nach seiner Promotion im Jahre 1828 in Wien tätig, ab 1834 als Prosektor am Allgemeinen Krankenhaus und Extraordinarius für pathologische Anatomie, ab 1844 als Ordinarius. Sein Hauptwerk, das "Handbuch der pathologischen Anatomie" (1841-1846), ließ ihn nach Virchows Wort als den Linné der pathologischen Anatomie erscheinen. - *Pagel*, Sp. 1403-1408. - *Hirsch* 4, 855-859. - *ÖBL* 9, 221-222. - *Lesky* (1978), 129-141.

[206] Franz Schuh (1804-1865) bildete sich nach der Promotion 1831 zum Chirurgen aus, war ab 1836 Professor an der medizinisch-chirurgischen Studienanstalt in Salzburg, kam 1837 als Primarchirurg an das Wiener Allgemeine Krankenhaus, wurde 1841 zum außerordentlichen und 1842 zum ordentlichen Professor der Chirurgie ernannt. 1843 wurde er Vorstand des neugegründeten Operateursinstituts, 1849 erhielt er die Leitung der einen der beiden Kliniken. Er gehörte neben Rokitansky und Skoda zu den Reformatoren der Wiener medizinischen Schule. Ebenso wie Skoda und Rokitansky trat er gegen Hellers endgültige Anstellung auf. - *Pagel*, Sp. 1546-1547. - *Hirsch* 5, 155-156. - *Lesky* (1978), 195-200.

ral[l], doch wurde auch hier wie überal[l], die Wahl Skodas zum Kliniker getadelt.

Auch hier steht unsere medizinische Schule in großem Ansehen.

Die Studenten[207], *von denen giebt es hier sehr grell verschiedene 2 Parteien. Die einen sind sehr solide Leute, die da sind, um entweder bei Wöhler oder Wagner sich auszubilden. Sie gehören gewöhnlich zu keiner Burschenschaft. Die eigentlichen Frequentanten und Burschenschaften trieben in den wenigen Tagen, wo ich hier war, schon Unerhörtes für mich, z.B. demoli[e]rten sie die meisten Gartenzäune den Bürgern, schrien und lermten etc., daß den andern Tag Verhaftungen erfolgen mußten. Jemand sagte sehr gut: Die Göttinger Studenten kann man als nothwendiges Uebel der Stadt und eine Geißel der Bürgerschaft nennen.*

VII. **Marburg**

Zweck des Aufenthaltes. Bunsen[208] und Heinrich (!) Nasse[209] haben mich besonders veranlaßt, mich hier aufzuhalten, ersterer als Chemiker in der ersten Reihe stehend, aber obenan stehend in seiner Untersuchungsmethode[210] der Gase. Letzterer bekannt durch sein Werk übers Blut, seine zahlreichen vergleichenden Untersuchungen über das Blut verschiedener Thiere[211]. Außerdem be-

---

[207] Meinhardt (1977), 87-92.

[208] Robert Wilhelm Bunsen (1811-1899) studierte und habilitierte sich in Göttingen für Chemie, kam 1836 als Lehrer an die Höhere Gewerbeschule nach Kassel, wurde 1839 Extraordinarius und Direktor des chemischen Instituts, 1841 Ordinarius in Marburg. Im Jahre 1851 wurde er Professor in Breslau, 1852 in Heidelberg. - *Gundlach* (1927), 463-464. - *Partington* 4 (1972), 281-293. - *NDB* 3, 18-20. - *DSB* 2, 586-590. - *Meinel* (1978), 26-48.

[209] Gemeint ist höchstwahrscheinlich: Hermann Nasse (1807-1892). Dieser erwarb seine medizinische Ausbildung in Bonn und Berlin, habilitierte sich 1832 in Bonn für Chirurgie und pathologische Anatomie und war 1837-1879 als Professor für Physiologie und Direktor des physiologischen Instituts in Marburg tätig. - *Pagel*, Sp. 1187-1188. - *Hirsch* 4, 325. - *Gundlach* (1927), 244-245.

[210] Bunsen hatte schon 1838 und 1839 Untersuchungen der Hochofengase und deren Benutzung als Brennmaterial in Poggendorffs "Annalen", Bände 45 und 46, veröffentlicht. Später entwickelte er anläßlich der Untersuchungen der Geysire die Gasanalyse zu einem exakten Verfahren weiter. - *Meinel* (1978), 37, mit weiterführender Literatur.

[211] Gemeinsam mit seinem Vater Christian Friedrich Nasse brachte er "Beiträge zur Physiologie und Pathologie des Blutes", Bonn 1835-1839, heraus. Zur gleichen Zeit veröffentlichte Hermann Nasse das Werk "Das Blut in mehrfacher Beziehung physiologisch und pathologisch untersucht", Bonn 1836. Im Jahre 1850 legte er der Öffentlichkeit ferner eine Untersuchung "Ueber den Einfluss der Nahrung auf das Blut" vor.

suchte ich Zwenger[212], Prof[essor] der pharm[azeutischen] Chemie, Fick[213], Prof[essor] der Anatomie, Obermed[izinal] Rath und Kliniker Heusinger[214].

Bunsen und sein Laboratorium. Bunsen, ein tiefer Denker und wegen seines gründlichen Wissens und seiner wichtigen Leistungen sowohl als auch wegen seines wahrhaft biederen Charakters sowohl hier als im ganzen Auslande hochgeschätzter, ja geliebter Mann. Bunsen kam vor Kurzem von seiner wissenschaftlichen Reise aus Island[215], weshalb sein Laboratorium sich in ziemlich großer Unordnung befindet. Es ist mehr als hinlänglich geräumig, besonders das Praktikum für Schüler. Es arbeiten hier fortwährend 30 Schüler anorganische und organische analytische Chemie. Die übrigen Räume sind für Bunsens Untersuchungen bestimmt, und ein Laboratorium besonders eingerichtet blos zu Gasanalysen. Das Auditorium ist ein schöner Saal, der renoviert wird. Die Dotation beträgt blos zu den laufenden Arbeiten jährlich 1200 Thaler. Von Einrichtungen sah ich als Besondere seine Apparate zur Aufbewahrung und Analyse der Gase in einem eigens dazu bestimmten Zimmer. So waren mir höchst interessant die sinnreichen Apparate zur Sammlung, Aufbewahrung und Transporti[e]rung der Gase[216] (aus Vulkanen), die Bunsen von seiner Reise, aus Island namentlich, mitgebracht

---

[212] Constantin Zwenger (1814-1884) wurde 1841 in Marburg zum Doktor der Medizin promoviert und habilitierte sich in diesem Jahr für Chemie und Pharmazie. 1844 wurde er zum außerordentlichen Professor der Chemie an der Medizinischen Fakultät, 1851 zum Direktor des pharmazeutisch-chemischen Instituts und im folgenden Jahr zum Ordinarius ernannt. - *ADB* 45, 526. - *Hirsch* 5, 1056. - *Gundlach* (1927), 483.

[213] Franz Ludwig Fick (1813-1858) schloß 1835 in Marburg das Medizinstudium ab, habilitierte sich zwei Jahre später für Anatomie, wurde 1839 außerordentlicher und 1843 ordentlicher Professor der Anatomie und Direktor des anatomischen Instituts. - *Hirsch* 2, 515. - *Gundlach* (1927), 205.

[214] Carl Friedrich Heusinger (1792-1883) hatte seine Ausbildung in Jena und Göttingen erhalten, war ab 1821 Extraordinarius in Jena, ab 1824 Ordinarius der Anatomie und Physiologie in Würzburg und von 1829 bis zur Versetzung in den Ruhestand im Jahre 1867 Professor der Pathologie und Therapie an der Universität Marburg, Direktor der mit dem Landkrankenhaus verbundenen klinischen Anstalten und Mitglied der Krankenhausdirektion. Ab 1844 war er auch als Medizinalreferent der Regierung tätig. - *ADB* 50, 293. - *Hirsch* 3, 207-209. - *Gundlach* (1927), 215. - *Schröter* (1969), 97, 245-246.

[215] Nach Ausbruch des Vulkans Hekla auf Island im Jahre 1845 beauftragte die isländische Regierung ein Forschungsteam mit der wissenschaftlichen Bearbeitung dieses Phänomens, dem auch Bunsen angehörte. - *Meinel* (1927), 35-37.

[216] Bunsen selbst veröffentlichte nichts über die Aufbewahrung von Gasen, wiewohl in den vierziger und auch noch in den fünfziger Jahren von anderer Seite mehrfach darüber gehandelt wurde: *Magnus*: Apparat zur längeren Aufbewahrung von Gasen über Chlorcalcium. Poggendorffs Annalen der Physik und der Chemie 55 (1842), 12-14. - *Mohr*: Gasbehälter und Gasmesser. Poggendorffs Annalen der Physik und der Chemie 59 (1843), 139-144. - *Ettling*: Gaspipette. Poggendorffs Annalen der Physik und der Chemie 53 (1845), 141-142. - *H. Hlasiwetz*: Apparat zum Transportiren und Ueberfüllen gemessener Gasmengen. Annalen der Chemie und Pharmacie 97 (1856), 241-244.

hat, deren Analysen er eben vor hat. Die übrigen Einrichtungen des Laboratoriums sind alle die nothwendigen, wie ich sie in den besten Laboratorien überhaupt fand, so bei Liebig, Erdmann, Löwig[217], wo ich am angeführten Orte mehr davon erwähne.

Als Marchand in Halle, den ich noch persönlich traf, an der Cholera[218] starb, erhielt sogleich Bunsen den Ruf dahin, hat ihn aber abgelehnt, während er später als auch Fischer in Breslau (den ich auch noch gesund verlassen) starb, den Ruf an dessen Stelle annahm. Heinrich Nasse, Prof[essor] der Chemie an der mediz[inischen] Fakultät, hat gleich neben seiner Wohnung das Laboratorium und Auditorium, beide sehr klein und karg eingerichtet, nur für seine wenigen Schüler, die er hat, die kaum 3 Bänke besetzen, bemessen. (Im Auditorium stehen nur 4 Bänke). Die ganze Anstalt verdient kein Lob, obwohl der Fleiß Nasses.

Prof[essor] Zwenger trägt Chemie den Pharmazeuten vor in einem kleinen Auditorium und Laboratorium, wenn man es so nennen darf, bei seiner Wohnung; die Anstalt verdient keine besondere Erwähnung.

Heusinger ist ganz alte Schule und die Klinik oder Medizin ist hier um ein halbes S[a]eculum zurück, mit großer Ausnahme des anatomischen Instituts, dessen Vorstand Prof[essor] Fick ist. Fick ist ein sehr fleißiger Mann. Das anatomische Museum, welches enorm reich durch Ficks Arbeiten ist[219], zeigt, daß es einen würdigen Nachfolger Sömmerings[220], des Gründers dieses musterhaften Instituts, als Vorstand besitzt. Das Institut befindet sich in einem eigenen schönen Gebäude und besteht aus mehreren Sälen, Arbeitslokalitäten und Auditorium, die alle eben so schön als zweckmäßig sind. Ich sah nirgends ein so schön und systematisch geordnetes anatomisches Museum wie hier.

---

[217] Carl Jacob Löwig (1803-1890) war seiner Ausbildung nach Pharmazeut, habilitierte sich 1830 für Chemie in Heidelberg, war ab 1833 unbesoldeter außerordentlicher Professor, ab 1836 mit Besoldung, ab 1846 ordentlicher Professor an der Universität und der oberen Industrieschule in Zürich und ab 1853 an der Universität in Breslau. - *Poggendorff* II, Sp. 1489-1490; III, 1, 827. - *NDB* 15, 109-110. - *DAB* 1, 382. - *Gagliardi-Nabholz-Strohl* (1938), 294-298. - *Partington* 4 (1972), 198.

[218] Es war dies die zweite der vier Pandemien des 19. Jahrhunderts, welche um die Jahrhundertmitte in Europa wütete. - *Ackerknecht* (1963), 23.

[219] Es bestand vorwiegend aus einer Schädelsammlung, aus den Claudius'schen Gehörpräparaten, aus Zumstein's Corrosions-Präparaten von Lungen, Nieren, Leber und aus mikroskopisch-embryologischen Präparaten. - *Lexis* 2 (1893), 203.

[220] Samuel Thomas Sömmerring (1755-1830) studierte in Göttingen (1778 Dr. med.), war nach einer Englandreise ab 1779 in Kassel am Collegium Carolinum tätig, wurde 1784 Professor der Anatomie und Physiologie in Mainz, ging Mitte der neunziger Jahre nach Frankfurt a. M. als praktischer Arzt, war ab 1805 in München und ab 1820 wiederum in Frankfurt a. M. tätig. Neben zahlreichen anderen Veröffentlichungen publizierte er in den Jahren 1791-1796 sein Handbuch "Vom Baue des menschlichen Körpers". - *ADB* 34, 610-615. - *DSB* 12, 509-511.

VIII. **Gießen**

Der Zweck meiner Herreise war: Das Sommersemester hindurch als Schüler Liebigs mich förmlich aufnehmen zu lassen, sowohl für seine Vorlesungen als auch einen Arbeitsplatz in seinem Laboratorium zu occupi[e]ren, und so meinen lange ersehnten Wunsch zu realisieren.

Mein Wunsch war es von jeher, Gießen[221] zu besuchen, allein die Mittel hiezu haben mir gefehlt, und ich kann dem hohen Unterrichtsministerium nicht genug Dank zollen, daß es mir die Gelegenheit auch zur Erreichung dieses Wunsches gebothen. Einerseits waren mir die großen Leistungen Liebigs bekannt, so wie die unermüdete Thätigkeit, mit der er bisher die Wissenschaft gefördert, anderseits konnten die oft wiederholten Angriffe auf Liebig, die er auch besonders aus Oesterreich zu erdulden hatte[222], nicht unbemerkt an mir vorübergehen, um so mehr mußte da in mir die Sehnsucht erwachen, Liebigs Schule als Schüler selbst kennen zu lernen, um jetzt mein eigenes Urtheil abgesehen von jeder Parteilichkeit fällen zu können, dem ich nun, nachdem ich mich 20 Jahre mit Chemie beschäftige, mehr Unbefangenheit zutrauen konnte. Und ich gestehe es ganz offen, daß ich es mir auch vorgenommen habe, bevor ich zu Liebig eintrat, meine Meinung ganz unverhohlen der Wahrheit getreu und ohne Rückhalt sowohl gegenüber dem hohen Ministerium als auch der Oeffentlichkeit auszusprechen, wäre sie auch eine gegentheilige von meinem jetzigen Urtheile geworden. Ich wollte durchaus nicht ein Nachbeter des Lobes oder Tadels anderer sein, und erkläre es auch offen, daß mein Bericht, den ich erstatte, ein vollkommen wahrheitsgetreuer ist. Ich werde daher außer meiner Verwendung hier in Gießen auch Liebig, dessen Laboratorium und dessen ganze Thätigkeit und Lehrmethode dem offenen Laufe meiner Feder übergeben.

Als ich zu Liebig kam, dessen persönliche Bekanntschaft ich bereits vor einigen Jahren machte, wurde ich von ihm sehr freundlich empfangen mit der Frage, "womit er mir in Gießen dienen könne", worauf ich gleich bat, mich als seinen Zuhörer aufzunehmen und einen Arbeitsplatz in seinem Laboratorium anzuweisen. Liebig ließ mir sogleich einen Sessel in seiner Nähe am Vorlesetisch anweisen und übergab mir den ersten und zweiten Arbeitsplatz, über dessen Verwendung ich später sprechen werde. Außerdem gab Docent und erster Assistent Liebigs, Dr. Strecker[223], eine Semestralvorlesung blos über Liebigs organische

---

[221] Zur Bedeutung der Tätigkeit Liebigs auch innerhalb der Lehrkanzelentwicklung der Gießener Universität: *Baumgarten* (1988), 118-121.

[222] Als Reaktion auf Liebigs Kritik an den Chemikern Österreichs entstand eine Fehde. - Kernbauer (1984), 20-22.

[223] Adolph Friedrich Ludwig Strecker (1822-1871) war ab 1848 Privatdozent für Chemie an der Universität in Gießen, von 1851-1860 Professor der Chemie an der Universität Christiania und danach an der Universität Tübingen. Im letzten Lebensjahr wurde Strecker als Nachfolger Johann Joseph Scherers, der als erster einen Lehrstuhl für klinische Chemie innehatte, an die Universität Würzburg berufen. - *Poggendorff* II, Sp. 1024-1025; III, 1304. - *ADB* 36, 555-560. - *Hock* (1957), 295. - *Partington* 4 (1972), 335.

Chemie, zu denen ich mich ebenfal[l]s als Zuhörer aufnehmen ließ, so wie auch zu Streckers Vorlesungen über Chemie der Erde. So weit der Zweck meines Hierbleibens, und beschloß, auch nicht früher als Liebig von Gießen zu gehen.

Liebig, dessen Laboratorium und Lehrmethode.

Es würde so Manchem überflüßig scheinen, über Liebigs Persönlichkeit etwas zu sagen, allein, abgesehen von allem, habe ich es mir vorgenommen, meine Meinung in Allem, also auch in dieser Beziehung, ohne mich auf das Urtheil anderer umzusehen, auszusprechen.

Liebig feiert gerade in diesem Semester seine 25jährige Thätigkeit als öffentlicher Lehrer der Chemie (er ist im 50. Lebensjahre). Als Privatmann Liebig kennen zu lernen, hatte ich genug Gelegenheit. Er ist so wie als Familienvater, so auch im Umgange und in seinen Handlungsweisen ein äußerst charaktervoller Mann, meist sehr ernst, oft sehr tiefsinnig, ja kummervoll oft sein Ausdruck vor Sorgen, die ihm stets seine wissenschaftlichen Arbeiten machen, denn es ist wahrhaft aufmunternd und anregend für Jeden, wie sehr Liebig an dem Wohl der Wissenschaft und an der Wahrheit liegt. Liebig kann sich auch geirrt haben, aber gelogen hat er gewiß nie, Liebig kann auch gefehlt haben und hat es auch, allein er ist es gewiß, der auch seine Fehler gerne selbst eingesteht. Wer nichts arbeitet, der fehlt auch nie und irrt sich nie. - Wer über nichts nachdenkt und keine Erklärungen sucht, irrt sich nie, wer aber so geistreich die Thatsachen zur Theorie benützt, wer die Erscheinungen der Natur so tief durchdenkt und mit offener Meinung bespricht wie Liebig, der kann sich auch manchmal geirrt haben, er wird aber selbst da und besonders in der Eigenwiderlegung belehrend und anregend. Liebigs Wille für die Wissenschaft ist immer der beste, kann er nicht direkt belehrend wirken, so wirkt er anregend, dieß ist meine feste Ueberzeugung. Liebig hat gar keine Feinde in Gießen, sein Umgang auch mit seinen nächsten Freunden ist selten, er widmet seine ganze Zeit der Wissenschaft mit Ausnahme des Abends und Sonntags, an dem das Laboratorium geschlossen ist. Liebig sagt: "Der Sonntag muß so wie jedem Arbeitenden auch dem Chemiker ein Ruhetag sein, um neue Kräfte für die nächste Woche zu sammeln, so wie die Nacht für den Tag und die Ferien für das nächste Semester nothwendig sind." -

Liebig sprach oft mit mir über unsere Verhältnisse und sprach sich sehr entschieden aus, weßhalb er lieber in Gießen als in Wien Professor sein wolle. Er sagte unter Anderem: "Ruhe ist die erste Bedingung zum Arbeiten, in Wien müßte ich auf diese Verzicht leisten, somit auch auf das Arbeiten." Unter Anderem wären es eine Menge Feinde, die er hier habe, die ihn in seiner nothwendigen Ruhe stören würden. Liebig und seine Assistenten sprachen sich oft darüber aus, daß es ein Unglück sei, wie die so wichtige Elementaranalyse, dieser von Liebig der allgemeinen organischen Chemie gelegte Grundstein, von vielen gemißbraucht werde und als Mittel zu gelehrt scheinenden Spiegelfechtereien und Irrthümern benützt wird, indem nur eine mit voller Genauigkeit und der sichersten Ueberzeugung von der Reinheit eines Körpers angestellte Analyse zu einer richtigen, für die Wissenschaft brauchbaren Formel führen kann.

Das Laboratorium Liebigs in Betreff seiner Lokale und inneren Einrichtung zu beschreiben, erscheint mir überflüßig, da eine genaue Beschreibung desselben so wie der Plan desselben in einer eigenen Broschüre: "Liebigs chemisches Laboratorium zu Gießen"[224] erschienen ist, und will daher nur einiges Neuere so wie einige Bemerkungen besonders in Betreff der hier stattfindenden Geschäftsordnung hinzufügen. Das Laboratorium sammt Auditorium nimmt den ganzen ebenerdigen Trakt, der in dem isoli[e]rten von einem Garten fast umgebenen Hause Liebigs ein, welches sich am Rande der Stadt auf einer Anhöhe befindet. Liebig bewohnt den obern Stock des Hauses. An das schöne Auditorium für etwa 200 Zuhörer schließt sich das erste große Laboratorium an, während jenes auch einen zweiten Eingang für die Zuhörer vom Vorgarten hat. Im ersten Laboratorium, wo ich den ersten und zweiten Arbeitsplatz einnahm, sind 24 Arbeitsplätze. Von hier führen 2 Gänge in 2 getrennte Trakte, das zweite Laboratorium für circa 18 Arbeiter und anderseits zum Bibliothekzimmer, dann dem Waagenzimmer. Aus dem zweiten Laboratorium führt ein Gang zu mehreren kleineren Lokalitäten, Materialkammer etc., dann Präparatenzimmer, Liebigs Handlaboratorium und neben an dessen Studierzimmer, in ersterem arbeitet auch Strecker, der Liebig stets zur Seite steht, während Fleitmann[225] stets in den 2 großen Laboratorien besonders fast den ganzen Tag mit Herrichtungen zu den Experimenten der nächsten Vorlesung beschäftigt ist. Endlich befinden sich noch seitwärts 2 Seitenlaboratorien mit verschiedenen besonderen Einrichtungen. So wie vor dem Hause ein offener Säulengang gleichsam auf die Gasse hinaus reicht, auf welchem ebenfalls gearbeitet wird.

Als neue Einrichtungen sind zu bemerken: 1. Ein an der Wand des Bibliothekszimmers hängendes allgemeines Wasserbad, in welchem für jeden Arbeitsplatz eine Abtheilung sich befindet, es wird durch den Dampf des Dampfkessels im 2. Laboratorium geheizt. 2. Im 2. Laboratorium ein Muffelherd[226] zu den Aschenanalysen (ein gleicher auch in einem Seitenlaboratorium gegen die Gasse.) Ich habe mir von beiden Einrichtungen genaue Zeichnungen mit genauer Zuhilfennahme des Zollstabes verfertigt. Sämtliche Einrichtungen sind äußerst zweckmäßig und für alles ist gesorgt.

Die Geschäftsordnung ist folgende: Es ist jedem Arbeitenden gestattet, von 7 Uhr Morgens bis 6 Uhr Abends zu arbeiten; die gewöhnlichen Arbeitsstunden

---

[224] Das Laboratorium Liebigs war im Jahre 1839 renoviert worden. Der Baumeister J. P. Hofmann war der Vater des Chemikers A. W. Hofmann und Autor dieser von Heller angesprochenen Broschüre. - *Hofmann* (1842).

[225] Th. Fleitmann hatte zu dieser Zeit neben der gemeinsam mit Henneberg in Liebigs "Annalen" 65 (1849), 304, erstellten Arbeit einige weitere Forschungsergebnisse veröffentlicht: *Fleitmann*: Untersuchung der unorganischen Bestandteile in den festen und flüssigen Exkrementen des Menschen. Poggendorffs Annalen der Physik und der Chemie 76 (1849), 376-390. - *Fleitmann*: Ueber die verschiedenen Metaphosphorsäuren und zwei neue Säuren derselben Verbindungsproportion. Annalen der Physik und der Chemie 78 (1849), 233-260; 338-365.

[226] Die Konstruktion solcher Öfen bzw. Herde ist beschrieben in: *Handwörterbuch der reinen und angewandten Chemie* 5, 630-631.

sind von 9 Uhr Morgens bis zur Vorlesung, welche täglich außer Sonntags von 11 bis halb 1 Uhr dauert, und von da bis 5 Uhr Abends bestimmt. Nach Uebernahme des Arbeitsplatzes muß jeder Arbeitende alle seine nothwendigen Apparate, Materialien, Präparate, Brennspiritus etc., kurz, was er braucht, sich selbst anschaffen, nur die allergewöhnlichsten Reagentien, dann die größeren Oefen und Kohlen stehen zum allgemeinen Gebrauche da. Der Laborant Stubel[227] besitzt ein eigenes Magazin, in welchem er alle Vorräthe zum Ablasse an die Arbeitenden besitzt. Nach dem Austritte hat man zwar das Recht, alles gekaufte mitzunehmen, schenkt es aber gewöhnlich dem Laboranten (wie auch ich es gethan habe). Die Bibliothek steht jedem gegen den Erlag von einigen Gulden zur Benützung frei. Liebig besucht jeden Arbeitenden an seinem Platze 2 mal täglich zwischen 10 und 11 Uhr vor und 3-4 Uhr nach Mittag, während es jedem unbenommen bleibt, sich zu ihm zu jeder Zeit, um sich Raths zu erholen, in sein Laboratorium zu begeben. Um 5 Uhr ist die Vorlesung Streckers. Zwischen 6-7 Uhr geht man erst zu Tische. Das Honorar für einen Arbeitsplatz per Semester ist 78 fl. und für die Vorlesungen separat 18 fl. 40 x. Es steht jedem frei, sich einen Gegenstand zur Bearbeitung zu wählen. Liebig gestattet jetzt den Zutritt zu den Arbeitsplätzen nur solchen, die bereits Chemiker sind und sich mit seiner Methode bekannt machen wollen, Anfänger nimmt er nicht an, da er nicht Zeit hat, sich mit ihnen abzugeben, jeder muß bereits arbeiten können. Liebig hat in meiner Gegenwart viele zurückgewiesen, trotzdem daß mehrere Arbeitsplätze unbesetzt blieben. Die Anfänger gehen in das Filiallaboratorium des Prof[essor] Will[228], um dort unter dessen unmittelbarer Anleitung zu arbeiten, wovon später. Während bei Will an 40 Schüler arbeiteten, waren wir bei Liebig nur 12.

Die Zeit wird in Allem strenge gehalten, die Vorlesestunden mit einer Glokke bezeichnet, bei deren Ertönen im strengsten Sinn des Wortes Liebig jedesmal an den Vorlesetisch trit[t]. Die Pünktlichkeit ist in Allem musterhaft. Sonntags wird nicht gearbeitet. Liebig bezieht 3000 fl. Pauschale.

Liebigs Vorlesungen. Die Vorlesungen über allgemeine und specielle Experimentalchemie (anorganische und organische)[229], denen ich auch beiwohnte, ohne seit meiner Ankunft eine einzige Stunde versäumt zu haben, habe ich alle genau nachgeschrieben und auch die Apparate und ihre Zusammenstellung zu den Experimenten täglich genau nachgezeichnet, so daß ich jetzt im Besitze eines vollständigen Heftes, das Liebigs Vorlesungen enthält, bin. Liebigs Vorlesungen sind im höchsten Grade ausgezeichnet, sowohl in der Methode als auch in den äußerst zahlreichen Experimenten, die fast ununterbrochen angestellt werden. Liebig experimentiert eigentlich, während er spricht, immerfort. Liebigs Vortrag

---

[227] Leider konnte die Biografie Stubels nicht erhellt werden.

[228] Heinrich Will (1812-1890) war ab 1844 Privatdozent, ab 1845 außerordentlicher und 1852-1882 ordentlicher Professor und Nachfolger Liebigs in Gießen. - *Poggendorff* II, Sp. 1329; III, 2, 1447. - *Hock* (1957), 295-296. - *Partington* 4 (1972), 318.

[229] *Krätz-Priesner* (1983).

ist mit immerwährendem Nachdenken verbunden, worin er manchmal, eine Pause machend, versinkt. Er spricht sehr klar und deutlich, ganz besonders aber so präcis und bündig, daß er es versteht, in Einer Vorlesung enorm viel vorzutragen, ebenso sind seine Experimente, zu denen der Assistent und Laborant alles vorbereitet haben muß, daher diese, besonders erstere enorm angestrengt sind. Solcher Kapitel, von denen es hinreicht, wenn sie gelesen werden, wird nur kurz erwähnt, während alles Wesentliche von Experimenten begleitet im Semester abgehandelt wird. Und das ist einer der größten Vorzüge Liebigs, daß er es versteht, mit Bündigkeit in kurzer Zeit Vieles zu lehren und Vieles zu zeigen, denn seine Experimente, deren er oft mehrere zugleich in den Gang bringt, weiß er mit enormer Fertigkeit anzustellen. Mein Urtheil über den Cursus Liebigs ist, daß er weit über alle anderen hervorragt, so daß man bei uns in Oesterreich gewiß bis zum heutigen Tage noch nie einen ähnlichen Vortrag über die allgemeine Chemie zu hören Gelegenheit hatte. - Nur muß ich die Bemerkung hinzufügen, daß es mir ganz gewiß erscheint, daß Liebigs Vorlesungen als auch die Uebungen im Laboratorium wenig geeignet sind für Anfänger in der Chemie, desto mehr aber für solche, die über die Elemente hinweg sind, und ich kann es aus Ueberzeugung Jedem jungen Chemiker rathen, besonders solchen, die sich dem Lehrfache gewidmet, das Liebigsche Institut auf ein Semester zu besuchen, ich erlaube es mir auch, dem hohen Unterrichtsministerium vorzuschlagen, es zur Regel zu machen, daß jeder Lehramtskandidat[230] der Chemie vor dem Antrit[t] einer Lehrkanzel Liebigs Laboratorium ein Semester hindurch frequenti[e]rt haben müßte, denn ich muß auch Insbesondere herausheben, daß nicht allein die unmittelbare Belehrung es ist, welche nutzbringend wird, sondern ganz besonders die Anregung, die durch Liebigs Eifer, Geist und Gediegenheit fruchtbringend wirken muß.

Meine Verwendung in Gießen.

Den größten Theil des Tages, ja meist den ganzen Tag, brachte ich im Laboratorium Liebigs zu, und zwar von 7 oder 8 Uhr des Morgens bis 6 oder 7 Uhr des Abends. Ich arbeitete fortwährend an meinem Arbeitsplatze mit Ausnahme der Vorlesungsstunden (um 11 Uhr) und Streckers (um 5 Uhr), denen ich ebenfalls täglich beiwohnte. Zwischen 6 und 7 Uhr gieng ich erst zum Essen. Diese Zeiteintheilung war die regelmäßige für den ganzen Sommer bis zum Schluße des Laboratoriums am 5. September, wo ich mit Liebig zugleich in dessen Gesellschaft bis Frankfurt abreiste. Von 1/2 7 bis 1/2 8 Uhr Morgens frequenti[e]rte ich gewöhnlich die medizinische Klinik Julius Vogels[231], wenn neue Kranke aufgenommen wurden.

---

230 Gemeint ist damit in erster Linie wohl die Lehrtätigkeit im tertiären Bildungsbereich.

231 Julius Vogel (1814-1880) promovierte 1838 in München, habilitierte sich zwei Jahre später in Göttingen, wo er 1842 außerordentlicher Professor und Mitdirektor des von Rudolf Wagner errichteten physiologischen Instituts wurde. 1846 ging er als Ordinarius nach Gießen, 1855 als Professor der speziellen Pathologie und Therapie nach Halle. Vogel publizierte nach seiner "Anleitung zum Gebrauch des Mikroskopes zur zoochemi-

Meine Arbeiten an meinem Arbeitsplatze waren dreierlei.

1. Dem Hauptzweck meines Hierseins entsprechend machte ich alle analytischen Methoden Liebig[s] Uebungsweise durch, sowohl die organische Elementaranalyse in allen ihren Modifikationen der stickstoffhaltigen und stickstofffreien, der festen, flüßigen und flüchtigen Körper durch, als auch die Aschenanalyse nach Liebigs neuester Verbesserung, besonders mit Anwendung des Muffelofens. Denn ich betrachtete den Zweck meines Aufenthaltes nicht, um Neues zu schaffen, sondern um hier Neues zu lernen. Demnach konnte ich jedoch zwei originellen Gegenständen meine Thätigkeit zuwenden und stellte.

2. Eine genaue Untersuchung und Analyse über die Zusammensetzung des vorzüglich bei Rheumatismus sich durch Erhitzen aus dem Harn ausscheidenden Körpers[232], den ich bereits durch längere Zeit sammelte und auch durch einen Fall auf Vogels Klinik vermehrte. Ich kam zu dem wichtigen Resultate, daß dieser Körper dieselbe Zusammensetzung wie die Knochen besitzt, auch die Phosphorsäure in demselben Verhältnisse zur Kalkerde steht wie in den Knochen. 3 $CaOPO_5 + CaCO_2 + MgOPO_5$.

3. Uebergab mir Liebig eine Masse Kohlenoxydkalium[233], um die von mir bereits früher entdeckte Rhodizonsäure[234] und ihre Salze neuerdings in Arbeit zu

---

schen Analyse und zur mikroskopisch-chemischen Untersuchung überhaupt", Leipzig 1841, gemeinsam mit Neubauer mit der "Anleitung zur qualitativen und quantitativen Analyse des Harns, sowie zur Beurtheilung der Veränderungen dieses Secrets mit besonderer Rücksicht auf die Zwecke des praktischen Arztes: Zum Gebrauche für Mediciner und Pharmaceuten", Wiesbaden 1854, das am weitesten verbreitete Fachlehrbuch, das in den Jahren 1910-1913 die 11. Auflage erlebte, 1863 in englischer und 1877 in französischer Sprache erschien. - *Pagel*, Sp. 1780-1781. - *Hirsch* 5, 785-786. - *ADB* 40, 114-115.

[232] Von Interesse scheint die Äußerung Lehmanns zu diesem Forschungsproblem zu sein: Er bezeichnete das Wissen über den Zusammenhang zwischen Erkrankungen und Veränderungen im Harn insgesamt noch als Stückwerk. - *Lehmann* 2 (1853), 410.
Einen historischen Überblick über Grundsätzliches sowie weiterführende Literatur bei: *Büttner* (1990), 268-285.

[233] *J. Liebig*: Ueber das Verhalten von Kohlenoxyd zu Kalium. Annalen der Pharmacie 11 (1834), 182-189.

[234] Heller publizierte mehrfach über diesen Gegenstand, den er erstmals im Jahre 1837 als Dissertation behandelt hatte, die zuerst als selbständige Publikation im Druck erschien. Heller trug darüber 1837 in der chemischen Sektion der Prager Naturforscherversammlung vor; im selben Jahr erschien in Liebigs "Annalen" eine Kurzfassung: *J. Fl. Heller*: Über die Rhodizonsäure, eine neue Oxydationsstufe des Kohlenstoffs, und die Krokonsäure, dann die Salze beider, Prag 1837. - *J. F. Heller*: Die Rhodizonsäure, eine aus den Produkten der Kaliumbereitung gewonnene neue Säure. Annalen der Pharmacie 24 (1837), 1-14. - *J. F. Heller*: Ueber eine leichtere Darstellung der Rhodizonsäure, ihre Eigenschaften und Zusammensetzung. Annalen der Chemie und Pharmacie 34 (1840), 232-234. - Justus Liebig fügte der in seinen "Annalen" im Jahre 1837 erschienen Abhandlung eine Bemerkung hinzu, in der er dem Chemiker Heller nicht gerade das beste Zeugnis ausstellte: "Die vorstehenden Versuche haben den Zweck, uns über die Natur der sogenannten Rhodizonsäure zu unterrichten, allein dieser Zweck ist meiner Meinung nach nicht erreicht. ... Was nun die Zusammensetzung der Rhodizonsäure betrifft, so

nehmen. Eine Arbeit, die mich wieder mit neuen Resultaten lohnte, indem ich die Darstellung der Rhodizonsäure verbesserte und eine Reihe neuer Doppelsalze auffand. Beide Abhandlungen, sobald sie ganz beendigt werden, übermachte ich Liebig zur Veröffentlichung in seinen Annalen[235]. Ich stellte eine Reihe von rhodizonsauren Präparaten dar, deren Hälfte ich Liebig für seine Präparaten-Sammlung übergab, die andere Hälfte nach Wien mitnahm. -

Liebig widmete dieser meiner Arbeit mit Vorzeigung meiner Präparate eine Vorlesestunde und erlaube mir, hier seine eigenen Worte stenographisch anzuführen. "Gmelin[236] entdeckte die Krokonsäure in den Produkten bei der Kaliumbereitung und fand auch Kleesäure. Ich war früher der Meinung, daß aus dem Kohlenoxydkalium gleich krokonsaures und kleesaures Kali entsteht, man erhält es auch, allein später hat Heller aus Wien, der eben hier ist, die Rhodizonsäure entdeckt und hat mich wiederlegt, indem er zeigte, daß aus dem Kohlenoxydkalium zuerst rhodizonsaures Kali entsteht und dann, daß dieses erst sich in oxalsaures und krokonsaures Kali zerlegt. Die Rhodizonsäure ist einer der interessantesten Körper der organischen Chemie. Die Salze, die Heller eben hier darstellte, sind so prachtvoll, daß ich sie bisher noch nie so gesehen, und ist Heller gerade jetzt mit den Analysen beschäftigt. Ein höchst interessanter Gegenstand und verdienstvolle Arbeit."

Ferner mußte ich Liebig meine neue Reaktion auf Jod zeigen, so wie das Uroglaucin und Urrhodin, beide von mir im Harnstoffe entdeckten Farbstoffe, die er in seine[r] Präparatensammlung aufstellte. Liebig schenkte mir ein Sortiment verschiedener schöner organisch-chemischer Präparate (so auch Strecker).

Die Präparatensammlung ist die reichhaltigste von allen, die ich sah und die es wohl gibt, wenigstens an den organisch-chemischen Verbindungen, von denen man wohl Hunderte nur hier zu sehen Gelegenheit hat, ich habe daher viele Stunden der Präparatensammlung gewidmet, die mir sowohl Liebig als auch Strecker

---

kann man mit positiver Gewißheit behaupten, dass die Zahlen, welche Hr. Heller erhielt, nicht richtig sind; ...

Ich habe die Versuche des Hrn. Heller vielleicht strenger beurtheilt, als sie bei einer ersten Arbeit verdienen; allein bei einem Manne, wie Hr. Dr. Heller, welcher Liebe zur Wissenschaft und Ausdauer und Fleiss verbindet, ist es von der grössten Wichtigkeit, dass er gleich vom Anfang an den rechten Weg erkennen lernt - welcher allein zu bleibenden und werthvollen Resultaten führt." - *J. L[iebig]*: Zusatz. Annalen der Pharmacie 24 (1837), 14-17.

[235] Diese Arbeiten sind allerdings nicht in dieser Zeitschrift erschienen.

[236] Leopold Gmelin (1788-1853) absolvierte die akademische Laufbahn an der Universität Heidelberg als Dozent (1813), außerordentlicher (1814) und ordentlicher Professor (1817-1851). Er publizierte in Poggendorffs Annalen IV, 1825, seine "Untersuchung über die Krokonsäure". - *Poggendorff* I, Sp. 915-916. - *NDB* 6, 480-481. - *DSB* 5, 429-433. - *Partington* 4 (1972), 181-182. - *Becke-Goehring u.a.* (1990) 333-337.

sehr bereitwillig zeigten. Die Aufstellung in einem eigenen, bloß hiezu bestimmten und separi[e]rtem Zimmer ist sehr zweckmäßig.

Die Vorlesungen Streckers (bereits Professor in Christiania[237]) täglich um 5 Uhr nach Mittag besuchte ich ebenfal[l]s das ganze Semester hindurch in Liebigs Laboratorium. Sie sind eine Copie von Liebigs Vorlesungen über spezielle organische Chemie oder die Chemie organischer Verbindungen. So sehr ausgezeichnet der Gegenstand ist der mehr theoretischen als experimentellen Vorträge, so bedauernswerth schlecht ist der Vortrag des höchst ausgezeichneten und bereits auch verdienstvollen Docenten Dr. Strecker. Ebenso besuchte ich die Vorlesungen Streckers alle Donnerstage über die Chemie der Erde. Auch die Vorlesungen Prof[essor] Knapps[238] über chemische Technologie verdienen eine ausgezeichnete Erwähnung, ich konnte sie aber nicht regelmäßig besuchen, da meine ganze Tageszeit in Anspruch genommen war, sie sind übrigens mehr mit gewerblicher Beziehung gehalten.

Prof[essor] Buffs[239] Vorlesungen über Physik sind sehr ausgezeichnet und besonders seine Fertigkeit im Experimenti[e]ren. Staunenswerth aber wegen seines Reichthums ist ebenso wie Liebigs Laboratorium das schöne physikalische Kabinet[t], welches ein so kleines Land, wie Darmstadt[240] ist, doti[e]rt, was der Regierung große Ehre macht.

Ebenso ausgezeichnet sind die Vorlesungen von Prof[essor] Hermann Kopp[241] über Mineralogie, Krystallographie. Kopp ist ein sehr ausgezeichneter, vielseitig wissenschaftlich gebildeter Mann.

---

[237] "Christiania" war von 1624 bis 1924 der Name der norwegischen Hauptstadt.

[238] Friedrich Ludwig Knapp (1814-1904) studierte in Gießen und Paris Chemie, war ab 1838 Privatdozent, ab 1841 außerordentlicher und ab 1848 ordentlicher Professor der technologischen Chemie in Gießen. Knapp war mit Liebigs jüngster Schwester Elise verheiratet. Die folgenden Stationen seines Wirkens waren: 1853-1863 München, wo er zugleich bis 1861 die Porzellanfabrik Nymphenburg leitete; 1863-1889 Technische Hochschule Braunschweig. In den vierziger Jahren hatte Knapp ein Schnellverfahren der Essigherstellung veröffentlicht, die Schwerpunkte der wissenschaftlichen Tätigkeit nach der Jahrhundertmitte galten den Produktionsverfahren des Porzellans, der Gerberei, schließlich dem Mörtel. - *Poggendorff* I, Sp. 1278-1279; III, 1, 728. - *NDB* 12, 151. - *Universität Gießen* 1, 436.

[239] Heinrich Buff (1805-1878) war nach seiner im Jahre 1834 begonnenen Tätigkeit als Lehrer der Physik, Maschinenlehre und mechanischen Technologie an der höheren Gewerbeschule in Kassel ab 1839 Professor der Physik an der Universität Gießen. - Poggendorff II, Sp. 337-338; III, 1, 213. - *NDB* 3, 8-9. - *Universität Gießen* 1 (1907), 427.

[240] Offensichtlich entsprach die Nennung der Hauptstadt anstelle des Landes dem damaligen Sprachgebrauch.

[241] Hermann Kopp (1817-1892) war ab 1841 Dozent, ab 1843 Extraordinarius und ab 1853 Ordinarius der Physik und Chemie an der Universität Gießen; nach 1864 war er an der Universität Heidelberg tätig. - *Poggendorff* I, Sp. 1304-1305; III, 1, 742-743. - *NDB* 12, 567-568. - *DSB* 7, 463-464.

Das Filiallaboratorium des Liebigschen Institutes unter der Leitung des a[ußerordentlichen] Prof[essors] Will befindet sich in einem andern Hause in der Nähe Liebigs. Es ist nur mit lauter Arbeitsplätzen eingerichtet ohne besonderen größeren Vorrichtungen. Es ist dieß Laboratorium für die eigentlichen Studenten und Anfänger in der analytischen Chemie bestimmt. Es wird jeder, der zu Liebig kommt und nicht bereits in der Chemie geübter ist, von ihm dahin an Will gewiesen, der im Sinne Liebigs dieses Praktikum führt, an dem gegen 40 Schüler theilnehmen. Wills Tüchtigkeit namentlich als praktischer Lehrer ist allgemein anerkannt.

Medizin. Das allgemeine Krankenhaus ist ein schönes, freistehendes Gebäude gleich neben dem Laboratorium Liebigs. Die innere Einrichtung bietet nichts besonderes, nur verdienen die Extrazimmer (analog unserem 3 Guldenstock) eine weit rühmlichere Erwähnung, sie sind viel schöner, größer, bequemer und eleganter eingerichtet; ich hatte auch genug Gelegenheit, die sehr gute Verpflegung zu sehen, indem Herr Kraus[242], Konceptspraktikant des Wiener k.k. Unterrichtsministeriums, einige Wochen ein solches Zimmer auf seiner Durchreise als Patient einnehmen mußte, den ich oft besuchte.

Die Klinik Julius Vogels befindet sich hier, so wie die chirurgische Klinik Wernhers[243]. Erstere besuchte ich fleißig um 1/2 7 Uhr Morgens, und habe alle Kranken gesehen, die dieß Semester hindurch aufgenommen wurden. Julius Vogel ist ein ausgezeichneter klinischer Lehrer, sowohl am Krankenbett als auch an der Kanzel gefiel er mir sehr gut, und ich könnte ihm nur sehr wenige zur Seite stellen. Er gehört ganz der neuen Schule an, ist sowohl mit dem Stethoskop, ganz besonders aber mit dem Mikroskop und auch mit dem chemischen Apparate mehr vertraut als die meisten Kliniker. Ich stellte mit ihm auch eine Blutanalyse von einem interessanten Falle von Leukemie (!) an. Es bietet eine so kleine Stadt wie Gießen (von 8000 Einwohnern) zu wenig Materiale für den klinischen Unterricht, so waren im Semester nur 11 pathologisch-anatomische Sektionen, so viel als in Wien an Einem Vormittage. Die pathologisch-anatomischen Sektionen macht ebenfalls Vogel selbst, wie er zugleich Professor der pathologischen Anatomie ist, in welchem Fache er bereits, bevor er Kliniker wurde, Ausgezeichnetes geleistet hatte. Ueberhaupt verdient das vielseitige und ausgezeichnete Wissen so wie die Bescheidenheit Vogels die volle Anerkennung, es ist

---

242 Möglicherweise handelte es sich dabei um den späteren Hofsekretär Ignaz Kraus. - *Beamten-Adressbuch* (1853), 168.

243 Adolph Wernher (1809-1883) war ab 1835 außerordentlicher Professor und Assistenzarzt der chirurgischen Klinik in Gießen und wurde 1837 zum ordentlichen Professor und Direktor der chirurgischen Klinik ernannt. Sein "Handbuch der allgemeinen und speziellen Chirurgie" erschien in Gießen in den Jahren 1846 bis 1857. - *Pagel*, Sp. 1837-1838. - *Hirsch* 5, 907-909. - *ADB* 42, 80-81.

nur zu bedauern, daß er sich nicht an einer größeren medizinischen Lehranstalt befindet.

Ich habe mich hier in Gießen ganz sattsam so wie an anderen ähnlichen Universitäten überzeugt, daß zum medizinischen Unterrichte nur große Städte geeignet sind.

Das anatomisch-physiologische Institut Bischoffs[244] ist einer ganz besonderen Erwähnung werth, sowohl wegen der Schönheit des ganzen, erst vor Kurzem fertig gewordenen Gebäudes und der inneren Einrichtung wegen als auch der ausgezeichneten Thätigkeit, die hier unter Bischoffs anerkannter Tüchtigkeit herrscht.

Das Gebäude befindet sich ebenfalls ganz am Rande der Stadt und isoli[e]rt wenige Schritte vom Liebigschen Laboratorium. Das Gebäude in Hufeisenform gebaut, bietet, außer den sehr großen Sälen für das Museum mehr als nöthige Räumlichkeiten zu den verschiedenen Arbeiten. Es wurde die Angabe des Baus Bischoff ganz überlassen, daher auch diese Zweckmäßigkeit. Das Museum ist besonders reich an den ausgezeichneten Präparaten Bischoffs, die Entwicklungsgeschichte betreffend, in deren Lehre wohl Bischoff als der Erste bekannt ist[245]. Wir sehen somit abermals ein so ausgezeichnetes Institut an einer Universität eines so kleinen Landes. -

Wissenschaftliche Vereine sind zwei hier, von denen aber der eine gar nicht viel Interesse bietet, nemlich der allgemein[e] wissenschaftliche Verein[246], er wird sehr wenig oder gar nicht von den Ausgezeichnetsten besucht. Dann der "Sonderbund"[247]. Ein Verein, blos für Naturwissenschaften. Dieser Verein wird von den ausgezeichneteren, besonders jüngeren Kräfte unterstützt, und es wurden hier gute Vorträge gehalten.

---

244 Theodor Ludwig Wilhelm Bischoff (1807-1882) habilitierte sich 1834 in Bonn, wurde 1836 in Heidelberg als Extraordinarius und 1843 als Ordinarius für Anatomie und Physiologie bestellt. 1843 ging er nach Gießen, wo er ein neues anatomisches und physiologisches Institut begründete und neben seinem Freund Justus Liebig viel zum Ruf der Universität Gießen beitrug. 1854 wurde er nach München berufen. Der Schwerpunkt seiner wissenschaftlichen Tätigkeit lag auf dem Gebiet der Embryologie. - *Pagel*, Sp. 185-187. - *Hirsch* 1, 550-553. - *NDB* 2, 264-266. - In seiner Gießener Zeit entstand das Buch "Der Harnstoff als Maass des Stoffwechsels", Gießen 1853, das an das im Jahre 1842 erschienene Buch Liebigs "Die Organische Chemie in ihrer Anwendung auf Physiologie und Pathologie" anschloß. - Freundlicher Hinweis von Prof. DDr. Johannes Büttner.

245 Im Jahre 1842 veröffentlichte er beispielsweise eine "Entwickelungsgeschichte der Säugetiere und des Menschen".

246 Die Festschrift des Jahres 1907 nimmt darauf keinen Bezug. - *Universität Gießen* (1907).

247 Der "Sonderbund" wurde 1847 von Dozenten der Universität zum Zweck des wissenschaftlichen Austausches begründet. - *Universität Gießen* (1907), 401.

Man sollte glauben, daß in einer so kleinen Stadt wie Gießen, die so wenig Zerstreuungen bietet, alles, was die wissenschaftlichen Leute zusammenbringen kann, mit Vergnügen ergriffen werde, daß also solche Vereine fleißig besucht werden, allein dieß ist durchaus nicht der Fall. Die Sitzungen werden von paar Personen nur gehalten. Nie ist mir eine solche Geselligkeitslosigkeit vorgekommen wie hier in Gießen; jeder bleibt für sich, keine Gesellschaften und wenig Umgang, aber viel Fleiß, Solidität und Biederkeit unter den Professoren, die trotzdem, daß sie wenig zusammenkommen alle unter einander gut sind, es herrscht Einheit und Friede hier unter allen, *während in Wien die medizinische Fakultät allein genug des Unfriedens bietet.* -

Die Studentenschaft. Die Universität Gießen zählt 700 Studenten aller Fächer, von denen 200 allein der Chemie zufallen. Es sind mit Ausnahme der Chemiker fast durchaus Deutsche. *Da ich mich hier so lange aufhielt, so hatte ich Gelegenheit, das Wesen der sogenannten "deutschen Studenten" etwas mehr kennen und beurtheilen zu lernen.*

Was das Lernen und den Fleiß betrifft, da stehen die Frequentanten der reinen Naturwissenschaften (außer Medizin), namentlich aber die Chemiker obenan. Die Chemiker werden hier als die Tonangeber der Solidität betrachtet, und es isoli[e]ren sich von ihnen die andern Studenten, da sie ihnen zu solid sind. Die bei Liebig inskribi[e]rten behaupten täglich ihre Plätze im Auditorium zunächst, so bei Buff, Will, Knapp und Kopp. Bei allen übrigen ist das sogenannte Schwänzen in der Mode, was besonders in der Medizin, noch dazu bei dem geringen Materiale, das Gießen bietet, sehr bedauerlich ist. Ich habe oft Gelegenheit gehabt zu staunen, wie wenig die Gießner Mediziner nach absolvi[e]rten Studien wissen, besonders gegenüber den unseren. Die Theologen sind in der Regel hier wie fast überall im Auslande die liederlichsten Studenten.

Alle Studenten mit Ausnahme der eigentlichen Chemiker sind in Burschenschaften getheilt. Das Tragen von verschiedenen Bändern mit Kappen bezeichnet die verschiedenen Bursche. Duelle sind hier im strengsten Sinne des Wortes an der Tagesordnung in dem sogenannten Philosophenwäldchen. Im ganzen Semester vergeht kein Tag, wo nicht meist mehrere, oft 4-6 Duelle statt fänden, wo die Leute, abgesehen davon, daß sie sich verstümmeln und viele Wochen oft das Zimmer hüten müssen, anderseits wieder als Zuseher enorm viel Zeit verlieren. Das "Pauken" oder "Losgehen" betrachten sie als "Notwendigkeit", um ein Student zu sein. Von 1 oder 2 Uhr an ist das Philosophenwäldchen von einer zahlreichen Menge Studenten täglich belagert. Zweimal habe ich es mir angesehen, um aus Ueberzeugung sprechen zu können, kann aber nicht genug meiner Abscheu über dieses bübische Treiben aussprechen. Die Ursachen sind meist Kleinigkeiten, sehr oft absichtlich hervorgerufen. Es ist mir rein unbegreiflich, daß die Regierungen diesen Unfug dulden können. An den Ferialtagen besuchen sich die Studenten der benachbarten Universitäten aufs "Gastpauken", und so kamen den Sommer hindurch oft Heidelberger und Marburger Studentenschaaren hieher, um zu kneipen und zu pauken.

In polytischer Beziehung herrscht in den hiesigen Studenten so wie in den Nachbaruniversitäten ein sehr schlechter Geist, sie sind fast lauter Republikaner und tragen dieß selbst durch öffentliche Demonstrationen unverhohlen zur Schau. So z.B. besah ich einen Studen[ten]ball von der Gallerie aus. Nur aus Dienstmädchen und gemeinen Dirnen bestanden die Tänzerinnen. Den Saal mit rothen Fahnen und mit Aufschriften "Gleichheit, Freiheit, Brüderlichkeit" versehen. Ein Transparent mit der gleichen Aufschrift und großen rothen Buchstaben sollten den Saal zieren. Die Marseillaise wurde gespielt und gesungen, während des Tanzes u.s.w. Ich erwähnte dieß, um ein Beispiel zu geben, wie es in Deutschland zugeht.

Es zeigt sich somit in dem Wesen der Studentenschaft im Allgemeinen Rohheit und Gemeinheit, so im Benehmen wie in der Kleidung und allem. Es ist dieß ein trauriges Bild, welches für die Keime künftiger Staatsbürger, die den gebildetsten Theil der Bevölkerung ausmachen sollen, dem unbefangenen Beurtheiler bietet.

Die Professoren vermögen hier gar nichts und dürfen sich in die Studentenangelegenheiten gar nicht mischen. Thäte es Einer, so kömmt kein Schüler mehr zu ihm. Ich fand im Gegentheile zu den Studenten die Professoren durchaus sehr gebildet, sehr solid und gelassen, durchaus verschieden von den Gesinnungen der Studenten; ich habe die meisten persönlich kennen gelernt und hatte nur mit ihnen und einigen älteren Chemikern Umgang. Ich lernte außer den bereits näher erwähnten Liebig, Bischof[f], Vogel, Will, Knapp, Kopp, Buff auch den Geognosten Dief[f]enbach[248]*, Osan[n]*[249] *(bei dem ich wohnte), Leu[c]kart*[250]*, Wernher, Baur*[251]*, Wint[h]er*[252]*, Zam[m]iner*[253]*, Carriere*[254]*, Wetter*[255]*, Rit-*

---

[248] Ernst Dieffenbach (1811-1855) leitete 1839-1842 eine naturhistorische Expedition nach Neuseeland, habilitierte sich 1849 für Mineralogie und war ab 1850 außerordentlicher Professor der Geologie und Direktor der geognostischen Sammlung in Gießen. - *Poggendorff* I, Sp. 568. - *ADB* 5, 120. - *Universität Gießen* 1 (1907), 422-423.

[249] Friedrich Gotthilf Osann (1794-1858) hatte sich in Berlin habilitiert, war 1821 als Extraordinarius der Philologie an die Universität Jena gekommen, wo er 1825 zum Ordinarius und Direktor des philologischen Seminars befördert wurde. 1827 wurde er nach Gießen berufen. - *ADB* 24, 459-461. - *Universität Gießen* 1 (1907), 448.

[250] Karl Georg Friedrich Rudolf Leuckart (1822-1898) studierte in Göttingen Medizin und Naturwissenschaften und habilitierte sich 1847 dort. 1850 wurde er Extraordinarius, 1855 Ordinarius der Zoologie in Gießen, 1869 wechselte er an die Universität Leipzig. - *NDB* 14, 372-373. - *Universität Gießen* 1 (1907), 440.

[251] Der Theologe Gustav Adolf Ludwig Baur (1816-1889) war ab 1847 Extraordinarius, ab 1849 Ordinarius in Gießen und ging später nach Hamburg. - *ADB* 46, 266-270. - *Universität Gießen* 1 (1907), 417.

[252] Ludwig Franz Alexander Winther (1812-1871) studierte in Gießen Medizin, wo er ab 1842 Privatdozent, ab 1848 Extraordinarius und ab 1867 Ordinarius der allgemeinen Pathologie und pathologischen Anatomie war. - *Universität Gießen* 1 (1907), 466. - *Hirsch* 5, 965-966.

[253] Friedrich Georg Karl Zamminer (1817-1858) war ab 1843 Privatdozent und Extraordinarius der Mathematik und Physik an der Universität Gießen. - *Poggendorff* II, Sp. 1392. - *ADB* 44, 677-678. - *Universität Gießen* 1 (1907), 466.

[254] Philipp Moritz Carriere (1817-1895) war seit 1849 außerordentlicher Professor der Philosophie an der Universität Gießen; 1887 ging er nach München. - *NDB* 3, 158-159. -

gen[256], *Wilbrand*[257], *Phöbus*[258], *und Ettling*[259] *näher kennen. - Auch kamen auf einige Wochen die Professoren Graham*[260] *und Hofmann*[261], *dann Kolbe*[262] *(Kolbe aus Braunschweig erhielt den Ruf nach Marburg an Bunsens Stelle, die er nun annahm) und Frankland*[263] *hieher, in deren Gesellschaft ich mich bei Liebig befand.*

Festessen. Gegen Ende des Studiensemesters wurde von den hiesigen Chemikern Liebig zu Ehren wie gewöhnlich alle Jahre ein Festessen veranstaltet, welches

---

Universität Gießen 1 (1907), 421.

255 Johann Baptist Wetter (1812-1883) war ab 1840 als außerordentlicher Professor an der medizinischen Fakultät der Universität Gießen tätig. - *Universität Gießen* 1 (1907), 465.

256 Wahrscheinlich war damit Ferdinand August Max Franz von Ritgen (1787-1867) gemeint, der ab 1814 Ordinarius der Chirurgie und Geburtshilfe und Direktor der Entbindungsanstalt war. - *Universität Gießen* 1 (1907), 451. - *Hirsch* 4, 825-826.

257 Franz Joseph Julius Wilbrand (1811-1894) habilitierte sich 1835, war von da an bis 1844 Prosektor und ab 1843 als Ordinarius der gerichtlichen Medizin und Hygiene an der Universität Gießen tätig. - *Pagel* Sp. 1851. - *Universität Gießen* 1 (1907), 465-466. - *Hirsch* 5, 933.

258 Philipp Phöbus (1804-1880) hatte an der Universität Berlin die akademische Laufbahn begonnen und war in den Jahren 1843-1865 Ordinarius für Pharmakologie an der Universität Gießen. - *ADB* 26, 89-91. - *Universität Gießen* 1 (1907), 449. - *Hirsch* 4, 593-595.

259 Karl Jakob Ettling (1806-1856) war 1834 Assistent am chemischen Laboratorium, ab dem folgenen Jahr Realschullehrer, ab 1846 Privatdozent und ab 1849 Extraordinarius der Mineralogie in Gießen. - *Poggendorff* I, Sp. 687. - *Universität Gießen* 1 (1907), 425.

260 Thomas Graham (1805-1869) war Professor in Glasgow und London und war mit seinen Arbeiten über die Diffusion von Gasen berühmt geworden. - *DSB* 5, 492-495. - *Partington* 4 (1972), 265-270.

261 August Wilhelm Hofmann (1818-1892), der Sohn des Erbauers des Gießener Laboratoriums, war 1845 auf Liebigs Empfehlung Professor in London geworden. Mit seinen Arbeiten zum Anilin begründete er die Teerfarbenchemie. - *NDB* 9, 446-450. - *DSB* 6, 461-464. - *Partington* 4 (1972), 432-446. - *Meinel* (1992).

262 Hermann Kolbe (1818-1884) war 1851 bis 1865 Ordinarius in Marburg, wo er zuvor Assistent Bunsens gewesen war, und wechselte danach an die Universität Leipzig. Als Redakteur des "Handwörterbuchs der reinen und angewandten Chemie" war er 1847 für vier Jahre nach Braunschweig gezogen. - *NDB* 12, 446-451. - *DSB* 7, 450-453. - *Partington* 4 (1972), 502-532. - *Meinel* (1978), 48-140.

263 Heller schrieb "Franklin", meinte aber ganz eindeutig Edward Frankland (1825-1899). Frankland lernte als Assistent Lyon Playfairs Hermann Kolbe kennen, ging mit diesem zu Bunsen nach Marburg, in dessen Laboratorium die beiden 1847 arbeiteten. In den folgenden Jahren brachte er immer wieder einige Zeit in Marburg und in Gießen zu, ehe er 1851 Professor der Chemie am Owens College in Manchester wurde. - *DSB* 5, 124-127. - *Partington* 4 (1972), 500-502.

aber dies Jahr besonders festlich begangen werden sollte, indem es gerade ein Viertelsaeculum ist, seitdem Liebig lehrt. Es wurden die Chemiker vieler andern Universitäten hiezu geladen (auch die Londoner, von denen Graham, Frankland und Hofmann erschienen sind.) Die Tafel bestand aus 40 Chemikern, bloß Professoren und Docenten. Liebig sagte gleich in seiner Erwiederungsrede auf den ersten Toast, der ihm gebracht wurde: "daß es ihn besonders freue, wieder seit so langer Zeit gerade in seinem 25. Lehrerjahre einen der österreichischen Chemiker bei sich zu sehen", *und brachte mir einen Toast.*

Ich brachte Liebig einen Toast, wo ich wenigsten[s] meiner Ueberzeugung gemäß erwähnte, "daß es uns jüngeren allen weh that, welche ungerechten Angriffe Liebig wiederholt gerade aus Oesterreich zu erdulden hatte und glaube ihm die Versicherung geben zu können, daß alle jetzt in Oesterreich lehrenden Chemiker meinem Toaste beistimmen werden."

Meine Aufnahme in Gießen. Ich wurde hier besonders von Liebig und Vogel, mit denen ich den meisten Umgang hatte, auf das freundlichste und gastfreundlichste empfangen. Liebig war sichtlich erfreut, wieder einen Oesterreicher bei sich zu sehen[264]. Oft drückte er sich gekränkt darüber aus, wie er in Oesterreich mißverstanden wurde und welche Angriffe er dafür zu erdulden hatte, daß es ihm darum zu thụn war, anzuregen und die Wissenschaft zu heben, keineswegs irgend einer Person feindlich zu begegnen. *Liebig und Vogel luden mich oft zu sich, und mit beiden abwechselnd machte ich meine Sonntagsexcursionen. So fuhr ich einigemal über den Sonntag mit Liebig nach Frankfurt, auch einmal, um den Sitzungen des Friedenscongresses beizuwohnen; auch die andern Umgebungen, die Bäder etc., wozu er mich stets einlud, um mehr über unser Fach sprechen zu können, denn am Wochentage ist jeder bei seiner Arbeit. Es lag mir viel daran, im Privatgespräche Liebigs Ansichten und Rath öfter in Anspruch zu nehmen und fand oft durch seine Freundlichkeit so viel lohnende Gelegenheit, daß ich stets über eine solche Excursion mich freute.* Liebig billigte vollkommen meine Tendenzen und meine Lebensaufgabe, er sagte öfter, daß er mich um dieses Feld "beneide", daß er aber von den medizinischen Fächern nichts verstehe, sonst würde er gerne selbst in meiner Sphäre arbeiten. Doch wolle er eigens 2 Jahre darauf anwenden, um Vogels und Bischoffs Vorlesungen zu hören und ihre Institute zu besuchen. Er sprach sich sehr billigend über die Tendenz meiner Zeitschrift aus und munterte mich zur Fortsetzung auf, indem er mir den Austausch gegen seine Annalen selbst antrug.

Das Benehmen Liebigs und der Toast, den er mit Beziehung auf mich brachte, beweisen schon die gute Aufnahme, die ich fand, so wie das Geschenk, welches er mir mit den Präparaten machte, endlich aber der Umstand: als ich beim

---

264 Der Zustrom junger österreichischer Chemiker nach Gießen hatte zu Ende der dreißiger Jahre eingesetzt.

Qu[a]estor meine Honorare zahlen wollte, so hatte dieser schon den Auftrag, von mir nichts anzunehmen, was um so bedeutender erscheint, da auch Liebig für alle die Auslagen, die ich ihm durch meine Arbeiten veranlaßte, keinen Ersatz annehmen wollte und mir zuredete, lieber durch die Schweizer Alpen während meines Besuches der Schweizer Universitäten dieß Geld zu einer Erholung zu benützen, bevor ich wieder in Studien nach Paris gehe, wozu er mir besonders rieth, jedoch von London abrieth, da ich ohnehin mit Graham und Hofmann alles das Fach anlangende durch paar Wochen in Gießen besprochen hatte.

So muß ich denn gestehen, daß mich der Gießener Aufenthalt durch so lange Zeit, *trotzdem daß ich von meiner Gattin und meinem Kinde getrennt da leben mußte,* ein höchst lohnender und befriedigender war und den Wunsch in mir erregte, mich von paar zu paar Jahren in der Schule Liebigs, dieser Basis eines jeden speziellen Zweiges der Chemie, also auch der physiologisch-pathologischen Chemie Rathes holen zu können.

IX. **Heidelberg**

Der große Ruf, den Gmelin mit Recht genießt, so wie Henle[265] und dessen ausgezeichnetes physiologisch-anatomisches Institut, waren es hauptsächlich, welche meinen Aufenthalt in Heidelberg bezweckten. Da ich nach meiner Abreise von Gießen Gmelin nicht traf, so hielt ich mich in Heidelberg wieder bei meiner Rückreise von Paris auf, wo Gmelin zugegen war.

Gmelin und dessen Laboratorium[266]. Gmelin ließ mir auf das Bereitwilligste von seinem tüchtigen Assistenten Dr. Bornträger[267], alles, was die Anstalt bietet,

---

[265] Friedrich Gustav Jacob Henle (1809-1885) war ab 1834 als Prosektor bei Johannes Müller tätig, habilitierte sich 1837, ging 1840 als Professor der Anatomie nach Zürich, 1844 als zweiter Professor der Anatomie nach Heidelberg und wechselte 1852 nach Göttingen. - *Pagel* Sp. 716-720. - *Hirsch* 3, 162-165. - *ADB* 50, 190-191. - *Hoepke* (1986), 150-153. - Heller schrieb den Namen "Haenle".

[266] Seit 1818 war das chemische Laboratorium zusammen mit anderen Instituten in den Gebäuden des ehemaligen Dominikanerklosters in der Hauptstraße untergebracht. Der von Leopold Gmelin 1845 geforderte Neubau konnte erst von dessen Nachfolger Robert Bunsen in den fünfziger Jahren ins Werk gesetzt werden. - *Albrecht* (1985), 350-351.

[267] A. Bornträger war Schüler und Assistent Friedrich Wöhlers gewesen und hatte als solcher einige Arbeiten publiziert. *A. Bornträger*: Notiz über das Chamillenöl. Annalen der Chemie und Pharmacie 49 (1844), 243-245. - *A.l Bornträger*: Ueber den Buttersäureäther. Annalen der Chemie und Pharmacie 49 (1844), 359-360. - *A. Bornträger*: Ueber die Rutinsäure. Annalen der Chemie und Pharmacie 53 (1845), 385-389. - Heller schrieb den Namen "Borntreeger".

zeigen, da er selbst durch einen apoplektischen Anfall ans Zimmer gebunden war. Das Laboratorium besteht außer dem anstoßenden Auditorium, welches gut amphitheatralisch gebaut ist, aus mehreren Lokalitäten, welche alle licht, aber nicht dem neuesten Standpunkte gemäß hergerichtet sind, außer dem großen Laboratorium, welches eben ganz neu hergerichtet wurde. Die Arbeitsplätze für etwa 20 Schüler sind zweckmäßig, sonst das Gewöhnliche. Bemerkenswerth und nachahmungswerth, wie ich es noch nirgends sah, ist ein Wasserbad[268] nach Angabe Fresenius's[269], welches ich mir genau abgezeichnet habe. Bemerkenswerth ist die große Präparatensammlung, der ein eigenes Zimmer gewidmet ist. Man findet jedoch die organische Chemie sehr schwach vertreten. Schön sind die Reihen organischer Präparate, die Aufstellung zweckmäßig.

Interessant war mir eine stundenlange Unterredung mit Gmelin, dessen Geist wahrlich zu bewundern ist, er ist bis auf die letzte Zeit in die Wissenschaft eingeweiht, besonders gefielen mir seine Ansichten über den Zustand der jetzigen Medizin und einer gewissen Richtung der allgem[einen] organischen Chemie. Auch er so wie Liebig sagte: "Die physiologische und pathologische Chemie und Anatomie sind die Basis für eine wissenschaftliche Heilkunde."

Delffs[270], Professor für pharmaceutische Chemie, hat sein Auditorium und Laboratorium bei seiner Wohnung, sie sind klein und unansehnlich, allein man sieht bald, daß viel Zweckmäßiges vorhanden ist. Delffs, dessen ausgezeichnetes Compendium der Chemie[271] so wie einige andere Arbeiten meine Aufmerksamkeit auf sich zogen, hat durch seine klaren und rationellen Ansichten über das Studium der Pharmazie und Chemie im Allgemeinen meine volle Aufmerksamkeit auf sich gezogen. So klein sein Laboratorium[272] ist, so findet man nur

---

[268] In seinem Lehrbuch zur quantitativen chemischen Analyse beschrieb Fresenius ein Wasserbad, das von Heller gemeint sein könnte. - Freundlicher Hinweis von Prof. DDr. Johannes Büttner.
Dieses Wasserbad war Fresenius offensichtlich keine eigene Publikation wert, wiewohl von anderen Gelehrten Verbesserungen bekanntgegeben wurden. - *P. Plantamour*: Der Wasserbadtrichter. Poggendorffs Annalen der Physik und der Chemie 67 (1848), 417-418. - Plantamour's Wasserbadtrichter. Journal für praktische Chemie 38 (1846), 253.

[269] Carl Remigius Fresenius (1818-1897) richtete nach seiner Gießener Assistentenzeit in Wiesbaden, wo er 1845 bis 1876 am Landwirtschaftlichen Institut als Professor tätig war, ein analytisches Unterrichtslaboratorium ein. - *Poggendorff* I, Sp. 799-800; III, 474-476. - *NDB* 5, 406-407. - *Partington* 4 (1972), 318.

[270] Friedrich Wilhelm Delffs (1812-1894) absolvierte seine akademische Laufbahn an der Universität Heidelberg, wo er an der medizinischen Fakultät - ab 1853 als Ordinarius für Chemie und Toxikologie - tätig war. - *Poggendorff* I, Sp. 541-542; III 348. - *Becke-Goehring u.a.* (1986), 342.

[271] Gemeint war damit wohl das zweiteilige Werk "Die reine Chemie in ihren Grundzügen dargestellt", das im Jahre 1853 die dritte Auflage erlebte.

[272] Dieses hatte er sich zum Großteil mit privaten Mitteln eingerichtet. - *Becke-Goehring u.a.* (1986), 342.

Brauchbares und keine Ostentationen. Besonders ordentlich und möglichst reich ist seine Präparatensammlung organisch-chemischer Präparate. Ich theilte Delffs vorzüglich meine Ansichten über das Wesen und das Studium der Pharmazie mit, welche er sehr billigte, ich werde im allgemeinen Theile darauf zurückkommen.

Ich fand bei Delffs einige neue und zweckmäßige Apparate, die von jedem Laboratorium angeschafft zu werden verdienen, und zwar ein Filter- und Gläsergestell, einen sehr einfachen Apparat zur schnellen Entwicklung und stets Vorräthighaltung von Gasen[273], was besonders empfehlenswerth erscheint. Eine sehr gute Vorschrift zur Bereitung von reinem Schwefeleisen, besonders zur analytischen Chemie brauchbar. Delffs bereicherte außer durch genaue Angaben über das Oberwähnte auch meine Präparaten-Sammlung durch mehrere organisch-chemische Präparate.

Dr. Hoefle[274], der bekannt wurde durch sein complici[e]rtes Buch, das ihm den Anschein eines Chemikers giebt, ist Docent für Botanik und Pharmakologie; als ich ihn besuchte und ihn bat, er möge mir sein Laboratorium zeigen, sagte er lächelnd, daß er gar keines besitze, ein kleiner Reagenzkasten sei alles, was er hat, er sei nicht Chemiker, sondern Botaniker und Pharmakolog und er habe das Buch, das den viel sagenden Titel: "Die Chemie in ihrer Anwendung aufs Krankenbett etc."[275] führt, "blos aus lange[r] Weile in den Wintermonaten geschrieben." Höfle beschäftigt sich gar nicht mit Chemie und hat früher einige Kleinigkeiten geschrieben. *Es ist doch merkwürdig, wie dreist sich manche Leute über die Herausgabe von Werken machen.* Ich überzeugte mich dann, daß mein spezielles Fach in Heidelberg durch niemanden vertreten ist, obwohl man viel Interesse und Anerkennung zeigt, indem auf den Kliniken die Aerzte die Chemie, so gut sie können, anwenden und wenigstens darnach streben. *Höfles Buch gegenüber seinem Verfasser ist ein schönes Beispiel, wie weit man uns im Auslande auch in der Bücherfabrikation, überhaupt im Schreiben voraus ist.*

Ich glaube, aus der Nacht in das hellste Sonnenlicht zu treten, wenn ich vom letzten Thema zu Henle und dessen physiologisch-anatomisches Institut *überge-*

---

273 Delffs legte einen gegenüber dem von Pepys konstruierten Behälter, der als das beste der Zeit galt, ein verbessertes Gerät vor, das eine geringere Anzahl von Hähnen aufwies, was den Preis senkte und die Haltbarkeit erhöhte. Die Beschreibung des Gerätes findet sich in: - *W. Delffs*: Ueber ein neues, vereinfachtes Gasometer. Poggendorffs Annalen der Physik und Chemie 79 (1850), 429-432.

274 Mark-Aurel Hoefle vertrat die Labordiagnostik, habilitierte sich 1844 an der Universität Heidelberg. Er starb 1855. - *Hirsch* 3, 249. - *Henkelmann* (1986), 51-52. - Heller schrieb den Namen "Höfle".

275 Tatsächlich lautet der Titel: Chemie und Mikroskop am Krankenbette. Ein Beitrag zur medizinischen Diagnostik, mit besonderer Rücksicht auf das Bedürfniß des praktischen Arztes. Erlangen 1848. 2. Aufl. 1850.
Die beiden Auflagen sind ein Hinweis auf die weite Verbreitung dieses Buches, an dem Heller herbe Kritik übte.

he. Dieses nimmt ein großes Gebäude mit Nebengebäuden ein, welches erst seit Einem Jahre gebaut ist. Eine Reihe von Laboratorien und Secierzimmern, ein sehr großartiger Seciersaal, ein sehr schöner und zweckmäßiger Hörsaal, Räumlichkeiten für die verschiedenen anatomischen Zwecke, Maceri[e]ren, Präpari[e]ren etc. sind im großen Ueberfluße und durchaus zweckmäßig errichtet. Besonders ist mir das mikroskopische Laboratorium blos für die Schüler zu praktisch-mikroskopischem Unterricht und Uebungen interessant geworden und wird seiner interessanten Einrichtung wegen nie meinem Gedächtnisse entschwinden, indem dieses Laboratorium jeder Lehranstalt ein wahres Muster sein soll. Nur 2 Schüler arbeiten bei einem Mikroskop und 10 Mikroskope, alle von Oberhäuser, sind in Fenstertischen aufgestellt, während die sie tragenden Arbeitstische oder vielmehr Kästen in zweckmäßigen Fächern und Schubläden alle nothwendigen Instrumente fassen. Auch für nothwendige chemische Untersuchungen ist gesorgt, und auch analytische Waagen stehen zum Gebrauche da. Ueberhaupt ist dieses Institut eines der großartigsten, die ich in und außer Deutschland gesehen habe, und es müßte zu weit führen, wollte ich alle Räume mit ihren Einrichtungen beschreiben. Henle führte mich selbst mit großer Bereitwilligkeit herum und forderte mich auf, nachdem er sich über meine veröffentlichte Methode der Analyse von Harnsteinen lobend aussprach, in seinem Laboratorium in seiner Gegenwart eine Analyse eines Harnsteins zu machen, die ich auch anstellte. Auch übergab er mir das eingetrocknete Gehirn eines vorweltlichen Elephanten mit, zu dessen Analyse er mich aufforderte. Das anatomische Museum, meist so reichhaltig durch Tiedemann[276], ist bereits durch Henle sehr vermehrt worden, ein neuer Saal mit lauter neuen Kästen mit sehr schöner und zweckmäßiger Aufstellung. Jedem muß beim Besuche dieses Institutes die Großartigkeit im Verhältnisse zu dem kleinen Lande, das es errichtet hat, auffallen.

Während meiner Anwesenheit in Heidelberg fand hier die erste Versammlung des süddeutschen Apothekervereines statt, der sich hier zuerst constitui[e]rte[277], und ich wohnte, durch Delffs und Henle eingeführt, der Eröffnung und den Sit-

---

[276] Friedrich Tiedemann (1781-1861) hielt nach Abschluß seines Studiums im Jahre 1804 in Marburg Vorlesungen über Physiologie, vergleichende Osteologie, wurde im folgenden Jahr zum Professor der Zoologie und menschlichen und vergleichenden Anatomie an der Universität Landshut bestellt. 1816 folgte er einem Ruf nach Heidelberg, wo er neben Anatomie auch Physiologie lehrte. Ab 1844 war neben Tiedemann Henle in Heidelberg tätig. - *ADB* 38, 277-278. - *Hirsch* 5, 586-587. - *Hoepke* (1986), 148-149.

[277] Auf dem Leipziger Kongreß vom September 1848 gründete man den allgemeinen deutschen Apothekerverein, der aus zwei Abteilungen, einer norddeutschen und einer süddeutschen, bestand. Die Abteilung Norddeutschland blieb als die ältere in ihrer Form bestehen, die süddeutsche wurde aus sämtlichen Gremien und Vereinen Süddeutschlands gebildet. Im Frühjahr 1850 wurde die erste gemeinschaftliche Direktorialkonferenz in Frankfurt a. M. abgehalten, im September 1850 fand eine stark besuchte Generalversammlung in Heidelberg statt. - Siefert (1967), 56-57. - Nowotny (1962).

zungen bei, in welchen wahrlich ausgezeichnete Vorträge von Pharmazeuten vorkamen, die aus ganz Deutschland, nur aus Oesterreich nicht[278], vertreten waren. Ich habe mich neuerdings überzeugt, wie viel gebildeter im Allgemeinen die auswärtigen Pharmaceuten sind als bei uns[279], so hielt z.B. Dr. Walz[280], Apotheker in Speier (!) einen Vortrag über eine großartige Arbeit über das Digitalin und Gratiolin[281], welches erstere er in 3 neue Körper zerlegte, eine Arbeit, die meisterhaft zu nennen ist. Ich machte die persönliche Bekanntschaft mit mehreren ausgezeichneten Apothekern und hatte sowohl Gelegenheit, manche interessante Aufschlüsse über das auswärtige Apothekerwesen zu erhalten, als ich auch reichlich mit Druckschriften beschenkt wurde.

Die Kliniken waren während meines Hierseins bereits geschlossen, das Krankenhaus bot mir nichts besonders Interessantes oder Bemerkenswerthes dar. Die übrigen medizinischen Professoren waren bereits verreist.

Aufnahme. Die Aufnahme, die ich gefunden, war auch hier eine sehr erfreuliche für mich. Gmelin lud mich zu Tische, eben so Henle, Delffs und Höfle. Unsere medizinische Schule steht auch hier so wie überall in hohem Ansehen, so auch die Prager Universität.

Von Studenten war Heidelberg ganz leer, da die Ferien begannen; es wäre fast überflüßig, über den Geist, der hier unter den Studenten herrscht, etwas zu sagen, sie sind allbekannt und stehen wo[h]l mit den Gießenern in einer Kategorie.

Ich gab mir hier mit Hofmann[282] und Graham *die zwei größten Chemiker Englands*, dann den beiden Assistenten Liebigs[283] eine Zusammenkunft, um ve-

---

[278] An den vorangegangenen Apothekerkongressen des deutschsprachigen Raumes, so etwa im Jahre 1848 in Leipzig, hatten österreichische Pharmazeuten in höchst engagierter Form teilgenommen.

[279] Vergleicht man die Ausbildungssystem der Zeit, so dürfte der Unterschied im durchschnittlichen Bildungsgrad nicht sonderlich groß gewesen sein, wiewohl außerhalb der Donaumonarchie im Vormärz für Einzelpersönlichkeiten ganz gewiß bessere Entfaltungsmöglichkeiten bestanden. - *Kernbauer* (1989), besonders 372-393.

[280] Georg Friedrich Walz (1813-1862) hatte das Studium der Pharmazie und Naturwissenschaften an der Universität Heidelberg 1838 abgeschlossen, sein Habilitationsversuch an dieser Universität scheiterte aus formalen Gründen, worauf er eine Apotheke in Speyer kaufte. Er gründete ein privates pharmazeutisch-chemisches Unterrichtsinstitut. 1852 habilitierte er sich für Pharmazie in Heidelberg, doch scheiterte die Fortsetzung der akademischen Karriere an den Konkurrenzängsten seines Lehrers Gmelin. Walz veröffentlichte eine Vielzahl an Studien zur Phytochemie. - *DAB* 2, 725-726. - Heller schrieb den Namen "Waltz".

[281] Dieser aus der Gratiola officinalis L. gewonnene Bitterstoff fand als Purgiermittel Verwendung.

[282] Heller schrieb den Namen "Hoffmann".

[283] Es waren dies Strecker und Fleitmann.

reinigt nach Basel zu kommen. Da ich sie hier nicht mehr erwarten konnte, so eilte ich nach Basel und übersprang Freiburg, das mir in meinen Beziehungen zu wenig Interessantes bot.

X. Basel

Zweck des Aufenthaltes Liebig, auch Bunsen riethen mir ebenfalls, nach Basel zu Schönbein zu gehen, um seine Arbeiten über das räthselhafte, doch in seinem Wesen so wichtig erscheinende Ozon zu sehen. Schönbein war es also hauptsächlich, der mich bestimmte, Basel zu besuchen mit dem Vorsatze, mich unter dessen Anleitung mit der Bereitung und dem Verhalten des Ozons völlig vertraut zu machen.

Schönbein, sein Laboratorium[284] und meine Beschäftigung daselbst.

Schönbein, Prof[essor] der Chemie an der Universität, Entdecker der Schießwolle und des Ozons, ist ein sehr vielseitig wissenschaftlich gebildeter, zugleich sehr praktischer Mann. Seine Thätigkeit jedoch wendet er vielmehr solchen Arbeiten zu, welche mehr den praktischen Nutzen als unmittelbar die Theorie der Chemie fördern. Seine Arbeiten sind wissenschaftlich begründet. Mit der organischen Chemie beschäftigt er sich wenig. Als ich ihm meine Bitte und mein Vorhaben vortrug, hat er mit mir mit außerordentlicher Bereitwilligkeit und auch eigenem Kostenaufwand die ganzen Tage über das Ozon gearbeitet, um mich in den mir so wie fast allen Chemikern wegen seiner Neuheit und Schwierigkeit bisher noch unbekannten Gegenstand einzuweihen. Schönbein theilte mir nicht allein alles, was er bisher veröffentlichte, in Druckexemplaren mit, sondern gab mir auch seine bisher nicht veröffentlichten Manuskripte in die Hand, und als ich abreiste, gab er mir sogar Abschriften davon, so wie einige Ozonometer[285] mit.

Das Laboratorium Schönbeins ist mit allem Nothwendigen wohl versehen, nur sind wenig Arbeitsplätze daselbst eingerichtet. Schönbein liebt das "Abrichten" nicht, wie er sich ausdrückte. Die Lokalitäten sind durchaus schön, licht und mehr als hinlänglich geräumig, alles im Mez[z]anin, so wie die meisten Laboratorien, wie es mir auch am besten erscheint. Das Auditorium ist wahrhaft prachtvoll und musterhaft gebaut, amphytheatralisch, alles Eichenholz. Mit dem Experimenti[e]rraume des Professors bin ich jedoch nicht einverstanden. Auch

---

284 *Bonjour* (1960), 464-465.

285 Es waren dies in einer Jodkaliumstärkelösung getränkte Papierstreifen, die, einige Zeit unter Vermeidung von Lichteinwirkung der freien Luft ausgesetzt, je nach Ozonmenge eine unterschiedliche Blaufärbung aufwiesen.

Schönbein hat Stipendien für Schüler errichtet, die vom Canton gezahlt werden, um sich praktisch einzuüben u[nd] circa 100 Schweizer Franken für Ein Semester erhalten.

Meine Arbeiten mit Schönbein, stets thätig an der Seite, bestanden nun in der Bereitung des Ozons oder der ozoni[e]rten Luft eigentlich, durch Phosphor in einem großen Glasballone. Die ozonisi[e]rte Luft wurde in Gasometer gefüllt und nach den verschiedenen Richtungen zu Experimenten verwendet. Ich müßte viel zu weitläufig werden, wollte ich alle die Experimente aufzählen, es ist eine Wiederholung derselben, die Schönbein bereits veröffentlichte[286]. Ich wollte mich aber in die praktischen Handgriffe einerseits einweihen und anderseits die Ueberzeugung gewinnen, daß das Ozon wirklich diese Wirkungen äußert, auch meine Zweifel, die ich so wie andere hegte, zur Gewißheit bringen. Insbesondere will ich nur hervorheben, daß wir einen schlagenden Versuch anstellten, welcher bewies, daß das Ozon keine vom Kali absorbi[e]rbare Säure etwa des Phosphors ist, indem durch ein System von 4 Woulfeschen Flaschen, die mit Kalilauge gefüllt waren, ozonisi[e]rte Luft geleitet wurde, welche die Eigenschaften behielt, die Schönbein dem Ozon zuschreibt, besonders das Jod aus Jodkalium frei machte, also noch immer deutlich auf das Reagenzpapier Schönbeins (Mit Jodkalium und Stärkekleister imprägni[e]rte Papierstreifen) deutlich reagierte.

Silbermetall wurde in Silberhyperoxyd, ein schwarzes Pulver verwandelt, Kaliumeisencyanür wurde in das Cyanid umgewandelt. Mehrere Schwefelmetalle, z.B. Schwefelblei, Schwefelmangan wurden schwefelsaure Metalloxyde. Besonders wichtig schien mir, daß aus einer Kalilösung durch öfteres Schütteln mit ozonisi[e]rter Luft Salpeterkrystalle erhalten wurden, also auch der Stickstoff zu seinem höchsten Oxyd NO_5 oxidi[e]rt wurde. Schönbein machte mir noch einige Mittheilungen, die er mir für die Zukunft als Aufgaben gab, die ich mit ihm vereint verfolgen, aber noch geheim halten soll.

Sehr wichtig auch für die Medizin schienen mir die athmosphärischen Untersuchungen Schönbeins, wie er nachweist, daß die Luft stets aber bald geringere, bald größere Mengen Ozon enthält und wie dieß in einem Zusammenhange mit der Luftelektrizität steht[287]. Besonders zu diesen für die Epidemiologie wichtigen Untersuchungen bestimmte mich Schönbein durch seine Experimente, die er mir sowohl im freien, als durch künstliche Elektrizität anstellte. Schlagend wars bewiesen, daß die Elektrizität es ist, die das Ozon erzeugt und respektive die Reaktion deßhalb auf das Probepapier, als in dem Hof des Laboratoriumgebäudes der Blitz einschlug, während mehrere Papierstreifen am Hofe aufgehängt waren, und alle tief blau wurden, auch sich derselbe Geruch im Hofe, aber sehr

---

286 Zu Schönbeins wissenschaftlichen Arbeiten: *Partington* 4 (1972), 190-196.

287 In den fünfziger Jahren besuchte Schönbein auf einer Reise durch Österreich auch das Benediktinerstift Kremsmünster, wo seit diesem Zeitpunkt durchgehend auch die Ozonwerte gemessen worden sind.

stark wahrnehmbar, nach dem Blitzschlage verbreitete, den auch das künstlich erzeugte Ozon besitzt[288].

Schönbein theilte mir seine Beobachtungen und deren Statistik mit, die er mit dem Kliniker Dr. Jung[289] in Verbindung anstellte, zu dem er mich führte. Sie fanden, daß der Ozongehalt der Luft stets stärker war, wenn katarrhalische und entzündliche Krankheiten herrschten, geringer wenn Typhen, Skorbut etc. auftraten. - Ich athmete einen Ballon voll ozonisi[e]rte Luft selbst ein und bekam einen Katarrh, der mehrere Tage anhielt, Schönbein machte auch an sich schon früher dieselbe Erfahrung.

Ferner zeigte mir Schönbein mehrere Experimente mit dem Ozon, dann natürlicher athmosphärischer Luft auf verschieden zubereitetes Papier, worauf sich ähnliche Wirkungen äußern wie bei der Photographie; wie ich mich überzeugte, hat es Schönbein schon so weit gebracht, daß er selbst von Kupferstichen bereits schwache Abdrucke erhielt. Endlich theilte mir Schönbein seine letzt gemachte Entdeckung mit, daß wenn eine Glastafel auf ein schwarzes Papier gelegt wird, in welchem z.B. eine Schrift eingeschnitten ist und beides dem Ozon oder dem Sonnenlichte durch paar Stunden ausgesetzt wird, die Schrift dann auf der Glastafel sehr deutlich zu lesen ist, während die Stellen des Glases, die das schwarze Papier berührten, einen matten, nur schwer wegwisch-baren Beschlag erhielten.

Schönbein gab mir einen Ozonometer mit, der darin besteht, daß in einem Etuis soviel gleichgroße Jodkaliumstärkepapierstreifen sich befinden, als man zu Einer Jahresbeobachtung braucht, denen eine Farbenskala von 1-10 beigegeben ist.

Ich besuchte mit Schönbein, Jung, von dem ich ebenso wie von Schönbein über alles verlangte Aufschlüsse erhielt, denen ich jedoch nichts Wesentliches entnehmen kann. Jung ist durch seine Leistungen als Kliniker hinlänglich bekannt, sonst ist aber die Medizin hier schwach besetzt und mit Ausnahme der Anatomie, die sehr fleißig praktisch von den Schülern betrieben wird, noch sehr stark alte Schule. Wünschenswerth wäre, versucht zu werden, besonders in unseren gebirgigen Kronländern, ob die wichtig erscheinende Mittheilung Jungs sich bewährt, daß nemlich der Kropf der Gebirgsbewohner durch Einreibungen mit schwefelsaurem Manganoxydul heilbar sei[290]. Er selbst habe davon die Ueberzeugung.

---

[288] *Partington* 4 (1972), 191-192.

[289] Carl Gustav Jung (1794-1864) hatte bis 1816 in Heidelberg studiert und sich anschließend in Berlin weitergebildet, war seit 1822 Professor der Anatomie, Chirurgie und Geburtshilfe, später Professor der Anatomie bzw. der inneren Medizin und Direktor der medizinischen Klinik an der Universität Basel. - *Hirsch* 3, 468. - *Burckhardt* (1917), 273-283, 296-297, 460. - *His* (1941), 69-76. - *Staehelin* (1960), 122-123. - *Teichmann* (1885), 49.

[290] Das übliche Mittel zur Kropfbehandlung war das Jod.

Ich besuchte den Leseverein der Universität mit Schönbein und fand da die zweckmäßigste Einrichtung. Enorme Menge von Zeitschriften aller Fächer. Dieser Verein ist der Zusammenkunftsort aller Professoren der Universität, für die allein er auch nur bestimmt ist, es ist dies eine Einrichtung, die mir sehr gefiel. *Es wird auch hier sehr viel gelesen - doch gewiß im Allgemeinen, wenigstens in der Medizin, nicht entsprechend viel in Anwendung gebracht.*

Das Leben der Professoren sowohl als der Studenten ist hier ein ganz anderes als an den deutschen Universitäten, ebenso kleinere Städte. Die Professoren, sehr conservativ und ruhig, kümmern sich weniger darum, was in andern Ländern geschieht, ja selbst weniger, was in den andern Cantonen vorgeht; alles scheint hier daran Wohlgefallen zu finden, auf sich beschränkt zu sein. Die Studenten bemerkt man kaum in der Stadt, sie sind sehr ruhig und sollen sich stets gut benehmen; so viel scheint mir gewiß zu sein, daß sie vielfach solider und ruhiger sind als die der deutschen kleinen Universitäten.

XI. **Zürich**

Löwigs Laboratorium, aus dem so viel Ausgezeichnetes hervorgegangen, zog schon viele Jahre meine Aufmerksamkeit auf sich, besonders auch Löwig selbst, dessen Bekanntschaft ich bereits bei der Prager Naturforscher-Versammlung 1837 machte. Nicht nur in Betreff Löwigs, sondern überhaupt durch den vortrefflichen Zustand der Universität wurden meine Erwartungen noch übertroffen.

Löwig und dessen Laboratorium[291]. Dieses befindet sich in dem neuen Universitätsgebäude in zwei Etagen. In Betreff seiner Großartigkeit übertrifft es alle Laboratorien Deutschlands und Frankreichs, in Betreff der Zweckmäßigkeit ist es Liebigs Laboratorium gleichzustellen, dem Erdmannschen in Leipzig vorzuziehen, so daß man sagen kann, es nimmt unter allen Laboratorien, die ich sah, zum Wenigsten einen der ersten drei Plätze ein. Ich sah hier soviel Vorzügliches, daß ich mir eine treue Copie davon machte, die wiederzugeben zu weitläufig wäre, mir aber zur Richtschnur dienen kann, sollte es mir einst gegönnt sein, ein größeres Laboratorium einzurichten, will jedoch das Wesentlichste hier anführen.

Im ersten Stockwerke des Hauses, das auf einem freien Hügel steht, befindet sich Löwigs Arbeitszimmer, das eher ein Saal zu nennen wäre; es stehen rings an

---

[291] Bald nach der Gründung der Universität im Jahre 1833 wurde im Gebäude des ehemaligen "Carolinums" ein chemisches Laboratorium errichtet, das gleichermaßen der Universität und der Kantonsschule zu dienen hatte. - *Gagliardi-Nabholz-Strohl* (1938), 229.

den Wänden große Kästen, die eine Ueberfülle von Apparaten und Präparaten enthalten; einen Dampf-Apparat[292], mehrere ausgezeichnete Waagen und andere Utensilien. Nebenan befindet [sich] das große Laboratorium mit sehr zweckmäßig eingerichteten Arbeitsplätzen, die in den Fensternieschen und an den Wänden stehen, während in der Mitte des Laboratoriums der mit Glasverschlag versehene große Arbeitsherd ringsherum um einen Kamin angebracht ist, der schon durch das ebenerdige große Laboratorium ebenfalls mittendurch führt, wo ein eben solcher Herd angebracht ist. Dieser Herd mit mehreren Abtheilungen kehrt, da er selbst ein Viereck bildet, somit jeder Wand, an der die Schüler ihre Arbeitsplätze haben. Eine Seite so, daß das Arbeiten bald am Tische, bald am Herde sehr bequem wird; es ist dies eine ganz vorzügliche Einrichtung, die ich nur hier traf, die aber allen anderen Positionen des Herdes deßhalb schon vorzuziehen ist, weil, wenn der allgemeine Herd nur an Einer Wand des Laboratoriums sich befindet, die Arbeitenden durch das ganze Laboratorium erst zu gehen haben, was einerseits ermüdender, für den zu bearbeitenden Gegenstand oft nachtheilig, anderseits für die andern Schüler, an denen stets vorübergegangen werden muß, störend ist. Uebringens befinden sich einige solche kleinere Liebigsche Arbeitsherde auch außerdem noch zwischen den Arbeitsplätzen an den Wänden. In den Kästen unter den Arbeitsplätzen befinden sich alle Geräthe und Apparate zur anorganischen und organischen Analyse, oberhalb an der Wand die Reagentien.

Das ganze Laboratorium so wie alle Lokalitäten sowohl im ersten Stocke als auch ebenerdig sind durch heißen Wasserdampf, der durch Metallröhren rings der Decke läuft, zu heizen u[nd] so steht nirgends ein Stubenofen im Wege.

Zwischen Löwigs Arbeits- und Apparatenzimmer befindet sich das sehr lichte und schöne Auditorium mit den gewöhnlichen zweckmäßigen Einrichtungen. Außerdem hat auch der Assistent sein Handlaboratorium, so wie noch einige kleinere Lokalitäten zu den verschiedenen Bedürfnissen bestimmt sind.

Zu ebener Erde befinden sich nun alle genannten Lokalitäten ebenso gebaut und ebenso eingerichtet; ich hebe somit besonders hervor, daß hier ein zweites ebenso großes allgemeines Laboratorium den Schülern zum Gebrauche steht. Es ist einleuchtend, wie großartig diese Anstalt ist, aber es fehlt auch nicht nur nichts an Einrichtungen, sondern ist ein Ueberfluß in allem Nothwendigen da, und dies alles erhält allein der Eine Canton der Schweiz Zürich!

In den 2 großen Laboratorien arbeiten in jedem 20 Schüler, und ich war Zeuge von dem regen Leben und der Thätigkeit, welche hier herrscht.

Löwig selbst ist ein sehr thätiger Mann, beseelt von der Wissenschaft und durchaus fern von aller Charlatanerie. Seine großen und langjährigen Leistungen[293] haben ihm mit Recht einen Namen verschafft, der unter den ersten Euro-

---

[292] *Mohr* (1847), 52-92. - Freundlicher Hinweis von Prof. DDr. J. Büttner.

[293] Löwigs Name ist mit der Entdeckung des Broms und der Erforschung von dessen Verbindungen verbunden; ein weiterer Forschungsschwerpunkt waren die Inhaltsstoffe der ätherischen Öle.

pas zu nennen ist. Seine Vorträge, denen ich auch beiwohnte, sind sehr klar und faßlich und von Experimenten reichlich begleitet, obwohl seine Sprache sehr undeutlich.

Ich gestehe es ganz offen, daß ich es bedauere, daß es mir unmöglich war, mich hier länger aufzuhalten, unmöglich war es mir, da ich das ganze Semester in Gießen blieb und erst von hier nach Zürich gehen konnte, wo die Ferien erst nach einigen Tagen eintraten. Demjenigen aber, dessen Zweck einer Reise derselbe ist wie der meine, rathe ich anstatt Mitscherlich in Berlin weit lieber Löwig die Zeit seines Aufenthaltes und seiner Studien zu schenken. Besonders für Anfänger in der organischen Chemie empfehle ich wohl dieses Laboratorium vor allem, doch möge ja niemand unterlassen, auch außerdem in Liebigs Laboratorium zu arbeiten und dessen Vorlesungen, die ich denen Löwigs weit vorziehe, zu hören.

Der Medizin konnte ich hier weniger Aufmerksamkeit schenken, da ich fast meine ganze Zeit Löwigs Laboratorium zuwandte, und mußte [mich] auch mit dem Besichtigen der Anstalten selbst begnügen. Einerseits prachtvoll, anderseits höchst zweckmäßig und allen Bedürfnissen entsprechend sind auch die medizinischen Anstalten Zürichs, so das ebenfal[l]s neue Anatomiegebäude, die Kliniken so wie das ganze Krankenhaus, und man muß wahrlich staunen, was dieser Canton allein für die Schulen und Wissenschaft geleistet. Tadelnd muß ich jedoch erwähnen, daß für die pathologische Chemie hier noch gar nichts geschehen ist, allein sie entschuldigten sich damit, daß sie kein Individuum hätten, das dieses Fach verträte, und Löwig sagte, er werde dafür Sorge tragen, daß demnächst Jemand zur Ausbildung zu mir gesendet werde, der sich in Wien, "der Geburtsstätte" der pathologischen Chemie, ausbilde. *Ludwig*[294] *in Verbindung mit Löwig behilft sich mit dem, was er für die Physiologie braucht, so guts geht, denn Ludwig ist ein sehr schwacher Chemiker.* Die klinische Chemie als Behelf der Diagnose am Krankenbette ist somit auch hier nicht vertreten.

Eine besondere Erwähnung verdient auch die Bibliothek[295], die ich in Gesellschaft Prof[essor] Kopps aus Gießen und Noeggerath[296] sen. aus Bonn in Beglei-

---

[294] Karl Friedrich Wilhelm Ludwig (1816-1895) hatte in Marburg und Erlangen studiert, ehe er 1841 in Marburg zum Prosektor bestellt wurde und sich 1842 für Physiologie habilitierte. Ab 1846 wirkte er als außerordentlicher Professor der vergleichenden Anatomie, ab 1849 als Ordinarius für Anatomie und Physiologie in Zürich, folgte 1855 einem Ruf an das Wiener Josephinum und ging 1865 als Physiologe nach Leipzig. Zu seinen wesentlichsten Entdeckungen zählen seine Studien zur Harnabsonderung und zur Blutbewegung; er war der Schöpfer der graphischen Methoden in der Physiologie. - *Pagel, Sp. 1055-1058. - Hirsch 3, 860-862. - NDB 15, 429-430. - DSB 8, 540-541. - Gagliardi-Nabholz-Strohl (1938), 538-543.*

[295] Nach der Universitätsgründung wurde eine "Bibliothek der höheren Lehranstalten" geschaffen, indem man die Bestände der ehemaligen Stifts-, der Universitätsbibliothek und die Bücher der Kantonsschule, des Alumnats und der Tierarzneischule zusammenführte. - *Gagliardi-Nabholz-Strohl* (1938), 228.

[296] Johann Jakob Noeggerath (1788-1877) vertrat ab 1818 als außerordentlicher und ab 1821 als ordentlicher Professor das Fach Mineralogie und Geognosie an der Universität

tung Löwigs und des Bibliothekars Wieser[297] besah, deren Gebäude sowohl als dessen Reichhaltigkeit mit Recht berühmt sind. Sehr sehenswerth ist das hier aufgestellte Relief der Schweiz.

Ich machte die Bekanntschaft mit vielen der hiesigen Professoren, insbesondere außer Löwig auch mit dem Physiologen Ludwig, dann Hasse[298], Meyer[299], Schweizer[300], Frey[301], Matthies[302] aus Greifswalde und traf hier auch

---

Bonn. - *ADB* 23, 752-755. - *Wenig* (1968), 212.

297 Leider konnten die biografischen Daten in keinem der in Frage kommenden Behelfe eruiert werden.

298 Karl Ewald Hasse (1810-1902) war nach der Erlangung der Prosektur und der Dozentur an der Universität Leipzig im Jahre 1836 drei Jahre später außerordentlicher Professor der pathologischen Anatomie geworden, ging 1844 als Professor und Leiter der medizinischen Klinik nach Zürich, 1852 nach Heidelberg und 1856 nach Göttingen. An umfangreicheren Studien publizierte er eine "Anatomische Beschreibung der Krankheiten der Circulations- und Respirationsorgane", eine Abhandlung über die "Krankheiten des Nervenappartes" und eine historische Studie über die Blattern und die Kuhpockenimpfung. - *Pagel*, Sp. 694. - *Hirsch* 3, 83-84. - *Gagliardi-Nabholz-Strohl* (1938), 538-539.

299 Georg Hermann von Meyer (1815-1892) studierte in Heidelberg und Berlin, habilitierte sich 1840 an der Universität Tübingen und wurde 1844 als Leiter des Prosektorats nach Zürich berufen, wo er 1852 zum Extraordinarius für pathologisch-chirurgische Anatomie und 1856 zum Ordinarius für spezielle Anatomie und zum Direktor des anatomischen Instituts bestellt wurde. Er beschäftigte sich mit Fragen der funktionellen Anatomie, etwa mit der Gestalt des Fußes, der Hand und der Mechanik des Knochengerüstes. - *Pagel*, Sp. 1126-1127. - *Hirsch* 4, 189-190. - *Gagliardi-Nabholz-Strohl* (1938), 544-545.

300 Welcher der beiden Gelehrten dieses Namens tatsächlich gemeint war, muß offenbleiben:
Alexander Schweizer (1808-1888) habilitierte sich 1834 in Zürich, wo er 1835 zum Extraordinarius für praktische Theologie ernannt wurde. - *ADB* 34, 772-775. - *Gagliardi-Nabholz-Strohl* (1938), 347-351.
Heinrich Schweizer-Sidler (1815-1894) vertrat Sanskrit und vergleichende Sprachforschung ab 1849 als außerordentlicher Honorarprofessor und wurde 1856 zum Professor dieses Faches bestellt. - *ADB* 54, 282-285. - *Gagliardi-Nabholz-Strohl* (1938), 599.

301 Heinrich Frey (1822-1890) schloß das Medizinstudium an der Universität Göttingen 1845 ab, wo er Assistent am physiologischen Institut war und wo er sich habilitierte, wurde 1848 als außerordentlicher Professor für allgemeine und vergleichende Anatomie an die Universität Zürich berufen, wo er ab 1851 auch an der philosophischen Fakultät Vorlesungen über Zoologie hielt und dieses Fach nach der Gründung des Polytechnikums 1855 auch an diesem lehrte. Sein Lehrbuch "Grundzüge der Histologie" erlebte zwei Auflagen und wurde in das Englische, Französische und Spanische übersetzt. - *Pagel*, Sp. 547. - *Hirsch* 2, 617. - *NDB* 5, 417-418. - *Gagliardi-Nabholz-Strohl* (1938), 542-544.

302 Konrad Stephan Matthies (1807-1856) studierte Theologie, war in Greifswald als Privatdozent tätig, wo er 1832 zum außerordentlichen Professor ernannt wurde und die Fächer Exegese, historische und dogmatische Theologie vertrat. Im Jahre 1844 wechselte er als Ordinarius für Philosophie an die philosophische Fakultät. - *ADB* 20, 674-675.

mit Jaksch[303] aus Prag zusammen.

Unter allen Professoren herrscht viel Solidität und Ernst für die Wissenschaft. Unsere Schule steht hier in größtem Anseh[e]n. Sehr ungern verlor man hier *Prof[essor]* Engel[304], den jetzigen Prof[essor] der pathologischen Anatomie in Prag, und spricht von ihm mit großer Achtung. *Man bezeichnete auch hier die Stellungen der Wiener Professoren der Medizin als keine angenehme, als ich frug, warum, so antwortete Ludwig: "Glauben Sie denn, daß Zürich zu weit ist von Wien um zu wissen, daß sich Skoda und seine Anhänger mit Niemanden, der nicht in sein Horn bläst, vertragen kann." Das Wiener medizinische Kliquenwesen ist wo[h]l überall bekannt. Man scheint sich hier besonders viel um Oesterreichs Universitäten, namentlich Wien und Prag zu kümmern, man sprach oft und viel von uns, während ich dieß nicht so sehr in Basel fand.*

Die Studenten scheinen hier so wie in Basel ebenfalls solider zu sein als an allen den kleineren deutschen Universitäten. Sie sollen sehr fleißig sein, nicht so viel raufen und kneipen, und man bemerkt sie gar nicht auf den Straßen, nie hörte ich diesen Lerm und jene Ausgelassenheiten wie in Deutschland von ihnen.

XII. **Bern**

Der ausgezeichnete Physiologe Valentin[305] war es vorzüglich, der mich zu einem 2tägigen Aufenthalte veranlaßte, anderseits um die hiesige Schule kennen zu ler-

---

[303] Anton Jaksch von Wartenhorst (1810-1887) erwarb seine medizinische Ausbildung in Wien und Prag, wurde 1846 Direktor der neu errichteten Abteilung für Brustkrankheiten in Prag, später Professor der inneren Medizin und leitete ab 1846 die zweite, 1850-1881 auch die erste medizinische Klinik der Universität Prag. Er machte sich um die Einführung der physikalischen Methoden in die Diagnostik verdient. - *ÖBL* 3, 65-66. - *Karl-Ferdinands-Universität in Prag* (1899), 256-257.

[304] Josef Engel (1816-1899) studierte an der Universität Wien, war vier Jahre lang Assistent Rokitanskys, ehe er 1844 als Professor für topographische Anatomie nach Zürich berufen wurde, wo er ab 1847 auch die pathologische Anatomie und die Physiologie versah. 1849 folgte er einem Ruf als Professor der pathologischen Anatomie nach Prag, 1854 an das Josephinum in Wien. - *Pagel* Sp. 459. - *Hirsch* 2, 412-413. - *ÖBL* 1, 250.

[305] Gabriel Gustav Valentin (1810-1883) war Schüler Purkinjes und folgte 1836 einem Ruf als Professor der Physiologie an die Universität Bern. Zu diesem Zeitpunkt hatte er schon sein "Handbuch der Entwicklungsgeschichte des Menschen mit vergleichender Rücksicht der Entwicklung der Säugethiere und Vögel", 1835, und die Werke "Ueber den Verlauf und die letzten Enden der Nerven", 1836, und "Ueber Mechanik des Blutumlaufs", 1836, veröffentlicht. In der Folge verfaßte er mehrere Lehrbücher der Physiologie. Gemeinsam mit seinem Lehrer Purkinje entdeckte er die Flimmerbewegung; in der Folge arbeitete er u.a. über die Muskel- und Nervenelektrizität. - *Pagel* Sp. 1749-1750. - *Hirsch* 5, 692-693. - *ADB* 39, 463-464. - *Feller* (1935), 71, 120, 181-183, 203-205.

nen. Die Chemie liegt hier brach, der alte Brunner[306] hat nie viel geleistet[307], jetzt aber gar nichts mehr; sein Sohn ist ein Anfänger und suppli[e]rt den Vater. Das hiesige Laboratorium ist der Erwähnung nicht werth, hat sonst keine Schüler, denn um Chemie zu studieren, gehen alle Studenten entweder nach Zürich zu Löwig oder nach Basel zu Schönbein.

Valentin empfieng mich sehr zuvorkommend und freundlich, zeigte mir die Universitätslokalitäten, die aber nichts besonderes bieten, um darüber einen Bericht schreiben zu sollen. Valentin arbeitet für sich und ist mit dem Nöthigen ausgestattet. Er hat einen sehr guten Vortrag und ist, soviel aus Allem zu sehen, enorm thätig, tadelt aber den Canton Bern, daß er soweit gegen Zürich zurückbleibt. Er sprach mit großer Achtung über Oesterrreichs Universitäten und besonders von unserer medizinischen Schule, auch er billigte sehr die Berufung Brückes.

Er sprach sich sehr anerkennend über meine Richtung, die ich einschlug, aus und munterte mich besonders zur Wiederherausgabe meiner Zeitschrift auf, indem er mir zusicherte, ein Mitarbeiter derselben zu sein. Dies Semester ist hier bereits fast beendet, und die meisten Professoren und Studenten haben Bern schon verlassen.

XIII. **Paris**

Am 22. S[e]pt[ember] reiste ich von Basel ab, direkt über Mühlhausen nach Paris, wo ich den 24. ankam. - Die neuesten Entdeckungen Wurtz's[308] im Gebiethe der organischen Chemie so wie die Bernards in der Physiologie in Verbin-

---

306 Carl Emanuel Brunner (1796-1867) hatte in Göttingen und Paris Chemie und Botanik studiert, hielt seit 1818 Lehrveranstaltungen über offizinelle Pflanzen, wurde 1821 zum Professor der Chemie an der Akademie ernannt und wandelte mit privatem Geld die chemische Küche in ein Laboratorium um. - *Poggendorff* I, Sp. 321; III, 207. - *Müller* (1884), 179. - *Feller* (1935), 40-41.

307 Dieses Urteil erscheint als etwas ungerechtfertigt hart. - *Poggendorff* I, Sp. 321; III, 207. - *Partington* 4 (1972), 95.

308 Charles Adolphe Wurtz (1817-1884) studierte Theologie, dann Medizin und Chemie in Straßburg, hielt sich 1842 in Liebigs Laboratorium in Gießen auf, ging 1844 nach Paris und wurde im darauffolgenden Jahr Assistent am Laboratorium Jean Baptiste André Dumas'; als dessen Nachfolger übernahm er 1849 die Vorlesungen an der École de Médecine, wurde 1853 als Nachfolger Orfilas Professor und war zugleich ab 1851 als Professor am Agronomischen Institut in Versailles tätig. Ab 1857 war er als Professor der organischen Chemie an der Sorbonne tätig. Im Bereich der organischen Chemie hatte er zu Ende der vierziger Jahre die Alkylamine aus Cyansäure und Cyanestern dargestellt. - *Poggendorff* II, Sp. 1373-1374; III, 2, 1470-1471. - *Hirsch* 5, 1006-1007. - *DSB* 14, 529-532. - *Partington* 4 (1972), 477-488.

dung mit physiologischer Chemie[309] waren es hauptsächlich, welche schon längst meine volle Aufmerksamkeit erregten. Die verschiedenen Richtungen, in welcher die Chemie an den verschiedenen Instituten und eigenen Lehrkanzeln gelernt u[nd] bearbeitet wird, durch Dumas, Orfila[310], Chevreul[311], Péligot[312], Payen[313], Fremy[314], Thénard[315], Pelletier[316], Pelouze[317], Becquerel[318] etc. etc.,

---

309 Bernard vertrat eine Physiologie, die nach Möglichkeit auf physikalischen und chemischen Methoden basierte, und machte sich namentlich um die Biochemie der Kohlenhydrate verdient. - *Lieben* (1935), besonders 475.

310 Mateo José Buenaventura Orfila (1787-1853) studierte in Valencia und Barcelona Medizin und in Paris Chemie, wurde 1819 in Paris Professor der gerichtlichen Medizin und vertrat ab 1823 das Fach der medizinischen Chemie in der Medizinischen Fakultät. - *Poggendorff* II, Sp. 332. - *Hirsch* 4, 438-440. - *Partington* 4 (1972), 478.

311 Michel Eugène Chevreul (1786-1889) studierte in Paris Chemie, ging 1804 an das Muséum National d'Histoire Naturelle Paris, an dem er acht Jahrzehnte verblieb, und zwar ab 1830 als Professor der Chemie und in den Jahren 1864-1879 als Direktor. In den Jahren 1813-1828 war er Professor der Naturwissenschaften am Lycée Charlemagne. Er entdeckte 1811 die Natur der Fette; dies war der Auftakt zu einer Fülle weiterer Entdeckungen. - *Poggendorff* II, Sp. 432-434; III, 267-268. - *DSB* 3, 240-244. - *Partington* 4 (1972), 246-249.

312 Eugène Melchior Péligot (1811-1890) arbeitete bei Dumas am Laboratorium der École Polytechnique, wurde 1835 als Chemielehrer in die École centrale des Arts et Manufactures berufen und 1841 zum Professor für Chemie am Conservatoire des Arts et Métiers bestellt. Von seinen vielfältigen Arbeiten zur Chemie seien die Theorie der Schwefelsäureherstellung, seine Entdeckung des Uraniums und seine Arbeiten zur Rübenzukkerherstellung erwähnt. - *Poggendorff* II, Sp. 389-390; III, 2, 1013-1014. - *Partington* 4 (1972), 362.

313 Anselme Payen (1795-1871) war erst als Leiter von Fabriken tätig, ehe er 1829 an die École Centrale des Arts et des Manufactures in Paris berufen wurde, wo er 1835 als Nachfolger Dumas' die Professur für industrielle Chemie übernahm. 1839 wechselte er an das Conversatoire des Arts et Mètiers. Er arbeitete zu zahlreichen praxisorientierten Fragen der chemischen Industrie und führte den Begriff der "Cellulose" ein. - *Poggendorff* II, Sp. 380-382; III, 2, 1009-1010. - *DSB* 10, 436. - *Partington* 4 (1972), 429.

314 Edmond François Fremy (1814-1894) war ab 1846 als Professor an der École Polytechnique in Paris tätig; daneben arbeitete er als Lehrer der Chemie am Museum für Naturgeschichte und an der École Centrale des Arts et Manufactures. Er beschäftigte sich u.a. mit den Oxiden des Eisens und verbesserte durch seine Forschungen zahlreiche technische Verfahren. - *Poggendorff* I, Sp. 797-798; III, 473. - *DSB* 5, 157-158. - *Partington* 4 (1972), 395-396.

315 Louis Jacques Baron Thénard (1777-1857) war ab 1798 Repetiteur an der École Polytechnique, wo er in den Jahren 1810-1837 als Professor tätig war. Daneben lehrte er ab 1804 am Collège de France und hielt ab 1840 an der Universität Vorlesungen. Von seinen Entdeckungen seien die Darstellung der Sebacinsäure im Jahre 1802 und der Ester von Apfel-, Wein- und Citronensäure im Jahre 1807 sowie die Auffindung zahlreicher anorganischer Reaktionen erwähnt. - *Poggendorff* II, Sp. 1088-1090. - *DSB* 13, 309-314. - *Partington* 4 (1972), 90-97.

316 Pierre-Joseph Pelletier (1788-1842) war seiner Ausbildung nach Pharmazeut und war 1815 als Professor der Naturgeschichte an der École Supérieure de Pharmacie tätig, an der er 1832 zum Direktor bestellt wurde. Er arbeitete vor allem auf dem Gebiet der Na-

kurz, die vielen Kräfte, welche diese nützlichste aller Wissenschaften hier in Paris von jeher in Bewegung setzt, müssen in jedem Chemiker das Verlangen einer näheren Bekanntschaft sowohl der Anstalten als auch der Personen lebhaft erregen.

Die Medizin ferner, welche hier mit Eifer, wenn gleich nicht ohne Charlatanerie[319] betrieben wird, zählt hier Männer, denen auch die neue Richtung Manches zu danken hat; so ist es wohl namentlich die Physiologie durch Bernard, Rayer[320], Magendie[321], medizinisch-gerichtliche Chemie durch Orfila, Syphilitologie durch Ricord[322], Dermatologie durch Gibert[323] hauptsächlich, außerdem

---

turstoffe, war einer der Schöpfer des Begriffes "Chlorophyll" und isolierte aus der Chinarinde Chinin und Cinchonin. - *Poggendorff* II, Sp. 392-393. - *DSB* 10, 497-499. - *Partington* 4 (1972), 241.

317 Théophile-Jule Pelouze (1807-1867) schlug die Apothekerlaufbahn ein, war in einer Salpeterfabrik tätig und wurde 1830 zum Professor der Chemie in Lille bestellt. In den Jahren 1831 bis 1847 war er als Professor der Chemie an der École Polytechnique und 1831 bis 1850 am Collège de France in Paris tätig. 1848 wurde er Präsident der Münzkommission in Paris. Er arbeitete sowohl auf organischem wie auf analytischem Gebiet, entdeckte u.a. 1830 gemeinsam mit Gay-Lussac Salicin und stellte 1831 aus Ameisensäure Blausäure her. - *Poggendorff* II, 393-394; III, 2, 1015. - *DSB* 10, 499. - *Partington* 4 (1972), 395.

318 Alfred Becquerel (1814-1866) studierte Medizin und beschäftigte sich intensiv mit der Chemie und der Physik seiner Zeit, die er auf die Pathologie anwandte. So veröffentlichte er Arbeiten über Blut, Milch und Urin und zahlreiche Studien aus dem Bereich der pathologischen Chemie. - *Hirsch* 1, 417-418.

319 Mit dieser Meinung stand Heller keineswegs allein. In einem einschlägigen Artikel der Berliner "Allgemeinen Medicinischen Central-Zeitung" hieß es: "In keiner Stadt der Welt werden soviel Luftschlösser gebaut, wie in Paris." - *Ueber die Stellung deutscher Ärzte und Naturforscher in Paris*. Allgemeine Medicinische Central-Zeitung 20 (1851), Sp. 53-55.

320 Pierre François Olive Rayer (1793-1867) schloß das Medizinstudium in Paris ab, war dann in mehreren Stellungen tätig, wurde 1848 konsultierender Arzt Louis Philippes und 1862 schließlich Professor der vergleichenden Medizin und Dekan der medizinischen Fakultät in Paris. Seine zahlreichen Arbeiten bewegten sich vornehmlich auf dem Gebiet der pathologischen Anatomie und der pathologischen Physiologie. - *Hirsch* 4, 736-737.

321 François Magendie (1783-1855) schloß das Medizinstudium 1808 in Paris ab, wurde dann Prosektor der medizinischen Fakultät und hielt Vorlesungen über Anatomie und Physiologie. Seit 1816 widmete er sich der Experimentalphysiologie der lebenden Tiere und wurde 1836 Professor der Physiologie und allgemeinen Pathologie am Collège de France. Auf der Basis seiner streng experimentellen Methode bereicherte er die Kenntnisse über Absorption, Herz, tierische Wärme, Verdauung und Nervenphysiologie. - *Pagel*, Sp. 1075-1076. - *Hirsch* 4, 28-29. - *DSB* 9, 6-11.

322 Philippe Ricord (1800-1889) studierte ab 1820 in Paris, ging nach der Promotion im Jahre 1826 nach Olivet bei Orleans, kehrte 1828 nach Paris zurück, wurde nach mehreren Anstellungen 1831 Chef-Chirurg des Hôpital du Midi für Syphilitische ernannt und hielt als solcher Vorträge über das Fach der Syphilidologie. - *Hirsch* 4, 806-807.

323 Camille-Melchior Gibert (1797-1866) war ein außerordentlich anerkannter Dermatologe. Er schloß das Medizinstudium 1822 ab, war ab 1834 Arzt am Hôpital Saint-Louis in Paris, ab 1847 Mitglied der Akademie. - *Hirsch* 2, 741.

die Mikroskopie, Histologie durch Gruby[324], Mandl[325] oberts[326] u[nd] Lebert[327] die Lehre von den Krankheiten der Harnorgane durch Civiale[328], die pathologische u[nd] deskriptive Anatomie etc. etc., welche Ausgezeichnetes geleistet haben. - Nachdem ich getrachtet, mir eine Übersicht des für mich Wichtigsten zu verschaffen, habe ich mich bemüht, in der Zeit, die ich im Stande war, hier

---

324 David Gruby (1810-1898) studierte in Wien Medizin, wurde 1839 zum Doktor promoviert, hielt als Operationszögling bereits anatomisch-physiologische Kurse, lehnte aus religiösen Gründen eine außerordentliche Professur in Wien ab, ging nach Paris, wo er mit größten Erfolg eine ärztliche Praxis ausübte. Er machte sich um die Mikroskopie überaus verdient, als er ab 1841 Vorlesungen über diesen Gegenstand abhielt. - *ÖBL* 2, 85. - *Ackerknecht* (1967), 125-126, 175, 193.

325 Ludwig Mandl (1812-1881) studierte in Wien und Pest Medizin und Philosophie, Mathematik und Astronomie und ging im Herbst 1836 nach Paris. Er lehrte an der Pariser medizinischen Fakultät Anatomie und hielt ab 1846 im Anschluß an die Vorlesungen über Anatomie und Physiologie im Collège de France einen mikroskopischen Kurs. Für diesen Kurs, dessen erster in Anwesenheit des Dekans der Medizinischen Fakultät abgehalten wurde, wurde im Musèe Dupuytren ein großer Raum eingerichtet. "Dr. Mandl wird in seinen Demonstrationen durch die Mitwirkung mehrerer Franzosen unterstützt, so insbesondere für das photo-electrische Mikroskop, welches die herrlichsten Darstellungen im Grossen liefert, ferner für kunstreiche Einspritzungen, Zeichnungen u. plastische Abbildungen anatomischer Präparate. Ausser diesen Hülfsmitteln für den allgemeinen Unterricht sind im Saale 10 Mikroskope angebracht, an welchen sich die Zuhörer speciell nach der Vorlesung üben können. Dr. Mandl, von der Praxis zurückgezogen, hat sich dahier durch seine mikrographischen Werke hinlänglich bekannt gemacht und wird durch seine Zeitschrift, die er vor einigen Monaten gegründet, u. schliesslich durch seine Lehrvorträge in Paris zur Autorität in mikroskopischen und allgemein anatomischen Fragen werden." - *Allgemeine Medicinische Central-Zeitung* 15 (1846), Sp. 392. - Er machte sich um die Einführung der mikroskopischen Untersuchung im Gebiet der normalen und pathologischen Anatomie in Paris überaus verdient. - Heller schreibt den Namen an dieser Stelle korrekt, später "Mandel". - *Hirsch 4, 52-53. - ADB 20, 178. - Ackerknecht (1967), 126, 193.*

326 César-Alphonse Robert (1801-1862) schloß das Medizinstudium 1831 in Paris ab und war in der Folgezeit als Prosektor tätig; er bemühte sich anschließend vergeblich um Lehrstühle für operative Chirurgie. Im Jahre 1856 wurde er Professor der Anatomie an der École des Beaux-Arts. - *Hirsch* 4, 834-835.

327 Hermann Lebert (1813-1878) studierte Medizin und Naturwissenschaften in Berlin und Zürich, verbrachte die Jahre 1842-1845 mit vergleichend-anatomischen Studien in Paris und ließ sich 1846 definitiv in Berlin nieder. 1853 ging er als Professor an die medizinische Klinik in Zürich, 1859 nach Breslau. Er gehörte zu den ersten, die das Mikroskop in der pathologischen Anatomie verwendeten. - *Pagel*, Sp. 970-972. - *Hirsch* 3, 705-706.

328 Jean Civiale (1792-1867) schloß das Medizinstudium 1820 ab, wurde mit der von ihm erstmals durchgeführten Zerkleinerung der Steine in der Blase berühmt. - *Hirsch* 2, 34-35.

zu verweilen, mich dem Wichtigsten zuzuwenden. Ich will auch hier den Bericht nach den Fächern, den Anstalten und Personen ordnen und über meine Zeit u[nd] Verwendung Rechenschaft legen.

Die Chemie. Mein erster Gang führte mich zu dem höchst ausgezeichneten Chemiker Dumas, Minister für Agricultur, Gewerbe u[nd] Handel[329]. Der Empfang war ein sehr freundlicher und gütiger. Es lag mir daran, Dumas sowohl persönlich kennen zu lernen als auch mit ihm über den Stand der Wissenschaften in Paris somanche Unterredung pflegen zu können. Einer seiner letzten Charakterzüge erweckte in mir eine besondere Achtung für ihn. Der ganzen wissenschaftlichen Welt wurde durch die öffentl[lichen] Blätter Dumas' wissenschaftlicher Streit mit Liebig über die Ernährung durch stärkehaltige Nahrung und so wie die Fettbildung im Thierkörper bekannt[330]. Dumas, von seinem Unrecht überzeugt, lud Liebig zu einer Zusammenkunft in Lille, wo er öffentlich bei einem Diner einer großen Zahl von hochgestellten Personen u[nd] Gelehrten Liebig die Hand zur Versöhnung, sein Unrecht eingestehend, u[nd] ihm im Namen des Präsidenten der Republik den Orden der Ehrenlegion überreichte. So ehrend dies für Liebig, so ehrend spricht dieser Zug auch für den biederen Charakter Dumas'! -

Der Erfolg meines ersten Besuches bei Dumas war schon ein sehr erfreulicher. D[umas] gab mir über den ganzen Stand meines Faches in Paris sehr bereitwillige Aufschlüße u[nd] machte mich auch auf das für mich Wesentlichste aufmerksam, nachdem er mir diesmal schon viel Zeit geschenkt, forderte er mich zu einem 2ten Besuche auf. Inzwischen schrieb der österreichische Gesandte v. Hübner[331] an Dumas einen Brief, in welchem er mich demselben empfiehlt u[nd] ihm den Zweck meiner Reise vorstellte.

Dumas versprach mir schon mündlich mehrere Empfehlungsschreiben an die Chefs der verschiedenen Anstalten, indem er sagte, er werde d[urch] ein ministerielles Circulandum diese Herren von meinem Besuche avisi[e]ren u[nd] ihnen den Auftrag, mir alles zu zeigen u[nd] über alles Verlangte Aufschluß zu geben, ertheilen.

Schon am anderen Tage bekam ich in meine Wohnung nebst einem schmeichelhaften Schreiben von Dumas an mich auch folgende 4 Briefe:

1. An Ms. Morin[332] administrateur du Conservatoire des arts et métiers.

---

329 Dumas hatte dieses Amt in den Jahren 1849 bis 1851 inne.

330 *Holmes* (1974), 48-76. - Freundlicher Hinweis von Prof. DDr. Johannes Büttner.

331 Josef Alexander von Hübner (1811-1892) trat 1833 in den Staatsdienst ein, wurde 1844 Generalkonsul in Leipzig, war 1846-1848 in Paris, 1848 in Mailand und in den Jahren 1849-1859 in Mission und später als Botschafter in Paris, wo er zum Freundeskreis des Kaiserpaares zählte. Von 1859 bis 1867 war er Botschafter am Päpstlichen Hof und in der Folgezeit oftmals in besonderer Mission unterwegs. - *ÖBL* 3, 2.

332 Arthur Jules Morin (1795-1880) war General der Artillerie und Direktor des Conservatoire des Arts-et-Métiers in Paris, wo er zuvor Professor und Administrator gewesen war. - *Poggendorff* II, Sp. 207-208; III, 2, 934-935.

2. An Ms. Serres[333], membre de l'institut, directeur des traveaux d'anatomie à Clamart.

3. An Davenne[334], directeur de l'assistance publique.

4. An Ber[n]ard, doyen de la faculté de Médicine.

Ich besuchte Dumas öfter, um mich von ihm belehren zu lassen, welches er stets mit Bereitwilligkeit that. Dumas steht als Chemiker in den ersten Reihen, er hat viel früher die allgemeine organische Chemie, ja auch mit Beziehung auf die Physiologie, doch hat er nie die Chemie in Verbindung mit dem Krankenbette bearbeitet. Er billigte sehr die Richtung, die ich einschlug, während er anderseits erwähnte, daß sich bisher in Paris niemand, so wie ich, ausschließlich der medizinischen Chemie widmete, u[nd] drückte hier sein Bedauern aus. Dumas selbst arbeitet jetzt nichts Chemisches, *da ihm sein Minister-Portefeulle alle Zeit nimmt,* sehnt sich aber zur Chemie zurück, *sagte aber, daß er sich sehne, wieder zur Chemie zurückkehren zu können.*

Ein falsches Gerücht, welches die Zeitungen durchflog, muß ich berichtigen, nemlich daß mich Dumas dem Präsidenten vorgestellt habe. Ich verlangte es nie, es geschah auch nicht. Es scheint daher zu kommen, weil ich einmal gerade bei Dumas war, als er zum Präsidenten gerufen wurde, und ich mit ihm zugleich fortgieng und jemand unter den Wartenden die Entschuldigung Dumas', die er im Vorzimmer aussprach, mißverstanden haben muß und in eine[r] Zeitung schrieb, Dumas sei mit mir zum Präsidenten gegangen.

Das ältere chem[ische] Laboratorium. Dumas' ist mit allem Nöthigen eingerichtet, allein die Lokalität ist zu klein, doch soeben sah ich die netten Lokalitäten bereits ganz hergerichtet und eingerichtet zur Eröffnung bereit unter der Leitung des höchst ausgezeichneten Chemikers Prof[essor] Wurtz, der übrigens bis jetzt noch in dem älteren Laboratorium Dumas', welches für organische Chemie insbesondere bestimmt ist, arbeitet und die Stelle Dumas' suppli[e]rt. Es soll unter Dumas u[nd] Wurtz stehen.

Das alte Laboratorium an der école de médecine. Es ist vollständig für die allgem[eine] organische Chemie eingerichtet und, mit Ausnahme des Raummangels, zweckmäßig u[nd] licht, so auch die dazugehörigen Lokalitäten, Präparatenzimmer etc. Wurtz und sein Assistent arbeiten hier allein, erst in dem neuen L[aboratorium] soll ein Praktikum mit Arbeitsplätzen für Schüler eingerichtet werden. Die Präparatensammlung ist sehr reichhaltig an organisch-chemischen Ver-

---

333 Étienne Rénaud Augustin Serres (1787-1868) schloß das Medizinstudium 1810 in Paris ab, war in der Folgezeit in verschiedenen ärztlichen Stellungen in Paris tätig, wurde 1839 Professor der Anatomie und Naturgeschichte am Jardin des plantes, im selben Jahr Professor der vergleichenden Anatomie und 1841 Präsident der Academie des sciences. Er verfaßte zahlreiche Schriften zur vergleichenden Anatomie. - *Hirsch* 5, 235.

334 Henri Jean Baptiste Davenne (1789-1865) war ab 1814 in der Spitalsverwaltung tätig; in den Jahren 1848-1859 war er Direktor der Administration générale de la Assistance publique. - *Dictionnaire de Biographie Française* 6, Sp. 332.

bindungen, wie ich sie wo[h]l außer bei Liebig nirgends sah. Darunter seien vorzüglich die Methyl- u[nd] Aethylverbindungen auch in Verbindung mit chemischen Basen, z.B. Harnstoff [erwähnt]. An Apparaten verdient ganz besonders die ganze Appar[atur] zur organischen Analyse, und zwar vorzüglich für die Stickstoffbestimmungen[335] Erwähnung.

Meine Verwendung daselbst. Da ich hier manche zweckmäßige Einrichtungen und Manipulationen sah, so beschloß ich, hier die Methoden der hiesigen Schule, so wie bei Liebig, hier mit Wurtz, der sich sehr bereitwillig zeigte, durchzuarbeiten. Obwohl Wurtz ein Schüler Liebigs ist, so fand ich doch einige Modifikationen in seinen Analysen, so besonders in der Stickstoffbestimmung organischer Körper, die ich für sehr vortheilhaft hielt, u[nd] daher mit Wurtz einige Elementaranalysen vornahm, um mir seine Methode aigen zu machen, und widmete mit vielem Vergnügen eine große Zeit meines Pariser Aufenthaltes dem Laboratorium Wurtz's. - Es müßte mein Bericht viel zu weitläufig werden, sollte ich alle Methoden beschreiben, hierfür behalte ich mir vor, in einem wissenschaft[lichen] Journale zu sorgen.

In Betreff Wurtz's selbst finde ich mich jedoch veranlaßt zu erwähnen, daß er einer der geistreichsten und tüchtigsten Männer ist, die ich auf meiner Reise kennen gelernt habe. Ich halte ihn für den genialsten unter den eine besondere

---

[335] Seit der in den dreißiger Jahren von Dumas entwickelten Methode erfuhr die Stickstoffbestimmung in organischen Verbindungen stets Verbesserungen: *Dumas*: Sur les procédés de l'analyse organique. Annales de chimie et de physique 47 (1831), 198. - *Dumas*: Organisch-chemische Untersuchungen. Annalen der Chemie und Pharmacie 9 (1834), besonders 74-85. - *F. Varrentrapp-H. Will*: Neue Methode zur Bestimmung des Stickstoffs in organischen Verbindungen. Annalen der Chemie und Pharmacie 39 (1841), 257-296. - *Heinrich Will*: Ueber Reisets Bemerkungen zu der neuen Methode der Bestimmung des Stickstoffs in organischen Verbindungen, so wie über den Antheil des Stickstoffs der Atmosphäre an vorgeblichen Ammoniakbildungen. Annalen der Chemie und Pharmacie 45 (1843), 95-112. - *H. Will*: Noch ein Wort für Hrn Reiset. Annalen der Chemie und Pharmacie 48 (1843), 147-149. - *R. W. Bunsen*: Erklärung. Annalen der Chemie und Pharmacie 49 (1844), 362-363. - *Justus Liebig*: Nachträgliche Bemerkung zur obigen Erklärung. Annalen der Chemie und Pharmacie 49 (1844), 363-366. - *Melsens*: Ueber die Bestimmung des Stickstoffs in organischen Körpern. Annalen der Chemie und Pharmacie 60 (1846), 112-116. - *Eugen Péligot:* Stickstoffbestimmungen in organischen Körpern. Annalen der Chemie und Pharmacie 64 (1848), 402. - *Eugen Péligot:* Ueber ein neues Verfahren, den Stickstoff in den organischen Substanzen zu bestimmen. Journal für praktische Chemie 41 (1847), 122-126. - *C. Nöllner*: Ueber Stickstoffbestimmungen. Annalen der Chemie und Pharmacie 66 (1848), 314-321. - *J. Gottlieb*: Ueber Zersetzungsprodukte des Dinitranilins und des Itaconanilids, und eine verbesserte Methode der Stickstoffbestimmung. Annalen der Chemie und Pharmacie 78 (1851), 241-243. - In den Beschreibungen des Vorganges der organischen Mikroanalyse nahm die Stickstoffbestimmung auch in den Lehrbüchern einen gesonderten Platz ein. - *Gottlieb* 2 (1859), 72-75.

Tendenz verfolgenden Chemikern Frankreichs. Auch W[urtz] sprach sein Bedauern darüber aus, daß die Pariser Chemiker zu viel Encyklopedisten *u[nd] zu Tendenziös (!) sind.* Auch W[urtz] sprach sich sehr anerkennend über meine Richtung aus und sprach den Wunsch aus, daß sie hier in Paris bald Nachahmung finde. *Auch er so wie Dumas sprach sich lobend über meine chemische Thätigkeit und Tendenz aus und sagte, daß in Paris der Fehler herrscht, daß alle Chemiker nicht bei Einer Richtung beharren, daß sie zu viel Encyklopedisten sind, bald ein Blut, bald wieder Mineralien analysieren, bald mit der Medizin, bald mit der Technik koket[t]i[e]ren und dabei nicht die Förderung der Wissenschaft, sondern allerlei Nebenzwecke vor Augen haben. Ein Beispiel solcher geben: Becquerel und Rodier*[336]*, die durch ihre Blutanalysen*[337] *meine Aufmerksamkeit früher auf sich zogen*[338]*, da sie sich durch diese Arbeit einen Namen machten, allein tief ist mein Vertrauen auch auf diese Arbeit gesunken, einerseits durch die Persönlichkeiten, anderseits durch die Tendenzen ihrer Thätigkeit. Beide sind junge Männer, die sich einen Namen machen wollten, um ihre persönlichen Interessen zu fördern. Becquerel, ein junger Physiker*[339]*, ein Sohn des berühmten Physikers*[340]*, der gar keine chemische Schule durchmachte und sich bisher mit chemischen Spielereien befaßte, vereinigte sich mit dem jungen Arzt Rodier, der gar kein Chemiker ist und nie noch Analysen machte, um eine Reihe Blutanaly-*

---

[336] Mit großer Wahrscheinlichkeit handelte es sich dabei um Anne Charles Prosper Rodier (1790-1864), der zur Jahrhundertmitte allerhöchste Stellen in der Finanzverwaltung bekleidete. - *Dictionnaire universel des contemporains*, 1483. 3. ed. 1529. 4. ed. 1560.

[337] Rodier hatte zusammen mit Becquerel eine Methode der Blutuntersuchung ausgearbeitet, die wenige Jahre später mit anderen gängigen Methoden verglichen wurde. Diese gängige Methode bestand im wesentlichen darin, daß nach der Kontraktion des Blutkuchens sowohl Serum wie auch Blutkuchen jeweils gewogen wurden, um das Verhältnis zueinander zu bestimmen. Darauf folgte die Bestimmung der Rückstände des Serums und des Blutkuchens. Nach Abzug des anderweitig bestimmten Faserstoffs vom festen Rückstand des Blutkuchens erlangte man die Zahl, die die Sume der trockenen Blutkörperchen und der festen Stoffe und der festen Stoffe des in dem Blutkuchen noch eingeschlossen gewesenen Serums. Bei der Bestimmung dieses Serumgehaltes stießen die Forscher der Zeit an ihre Grenzen. - *Becquerel-Rodier: Recherches sur la composition du sang dans l'état de santé, et dans l'état de maladie. Paris 1844. - Becquerel-Rodier: Ueber die Zusammensetzung des Blutes im Scorbut. Journal für praktische Chemie 41 (1847), 350-351. - E. von Gorup-Besanez: Ueber die Methoden der Blutanalyse. Journal für praktische Chemie 50 (1850), 346-363. - Lehmann 2 (853), 182-183.*

[338] Diese beiden publizierten gemeinsam so manche Arbeit. Im Jahre 1850 präsentierten sie eine Abhandlung über Anämie in Folge von Verminderung des Blutalbumins. - *Allgemeine Medicinische Central-Zeitung 19 (1850), Sp. 231-232.*

[339] Becquerel war allerdings nicht bloß in Physik und Chemie ausgebildet, sondern auch als Hospitalsarzt.

[340] Alfred Becquerel war der Sohn des Physikers Antoine César Becquerel (1788-1878), der auf den Gebieten Elektrochemie, Elektrizität und Magnetismus arbeitete. - *Poggendorff I, Sp. 128-129; III, 1, 91-93.*

sen zu machen, jeder erreichte seinen Zweck, jener bekam eine Docentur der Physik, dieser ärztliche Praxis, nun arbeitet weder der eine noch andere mehr etwas und besitzen gar kein Laboratorium, und solcher Beispiele findet man viele in Paris. Es giebt so wenige, die eine Lebensaufgabe sich setzen und sie der Wissenschaft zu Liebe standhaft verfolgen.

Pelouze, Prof[essor] d[er] Chem[ie] am collège de France. Er hat daselbst sein Laboratorium u[nd] Auditorium, sein Praktikum jedoch, wo seine Schüler arbeiten, bei seiner Wohnung. Es arbeiten daselbst 20-30 Pharmaceuten an gewöhnlichen Arbeitstischen. *Pelouze soll sich nicht viel um sie umsehen, ihre Arbeiten taugen nicht viel, es sind dieß meist die Anfangsgründe der chemischen Analyse überhaupt.* In dem Laborat[orium] am collège de France arbeitet Pelouze u[nd] sein Assistent, *aber beide sehr wenig; es werden nur meist Vorbereitungen zu Vorlesungen getroffen.* Die Lokalitäten u[nd] ihre Einrichtungen haben alle meine Erwartungen von Pelouze's Laboratorium hart getäuscht. Obwohl mir alles sehr bereitwillig gezeigt wurde, fand ich nichts profitables. Die Apparate u[nd] die Präparatensammlung schlecht, letztere sehr unordentlich. -

Fremy, ebenfalls Prof[essor] am Col[lège] de Fr[ance][341], arbeitet ganz für sich daselbst, doch ohne besondere Tendenz, bald über ein medizinisches, bald technisches Thema. Ich lernte auch bei ihm nichts kennen, was notiert zu werden verdiente.

Chevreul. Dieser verdienstvolle Chemiker ist einer von den wenigen Chemikern Frankreichs, die sowohl für die reine Wissenschaft als auch ihre Anwendung mit Tendenz gearbeitet haben. Sein Laboratorium befindet sich in der Gobelinfabrik, wo er arbeitet u[nd] lehrt[342]. Er leistet besonders im Gebiete der technischen Chemie, während er auch sehr Ausgezeichnetes für die reine Chemie geleistet u[nd] noch leistet. Sein Laboratorium ist sehr schön u[nd] geräumig, sehr gut eingerichtet, doch mehr zu technischen Zwecken. Er macht viele Geheimnisse sowohl in seinen Arbeiten als auch Apparaten, daher blieb mir vielleicht Manches Wichtige verborgen u[nd] fremd. Ich lernte daher außer sehr schönen Präparaten, besonders die Farbenchemie betreffend, nichts Besonderes kennen. Für praktischen Unterricht mehrerer Schüler ist gesorgt.

Péligot und Payen, beide Professoren am conservatoire des arts et métiers. - Péligot schließt sich in seiner Tendenz an Chevreul an, ist sehr thätig u[nd] leistet viel in einem wohl eingerichteten, für ihn u[nd] einen Assistenten großem Laboratorium mit den nöthigen Nebenlokalitäten. Ich hätte sie auch für den Unterricht erwartet, denn es sind hier keine Arbeitsplätze eingerichtet.

Anstoßend und ganz gleich mit diesem Laboratorium Péligots ist das Payens. Keines der Pariser Laboratorien erreicht die Großartigkeit der größten Deutschlands, weder in Betreff des Baues noch in den Einrichtungen, und so auch diese zwei letztgenannten nicht.

---

[341] Fremy war an diesem Institut nicht hauptamtlich tätig.
[342] Er war ab 1824 Färbereidirektor der Königlichen Gobelinfabrik in Paris.

Insbesondere aber muß ich der offenen Arbeitsherde, die man anstatt der Liebigschen Glasherde, die in Deutschland allgemein sind, hier überal[l] eingeführt hat, [erwähnen]. Bei Péligot, Payen und Wurtz sind sie am vorzüglichsten gebaut, ich sah die Vortrefflichkeit ein, während ich sie in Thätigkeit sah und bei Wurtz selbst an einem solchen offenen Herde arbeitete. Ich habe mir mit Erlaubniß Péligot's und Dumas' eine genaue Zeichnung eines solchen Herdes verfertigt, sodaß ich im Stande bin, einen ebensolchen zu bauen, was ich, so bald es möglich ist, jedenfalls thun werde; allein die Liebigschen Glasherde sind jedenfalls auch beizubehalten, während auch Mitscherlichs Glasherde in jedem wohleingerichteten Laboratorium gleichzeitig angebracht sein sollen, indem jede dieser drei Einrichtungen ihre besonderen Vortheile bietet.

Das Conversatoire des arts et métiers, dessen Direktor Morin ist u[nd] in welchem auch die beiden Laboratorien Péligots u[nd] Payens sich befinden, die ich eben beschrieben, verdient eine ausgezeichnete Erwähnung. Morin, an den ich ein Empfehlungsschreiben von Dumas hatte, war verreist, u[nd] es hatte schon der Vicedirektor Silbermann[343] ein avis meiner Ankunft vom Minister. H[err] Silbermann zeigte mir das ganze großartige Institut durch ein[en] ganzen halben Tag bis zu unserer größten Ermüdung. Schon das fast ganz aus Quadern ganz neu erbaute Gebäude ist seiner Bauart u[nd] seiner enorm großen Säale wegen, in welchen sich die Sammlungen befinden, sehenswerth. Die Säale enthalten in sehr zweckmäßiger Aufstellung einen enormen Reichthum an physikalischen Instrumenten, darunter aber höchst ausgezeichnet die Chronometersammlung. Ebenso reich sind die Modellsammlungen für Technik u[nd] Gewerbe, dann Ackerbau. Unter Anderem sieht man den ersten Luftballon, in welchem Charles[344] aufstieg. Ein Saal ist soeben eingerichtet worden mit allen Maaßen u[nd] Gewichten Europas, eine Einrichtung, die sehr lehrreich u[nd] wichtig ist, in dem hier jeder Techniker die Mustergewichte u[nd] Maaße zur Controlli[e]rung erhalten kann. Diese Einrichtung verdient wahrlich Nachahmung. Dumas ist der Gründer. Er ließ an alle Regi[e]rungen die ministerielle Bitte ergehen um Einsendung der Maaße u[nd] Gewichte ihrer Länder u[nd] erhielt sie "von allen, nur von Österreich nicht, Silbermann sagte, er habe eine abschlägige Antwort erhalten."

---

[343] Johann Theobald Silbermann (1806-1865) war ab 1835 als Préparateur de physique beim Conservatoire des Arts-et-Métiers, von 1840-1848 auch an der Sorbonne tätig; ab 1848 war er Konservator der Sammlungen des Conservatoire. - *Poggendorff* II, Sp. 928; III, 2, 1246-1247.

[344] Jacques Aléxandre César Charles (1746-1823) war Physiker und hielt in Paris Vorlesungen über Experimentalphysik. Am 2. August 1783 ließ er den ersten mit Wasserstoffgas gefüllten Ballon auf dem Marsfeld steigen; am 3. Dezember 1783 unternahm er die erste größere Luftfahrt. Ab 1804 gehörte er als Mitglied, später als Bibliothekar dem Institut de France an. - *Poggendorff* I, Sp. 421. - *DSB* 3, 207-208.

Ein ganz neues kirchenähnliches Bibliotheksgebäude wird soeben erst eingerichtet.

Orfila, Prof[essor] an der école de méd[ecine], lehrt allgemeine, pharmaceutische und gerichtliche Chemie, hat ein verhältnißmäßig kleines Laboratorium, er arbeitet jetzt wenig praktisch. Es befindet sich in seinem enorm großen Auditorium (für 800 Zuhörer) an der Rückwand hinter dem Experimenti[e]rtische eigentlich schon Raum genug zu seinen Arbeiten u[nd] Experimenten zu seinen Vorlesungen, indeß ist anstoßend ein kleines, aber von Bernard, der hier fortwährend arbeitet, sehr gut und zweckmäßig eingerichtetes Laboratorium, in welchem auch ich einige Wochen mit Bernard arbeitete (hierüber später mehr). Dieses Laboratorium ist auch das Magendies, der aber nichts mehr arbeitet.

Orfila genießt hier ein enormes Ansehen u[nd] ist wegen seiner vielen wissenschaftlichen Leistungen sehr angesehen, besonders auch in den höchsten Kreisen.

Thenard, einer der ausgezeichnetsten Chemiker, seiner Zeit einer der ersten, arbeitet nicht mehr praktisch, er besucht fleißig die Akademie u[nd] unterstützt die Wissenschaft u[nd] ihre jungen Vertreter ganz kräftig, wie es sein hohes Ansehen, welches er genießt, zuläßt. Ich besuchte ihn mit Bernard und wurde von ihm freundlich aufgenommen.

Nachdem ich denn die öffentlichen Laboratorien besuchte, wäre es mir sehr interessant u[nd] lehrreich gewesen, auch Pelletiers Laboratorium zu sehen, wo im großartigsten Maaße die Alkaloide, besonders Chinin u.a. bereitet werden, bekam aber trotz allen Empfehlungen keinen Einlaß, so streng wird das Geheimniß bewahrt. Ganz ebenso ergieng es mir in Panniers[345] weltberühmter Farbenfabrik. Auch hier nützte mir nicht einmal ein Brief Dumas', den ich vorzeigte, und so geht es in allen ihren Fabriken, ich bekam keinen Einlaß.

II. Medizin. Der Physiologe Bernard war es, der außer Wurtz meine größte Aufmerksamkeit in Paris und auch die größte Zeit meines Aufenthaltes in Anspruch nahm. Bernard ist einer von den wenigen medizinischen Celebritäten in Paris, bei dem ich keine Charlatanerie bemerkte. Sein Wissen, sein Fleiß u[nd] seine Experimentierkunst sind ebenso ausgezeichnet wie seine großen Entdeckungen, die er in der neuesten Zeit zu Tage förderte. Er ist Vicepräsident des biologischen Vereins u[nd] wird nächstens Akademiker[346], denn Dumas sagte von Ber-

---

[345] Diese Fabrik scheint es verstanden zu haben, in allem die allerhöchste Diskretion und Geheimhaltung zu bewahren. Weder ist in den einschlägigen biografischen Behelfen über Pannier etwas zu finden, noch wird in den in Österreich greifbaren Werken zur Farbenfabrikation bzw. in historischen Abrissen zur Geschichte der chemischen Farbfabrikation darauf hingewiesen. "Weltberühmt" kann die Fabrik also nur in einschlägigen Kreisen, namentlich unter Chemikern, gewesen sein.

[346] Damit ist wohl die Mitgliedschaft in der Acadèmie des sciences gemeint.

nard: "daß er einer der ersten Gelehrten Frankreichs ist und der reifste unter den Candidaten für die Akademie". - Seine Bereitwilligkeit gegen mich war sehr bemerkenswerth, denn er arbeitete mit mir durch paar Wochen oft den ganzen Tag hindurch, scheute keine Kosten, ohne den Ersatz dafür von mir annehmen zu wollen, im Gegentheile, er beschenkte mich noch mit Druckschriften und Präparaten. Sein Laboratorium ist das Magendies' u[nd] Orfilas, die es ihm ganz zur Disposition stellten, da sie jetzt nichts arbeiten.

Meine Beschäftigung daselbst. Ich kann die ausgedehnteren Arbeiten, die ich vereint mit B[ernard] hier vornahm, nur skizzieren.

1. Einige Tage hindurch machte ich mit Bernard abwechselnd die Versuche an mehreren Kaninchen zur Erzeugung der künstlichen Zuckerharnruhr[347] durch die Punktion in den 4. Gehirnventrikel zwischen den nervus hypoglossus und n[ervus] pneumogastricus[348]. Nachdem mir B[ernard] den Versuch öfter zeigte, lernte ich ihn dann selbst mit vieler Gewißheit anstellen u[nd] fand diese höchst wichtige Entdeckung Bernards bestätigt, während ich mit R. Wagner in Göttingen fruchtlose Versuche anstellte[349], da die Stelle nicht richtig durch die Punktion getroffen wurde. Bernards Entdeckung spricht für meinen Ausspruch, den ich Ein Jahr früher, auf meinen Harnanalysen basierend, zuerst wagte u[nd] veröffentlichte, daß nemlich die Melliturie "diabetes mellitus" ein Symptom eines Nervenleidens sei.

Ich stellte viele Versuche mit B[ernard] an, besonders analysi[e]rte ich oft den Harn, das Blut u[nd] die Leber von dem operi[e]rten Thier, denn Bernard ist weniger bewandert in der prakt[ischen] Chemie.

2. Der succus pancreaticus war der zweite Gegenstand unserer erneuten Bearbeitung[350]. Es wurden künstliche Fistel bei Hunden gemacht und nach Anlegen eines Kautschukbeutels an einer silbernen Canille den succus pancreaticus gesammelt und in verschiedenen Perioden der Verdauung etc. seine Veränderungen studi[e]rt. Ich fand nicht nur B[ernard]s Entdeckungen besonders des neuen eiweißartigen Körpers bestetiget, sondern stellte auch einige Analysen des succus

---

347 Bis zur Mitte des 19. Jahrhunderts waren die Nieren, der Magen und die Leber als Ausgangspunkt des Diabetes angesehen worden. - *Engelhardt* (1989), 6. - *Schadewaldt* (1989), 65.

348 Bernard hatte über die ersten einschlägigen Versuche bereits im Jahre 1844 publiziert: C. Bernard-Barreswil: Recherches phyisologiques sur les substances alimentaires. Comptes rendus Acad. Sci. 18 (1844), 783-785.

349 Siehe dazu die Anmerkung zu der Beschreibung des Aufenthaltes bei Rudolf Wagner in Göttingen.

350 Bernard beschrieb diese Untersuchungen eingehend: *Claude Bernard*: Mémoire sur le pancréas et sur le róle du suc pancréatique dans les phénomènes digestifs, particulièrement dans la digestion des martières grasses neutres. Paris. Suppl. aux C. R. de l'Acad. Sci t. 1 (1856), 379-563. - Freundlicher Hinweis von Prof. DDr. Johannes Büttner.

p[ancreaticus] an u[nd] auch dieses eiweißartigen Körpers und bewies zuerst, daß er eine ziemlich große Menge von Schwefel enthält, was bisher unbekannt war. Diese Versuche wurden durch längere Zeit wiederholt, da nach dem Erkranken der Hunde stets neue Untersuchungen des succus p[ancreaticus] nothwendig waren.

Es wurden dann vergleichende Versuche mit Kaninchen und auch Injektionsversuche, dann Vivisectionen vorgenommen, besonders um die Emulsion, die Fett-Öl mit dem succus p[ancreaticus] bildet, zu studi[e]ren. Besonders lehrreich waren die Versuche an blos mit Fett gefütterten Kaninchen.

3. Es wurden zahlreiche Versuche an Kaninchen angestellt über den Übergang der Zuckerarten ins Blut u[nd] den Harn nach der Injection in die vena jugularis, und nach dem einmalichen Genuße. Zahlreiche Blut- u[nd] Harnuntersuchungen stellte ich an. Ich bestättigte den Übergang des genossenen Traubenzukkers als solcher in das Blut u[nd] den Harn, wenn ein gewisses Quantum überschritten wird, ferner daß nach dem Genuße Rohrzucker als Traubenzucker im Harne erschien, eine Beobachtung, die ich durch eigene Experimente bereits früher in Wien machte.

Ferner spritzten wir in die V[ena] Jugularis Rohrzuckerlösung[351], so fand sich nicht Traubenzucker im Harn, sondern Rohrzucker; wurde ein Gemenge beider eingespritzt, so gieng Rohrzucker in den Harn, während der Traubenzukker so lange verschwand, bis ein gewisses Quantum überschritten wurde. Zur Constati[e]rung aller dieser Thatsachen trug die von mir schon früher entdeckte Zuckerprobe viel bei, durch welche die kleinsten Quantitäten Zucker erkannt werden.

Hier in Paris entdeckte ich aber eine neue Probe auf Rohrzucker, um ihn vom Traubenzucker mit Sicherheit zu unterscheiden[352], und dieses Mittel veranlaßte uns dann zu einer neuen Reihe zahlreicher Ernährungs-Injektionsversuchen mit den genannten Zuckerarten an Thieren.

4. Die Entdeckung Bernards, daß die Leber Zucker enthalte[353], wurde von uns an den Lebern verschiedener Thiere geprüft, und wir fanden stets Zucker, besonders viel in der Kalbsleber.

5. Es wurde die Amniosflüssigkeit einer Untersuchung unterworfen, u[nd] wir fanden auch hier Zucker.

6. Eine Analyse einer Allantoisflüßigkeit einer Kuh, die ich anstellte, bewies auch den Zuckergehalt dieser Flüßigkeit, auch stellte ich für die Präparatensammlung das Allantoin dar.

---

[351] Erstmals publizierte Bernard darüber 1844: *Claude Bernard-Charles Barreswil.* in: C.R. Acad. Sci. 18 (1844), 783-785.

[352] Heller publizierte darüber allerdings nichts.

[353] *Claude Bernard-Charles Barreswil*_ De la présence du sucre dans le foie. C. R. Acad. Sci. 27 (1848), 514-515.

Es wurden auch quantitative Zuckerbestimmungen mit Biots[354] Instrumenten[355] angestellt[356].

Bernard hielt dann in dem biologischen Vereine einen Vortrag, in welchem er einige unserer Versuche erwähnte. Dr. Baumgarten[357] aus Österreich, der sich in Paris aufhält, begleitete mich oft zu Bernard u[nd] wohnte vielen unserer Versuche bei.

Civiale, als höchst ausgezeichneter Specialist im Gebiete der Krankheiten der Harnorgane u[nd] Steinkrankheit insbesondere, so wie das äußerst nett und reinlich hergerichtete Hôpital d[e] Necker[358] zogen meine Aufmerksamkeit auf sich, und besonders sehnte ich mich, Civiales berühmte Harnsteinsammlung, welche die größte bekannte sein soll, zu sehen. Ich wurde von Civiale sehr gut aufgenommen, er gestattete mir, seine Vorlesungen u[nd] seine Klinik zu besuchen, u[nd] lud mich zu sich, um mir seine Harnsteinsammlung zu zeigen. - Die Vorlesungen Civiales besuchte ich öfter u[nd] wohnte seinen klaren u[nd] gediegenen Vorträgen mit Vergnügen bei, ebenso ist es ein Genuß, ihn operi[e]ren zu sehen, insbesondere wohnte ich öfter der Blasensteinzertrümmerung bei.

Die Klinik im hôpital de Necker[359], aus zwei großen lichten Säalen bestehend, besitzt eine beispielswerthe Reinlichkeit. Große Fenster und durchaus

---

354 Jean-Baptiste Biot (1774-1862) war ab 1794 Sektionsleiter, ab 1800 Professor für mathematische Physik am Collège de France. Im Jahre 1808 erhielt er auch die Professur für Astronomie an der Pariser Fakultät. Neben den zahlreichen physikalischen Arbeiten beschäftigte er sich in der Chemie mit der optischen Aktivität organischer Stoffe, namentlich der Glukose. Zu seinen bedeutenden Leistungen zählt die Anwendung der Zirkularpolarisation zur Zuckerbestimmung. - Poggendorff I, Sp. 195-199. - *Lexikon bedeutender Chemiker* 48.

355 Biot regte die Verwendung der Zirkularpolarisation zur Zuckerbestimmung an, wobei er die Vermutung aussprach, daß die Ursache für die Polarisation in der asymmetrischen Molekülstruktur zu suchen sei. Im Jahre 1835 konnte er die Hydrolyse des Zuckers durch die Änderung der Drehung der Polarisationsebene nachweisen, 1842 entwickelte er das Polarimeter zur Rohrzuckerbestimmung. Eine Beschreibung dieses Verfahrens findet sich in: Annales de Chimie LXIV, 401. Sehr rasch wurde dieser Apparat in leicht modifizierter Form im deutschsprachigen Raum verwendet. - *K. Ventzke:* Ueber die verschiedenen Zuckerarten und verwandte Verbindungen in Beziehung auf ihr optisches Verhalten und dessen praktische Anwendung. Journal für praktische Chemie 25 (1842), 65-84; 28 (1843), 101-116. (Mit Abbildungen.)

356 Heller stand dieser quantitativen Zuckerbestimmung mit Hilfe des Polarimeters offensichtlich reserviert gegenüber; zumindest erwähnte er dieses Verfahren in keiner seiner Arbeiten. - Freundlicher Hinweis Prof. DDr. Büttners.

357 Vermutlich handelte es sich um Anton Baumgarten, der dem Doktorenkollegium der Wiener Medizinischen Fakultät angehörte. - *Beamten-Adressbuch* (1853), 177.

358 Dieses Haus wurde in der Zeit von 1830 bis 1840 als eine geschlossene Pavillonanlage mit dreigeschossigen Bettenhäusern neu errichtet. - *Murken* 1988), 133-135.

359 Ein Überblick über die Pariser Spitalsverhältnisse der Zeit findet sich in: *Historische und statistische Bemerkungen über die Pariser Hospitäler*. Allgemeine Medicinische Central-Zeitung 19 (1850), Sp. 210-211.

eiserne Bettstellen, wie sie hier in Paris in den Heilanstalten allgemein sind, hier jedes einzelne mit Vorhangumgebung versehen, zieren diese Klinik.

Die Harnsteinsammlung Civiale's besteht aus 900 Exemplaren, die sämtlich von Civiale, theils durch Schnitt, theils durch Zertrümmerung zu Tage gefördert sind. Die Trümmer sind, je Eines Individuums, zusammen auf Papier geklebt. Ich fand mit Ausnahme des von mir entdeckten Urostealithstein[s][360] u[nd] den von Langenbeck u[nd] Wöhler entdeckten Xanthinstein[s][361] alle Formen repräsenti[e]rt.

Besonders schöne Steine aus Cystin u[nd] oxalsaurem Kalk, auch höchst interessante Exemplare, die spontane Zerklüftung zeigend, zieren die Sammlung. Civiale gestattete mir, die Abzeichnung der für mich u[nd] mein Werk, das ich herauszugeben beabsichtige, wichtigsten Steine. Er schenkte mir 2 Broschüren u[nd] machte mich mit sämtlicher Literatur dieses Faches bekannt, mit Werken, die ich in Wien nicht auffinden konnte.

Ich besuchte ferner öfter die Vorlesungen und Klinik für Syphilis v[on] Ricord[362] im Hôpital du Midi. R[icord] ertheilte mir mit Bereitwilligkeit die Erlaubniß zu frequenti[e]ren. Sein Vortrag ist ausgezeichnet, seine Behandlungsweise größtentheils die von Ihm bekanntgemachte. Seine Vorträge hält er meist, wenn es das Wetter zuläßt, unter freiem Himmel im Garten. Die Klinik u[nd] die Krankenzimmer dieses Spitals sind nicht sehr reinlich. Ich traf unter den Zuhörern mehrere Österreicher.

Gibert's[363] Klinik für Hautkrankheiten im hôpital St. Louis[364] interessierte mich wegen der Reichhaltigkeit des Materials u[nd] schöner Herrichtung der Anstalt. Die Österreicher, welche sich hier befinden, loben u[nd] frequenti[e]ren besonders diese Klinik, den Unterricht Giberts.

---

360 *Heller*: Urostealith, ein neuer Körper als Harnstein; Harnanalysen; Diagnose; gänzliche Entfernung des Steins auf chemischem Wege. Archiv für physiologische und pathologische Chemie und Mikroskopie in ihrer Anwendung auf die praktische Medizin 2 (1845) 1-12. - Dabei handelte es sich um Struvit- und Apatit-Mischsteine. - *Schmalhofer* (1980), 113-115.

361 Dieser Stein stammte von einem achtjährigen Jungen, den Langenbeck im Jahre 1816 operierte. Liebig und Wöhler beschäftigten sich damit mehr als zwanzig Jahre später. - *Liebig-Wöhler*: Ueber Marcets Xanthic-Oxyd. Poggendorffs Annalen der Physik und der Chemie 41 (1838), 393-397. Liebigs Annalen der Pharmacie und der Chemie 26 (1838), 340-344.

362 Philippe Ricord (1800-1889) studierte in Paris Medizin und war ab 1828 in Paris Chirurg des Bureau central, hielt daneben Operationskurse und wurde 1831 Chefchirurg des Hôpital du Midi für Syphilitische. Er erwarb als Autorität auf dem Gebiet der Syphilis Weltruhm. - *Pagel*, Sp. 1380-1382. - *Hirsch* 4, 806-809.

363 Camille-Melchior Gibert arbeitete als Arzt an diesem Hospital ab 1834. - *Hirsch* 2, 741.

364 Dieses war im Jahre 1607 als Pestkrankenhaus errichtet worden. - *Murken* (1988), 135.

Die anatomische Lehranstalt in der école de médecine zeichnet sich besonders durch die Einrichtung aus, daß daselbst viele kleine Lokalitäten als Seci[e]rzimmer eingerichtet sind, wo die Schüler nach den verschiedenen Richtungen u[nd] Zwecken arbeiten, so erhalten je einige zusammen für eine gewisse Zeit ein solches Cabinet, um ihr Thema zu bearbeiten.

Das anatomische u[nd] pathologisch-anatomische musée Dupuytren ist seiner Reichhaltigkeit u[nd] Großartigkeit wegen zu bekannt, als daß es nothwendig wäre, darüber noch etwas zu sagen. Der Observateur desselben ist ein Wiener Namens Becker[365]. - Nach meiner Meinung steht der immer wissenschaftliche Werth unseres pathol[ogisch]-anatomischen Museums unter Rokitansky, jedoch weit höher als der des musée Dupuytren.

Das in mieserem Stande sich befindliche chemische Laboratorium der école de médiz[ine] wird wenig benützt und ist keiner Beschreibung werth.

Die vorzüglichsten Spitäler, welche nicht oder weniger zu Lehrzwecken benützt werden, besah ich, machte sie aber nicht zum Gegenstande meiner besonderen Aufmerksamkeit, da sie mehr von meiner Aufgabe entfernt lagen. So z.B. d[as] hôpital Beaujon[366], hôpital de la Republique, hopit[al] Charanton (dieses befindet sich noch im Baue, ist aber enorm großartig angelegt) - die Charité[367] - hôtel Dieu[368]. In diesem größten Spitale von Paris, dem eigentlichen Stadtspitale, steht sowohl die Einrichtung als die Reinlichkeit denen unserer Krankenhäuser nach. Es besteht hier die Einrichtung, daß die Männer u[nd] Weiber getrennt in verschiedenen Häusern sich befinden.

Die Mikroskopie wird hier von mehreren ausgezeichneten Männern sehr fleißig bearbeitet, ich unterließ es nicht, mich mit den Männern so wie mit ihren Einrichtungen etc. bekannt zu machen.

Robert[369], der sein Laboratorium an der école de méd[ecine] hat, ist wohl unter allen der ausgezeichnetste, er besitzt eine enorme Fertigkeit in der Anfertigung hystologischer (!) Präparate.

---

365 Leider war es nicht möglich, die biografischen Daten Beckers ausfindig zu machen.

366 Dieses Krankenhaus war durch eine 1795 erfolgte Umwandlung des gleichnamigen Waisenhauses in ein Krankenhaus entstanden; dies stellte einen entscheidenden Schritt auf dem Weg zum Pavillonkrankenhaus dar. In den Jahren 1837-1844 wurde es mittels vier Bettenpavillons auf 416 Betten aufgestockt. - *Murken* (1988), 133-135.

367 Das Hôpital de la Charité ging auf eine im Jahre 1601 erfolgte Gründung durch die Barmherzigen Brüder zurück. - *Murken* (1988), 19.

368 Der Brand des Hôtels Dieu im Jahre 1772 und die damit eingeleiteten Diskussionen um den Wiederaufbau leiteten die Ära der Großkrankenhäuser in Europa ein. - *Murken* (1988), 33-35.

369 Im Jahre 1847 veröffentlichte M. Robert eine Untersuchung über die Folgen der Durchschneidung der Sehnenscheiden, besonders bei Amputationen, und die Möglichkeiten, dies zu vermeiden. - *Allgemeine Medicinische Central-Zeitung* 16 (1847), Sp. 773-774. - Heller schreibt den Namen allerdings "Roberts".

Mandl und Gruby, beide Österreicher, dann Lebert sind es, welche unter die vorzüglichsten dieses Faches gehören.

Mandl und Gruby sind mir in Allem auf eine sehr bereitwillige Weise hilfreich an die Hand gegangen. - Beide halten sehr besuchte mikroskopisch-anatomische Vorlesungen u[nd] genießen einen sehr guten Namen in Paris. Beide haben eine bedeutende ärztliche Praxis. Interessant waren mir Mandels Versuche zur Heilung der Tuberkulose mittelst Einathmens verschiedener Medikamente in Dampf- u[nd] Gasform aus einem eigenen Apparate[370]. Täglich sitzen viele Personen an einem großen Tische, und jeder athmet viertelstundenlang aus dem Apparate. M[andel] sagt, daß er bereits günstige Resultate aufzuweisen hat. - Lebert, ein höchst fleißiger u[nd] vielunterrichteter Mann, gefiel mir weniger in seinen Ansichten, er hängt noch an so manchen Vorurtheilen, so z.B. an den "Krebs"zellen etc.

Interessant war es mir, hier in Paris die Mikroskope sämmtlicher ausgezeichneter Optiker von Paris vergleichen zu können, da die meisten Mikroskopiker stets mehrere Mikroskope verschiedener Meister besitzen, was mir sogar nothwendig erscheint. Ich gab denen von Oberhäuser, dann Nache[t][371] den Vorzug vor den Mikroskopen Chevaliers[372] u[nd] Brunners[373]; doch können nur diese 4 unter die guten Meister gerechnet werden. Ich besuchte Oberhäuser u[nd] Chevalier in ihren Werkstätten.

Pior[r]y[374] will ich hier erwähnen, um ein Beispiel anzuführen, wie auch unter Männern, die mitunter Ausgezeichnetes geleistet, hier in Paris dennoch Charlatanerie getrieben wird, so hier mit der Percussion u[nd] Auskultation. Ich sah mit Staunen, wie P[iorry] seinen Schülern einreden wollte, daß nach dem einmal[igen] Gebrauche des Seesalzes "sogleich" die Milz beim Fieber etc. klei-

---

370 Ob es sich dabei um eigens konstruierte oder um die gängigen Apparate der Zeit (Corrigans Apparat zu Inhalationen. Dublin Journal 1839, 94-105. - *Beral-Raspail*: Apparat zu Inhalationen. Journal de Chim. méd. 1839, 440-444) handelte, ist nicht ersichtlich.

371 Camille Sébastien Nachet (1788-1881) war einer jener Fabrikanten, der den Öffnungswinkel der Mikroskop-Objektive vergrößerte; er entwickelte ein Binokularmikroskop. - *Schmitz* II A (1989), 127, 263, 267-269.

372 Jacques Louis Vincent Chevalier (1778-1848) und dessen Sohn Charles Louis Chevalier (1804-1859) verbesserten das achromatische Mikroskop. - *Schmitz* II A (1989), 29, 33, 112, 125, 132.

373 In den gängigen Werken zur Geschichte der Mikroskope wurden diese Werke nicht berücksichtigt.

374 Pierre-Adolphe Piorry (1794-1879) war erst in Paris als Arzt tätig. Nach Laënnecs Veröffentlichung der Lehre von der Auskultation erfand er das "Plessimeter". 1840 erhielt er den Lehrstuhl der inneren Pathologie an der Pariser Fakultät, wechselte 1846 auf den Lehrstuhl der medizinischen Klinik an der Charité und für die Jahre 1864-1866 auf jenen des Hôtel Dieu. Gemeinsam mit Sébastien-Didier Lhéritier veröffentlichte er das Buch: "Traité des altérations du sang", 1. Auflage, Paris 1840. - *Pagel*, Sp. 1296-1297. - *Hirsch* 4, 611-612.

ner werde. Es konnte kaum das Salz aus dem Magen weiter gelangt sein, so perkulti[e]rte er schon wieder die Milz und zeichnete mit schwarzer Kreide am Körper den Umfang der Milz abermals u[nd] zeigte, wie viel sie schon kleiner geworden gegen früher! -

Ich besuchte folgende Vereine in Paris.

1. Die Académie des sciences, 2. die Académie de médecine, 3. die société biologique, 4. den Verein deutscher Ärzte.

Es ist wo[h]l überflüssig zu erwähnen, in welchem Ansehen die Académie des sciences steht, ebenso über die erhebende Würde und Gesinnung, welche hier herrscht. Die ganze Art u[nd] Weise des Vorgangs, die Vorträge, die Berichterstattungen, die parlamentarische Ordnung erweckten in mir die höchste Achtung für die Versammlung der ausgezeichnetsten Gelehrten, die diese Mitgliedschaft für die größte Ehre schätzen. Die Männer der Wissenschaft arbeiten hier Decennien dahin, als größten Lohn zu erreichen, Mitglied der Akademie zu werden. - Auch die Zuhörerräume sind während der Sitzungen stets ganz gefüllt.

Ebenfalls sehr parlamentarisch, doch mit mehr Opposition werden die Sitzungen der acad[émie] de médecine abgehalten.

Einer der tüchtigsten u[nd] thätigsten Vereine aber ist die société biologique, wo Rayer[375], der Vicepräsident der académie des sciences, hier Präsident, Bernard u[nd] Roberts Vicepräsidenten sind. Diesen Versammlungen, die alle Samstage 2 Stunden gehalten werden, wohnte ich während meines Aufenthaltes in Paris immer bei u[nd] war stets erfreut über die schönen Vorträge, die hier gehalten werden.

Eine sehr zweckmäßige Gesellschaft ist der Verein deutscher Ärzte, deren Präsident jetzt Dr. Baumgarten, ein Österreicher u[nd] Arzt der Wiener Schule, ist. Die wirk[lichen] Mitglieder sind die hier ansäßigen oder sich länger aufhaltenden deutschen Ärzte, welche den Verein bilden u[nd] erhalten. Auch französische Gelehrte sind Mitglieder dieses Vereines. Der Verein besitzt seine eigenen Lokalitäten u[nd] eine Bibliothek. Ich wurde aufgefordert, einen Vortrag daselbst zu halten, dem ich auch entgegenkam, und sprach über den "Icterus u[nd] den Gallenfarbstoff in den verschiedenen Se- u[nd] Exkreten", eine Abhandlung, die ich ohnedies zur Veröffentlichung vorbereitet hatte (Der Vortrag ist in der Wiener medizinischen Wochenschrift bereits abgedruckt[376]). Ich wurde zum cor-

---

[375] Pierre François Olive Rayer (1793-1867) war an verschiedenen Spitälern in Paris tätig und seit 1843 auch Mitglied der Académie des science. 1848 wurde er auch Arzt Louis Philippes, 1862 schließlich Professor der vergleichenden Medizin und Dekan der medizinischen Fakultät in Paris. - *Hirsch* 4, 736-737.
Zehn Jahre vor Hellers Reise war sein Standardwerk über Nierenkrankheiten erschienen: "Traité des maladies des reines et des alterations de la secretion urinaire", 3 Bde, 1839-1841.

[376] Dieser Vortrag wurde in der "Wiener medizinischen Wochenschrift" vom 28. Juni und vom 5. Juli 1851 und wenige Monate später auch in Louis Posners "Allgemeiner Medicinischen Central-Zeitung" 20. Band (1851), 651-653, vom 11. Oktober 1851 abgedruckt.

respondierenden Mitgliede gewählt, worauf auch zu Ehrenmitgliedern die Herren Ministerialräthe DDr. Well[377] u[nd] Guentner[378] gewählt wurden, denen die Diplome mitzubringen ich beauftragt wurde.

Jardin des plantes. Der Garten mit seinen höchst großartigen Gewächshäusern und alle die Musée's, die hier in mehreren Gebäuden vertheilt sind, so auch die Ménagerie, müssen jeden Naturforscher in hohem Grade interessi[e]ren. Die Großartigkeit u[nd] Reichhaltigkeit des botanischen Theiles ist wohl allgemein bekannt; ich drang wenig ins Detail, weil ich viel zu wenig Sachkundiger bin. Mehr fiel mir auf im mineralogischen Theile. Die oryctognostische Sammlung steht sehr weit an Reichhaltigkeit unserem k.k. Hofmineralienkabinet[t]e nach, doch muß ich einer neuen Einrichtung, die sehr instruktiv ist, gedenken. Es sind nemlich an den Seitenkästen alle Krystallsysteme u[nd] Krystallformen so geordnet, daß stets zuoberst das geschnitzte Modell steht und noch abwärts die in dieser Form natürlich krystallisi[e]rten Mineralien, so daß stets die gleichnamigen Flächen dem Beseher zugekehrt sind. Die Reichhaltigkeit dieser krystallographischen Sammlung ist wohl das schönste am Kabinet[t]. Auch die Aerolithensammlung[379] ist sehr unbedeutend zu nennen mit Ausnahme einiger Stücke. Weit reichhaltiger ist das Musée min[éral] fossil[e], auch ist die Aufstellung eine bessere. Besonders interessant ist ein neuaufgefundenes, soeben erst aufgestelltes Exemplar eines fossilen Menschenskelet[t]es.

Das musée zoologique zeichnet sich durch eine enorme Reichhaltigkeit, besonders der Seethiere, Balaenen, Krokodile, Fische, Schildkröten etc. aus. Die ornithologische Sammlung ist außerordentlich reichhaltig, besonders auch an Duplikaten, aber die Aufstellung sowohl als auch das Lokale sehr schlecht; ebenso schlecht sind im Allgemeinen besonders die Vögel ausgestopft. Ins-

---

[377] Wilhelm Edler von Well (1797-1879) schloß das Studium der Medizin im Jahre 1821 ab, wurde 1836 Vizedirektor des medizinisch-chirurgischen Studiums an der Universität Wien und 1837 Mitglied der Studien-Revisions-Kommission. Im Jahre 1845 wurde er Vizepräses der medizinischen Fakultät, 1847 Direktor der medizinisch-chirurgischen Studien und Referent der Studienhofkommission und nach 1848 des Ministeriums für Cultus und Unterricht mit dem Charakter eines Regierungsrates. Im Jahre 1849 trat er in das Ministerium des Inneren über, wurde 1850 im Cultusministerium mit dem Referat für die medizinisch-chirurgischen Studien betraut und wechselte 1856 als Ministerialrat wiederum in das Ministerium des Inneren. - *Wurzbach* 54, 225-226. - *Musil* (1948), 9.

[378] Franz Xaver von Guentner (1790-1882) studierte an der Universität Wien Philosophie und Medizin, supplierte die Lehrkanzel für allgemeine Erziehungskunde, erhielt 1830 die Lehrkanzel für praktische Medizin für Ärzte und war 1831-1837 Direktor des Allgemeinen Krankenhauses in Wien. Guentner war Leibarzt des Kaisers Ferdinand I. Im Jahre 1848 wurde er Obermedizinalrat im Ministerium des Inneren, später Sanitätsreferent. - *Hirsch* 2, 889. - *ÖBL* 2, 102. - Hellers Schreibweise ist "Günter".

[379] Der aus dem Griechischen abgeleitete Ausdruck "Aerolith" wurde im 19. Jahrhundert als Bezeichnung für Meteorstein verwendet.

besondere muß ich des neu errichteten Colibrihauses, welches wahrlich Nachahmung verdient, erwähnen. Es ist ein in der Mitte des Saales stehendes achteckiges, also fast rund aussehendes Glasetuis (eher als Kasten), welches ganz aus Glas, zwischen Eisenstäben, besteht, höchstens 4 Fuß im Durchmesser und 7 Fuß in der Höhe mißt und mit einem conischen Dache versehen ist. In diesem sind in vielen übereinanderstehenden Reihen ganz nahe an das Glas die verschiedenen Arbeiten der prachtvollsten Colibri, auch der sonst prachtvollst gefiederten kleinen Vögel aufgestellt, welche Aufstellung allgemeine Bewunderung erregt.

Das großartigste aller Kabinet[t]e ist aber jedenfalls die Skeletsammlung u[nd] das musée anatomique comparé, des[sen] Vorstand Serres ist, an den ich durch den H[errn] Minister Dumas brieflich empfohlen war. Trotz aller Beschreibungen übertraf dieser Reichthum an verschiedenen Skelet[t]en u[nd] Präparaten der vergleichenden Anatomie alle meine Erwartungen, indem eine große Reihe von Sälen u[nd] Zimmern in zwei Stockwerken mit Tausenden der seltsamsten Thierskelet[t]e u[nd] anderen Präparate gefüllt sind, an denen Cuvier[380] den größten Anspruch als Gründer dieses musées hat.

Die Ménagerie endlich im jardin des plantes *ist jetzt sehr reich besetzt, ich möchte hier nur hervorheben, daß ganz besonders reich an schönen und selten[-en] Species die Sammlung der hühnerartigen Vögel und des Wassergeflügels ist, insbesondere an Duplicaten, da sie sich hier vermehren; ich würde dem Direktorium der k.k. Schönbrunner Ménagerie den Vorschlag machen, Eier verschiedener Species aus Paris kommen zu lassen.*

Die Daguerreotypie in Paris verdient wegen des außerordentlichen Fortschrittes uns gegenüber eine besondere Erwähnung, denn besonders die bereits erreichte Größe der Porträts als auch der höchste Grad von Vollkommenheit u[nd] Schärfe der Bilder sind es, die in Österreich bei Weitem noch nicht erreicht sind.

Es ist die Daguerreotypie ein nicht unbedeutender Erwerbszweig in Paris geworden. Die besten Meister ertheilen Unterricht u[nd] es wäre wünschenswerth, daß unsere Akademie der bildenden Künste auf diese Umstände aufmerksam gemacht werde.

Die Aäronautik, besonders durch Poitevin[381], hat jetzt eine Vereinfachung der Füllung als auch die Billigkeit im Preise, mit der sie bewerkstelligt wird, erreicht, das insofern auch wissenschaftliches Interesse hat, weil sie leichter und öfter zu wissenschaftlichen Untersuchungen benützt wird. Man füllt nemlich den Ballon durch eine ganz einfache Vorrichtung mit dem Leuchtgase der Straßenbe-

---

[380] Georg Leopold Christian Friedrich Dagobert Cuvier (1769-1832) wirkte überaus anregend auf die vergleichende anatomische Forschung. Seine Arbeiten bewegten sich auf rein zoologischem Gebiet. - *Hirsch* 2, 161.

[381] Jacques Poitevin (1819-1879) tat sich im übrigen in erster Linie auf dem Gebiet der Photochemie hervor und war der Erfinder des Pigmentdrucks. - *Schaedler* (1891), 96.

leuchtung. - Die Luftfahrten Poitevins sind höchst interessant u[nd] wiederholen sich bei günstigem Wetter 2-3 Male in der Woche.

Die Telegraphie macht hier große Fortschritte, *insbesondere findet sich eine immer größere Ausdehnung und Anwendung*. Es wurden bereits in mehreren Stadttheilen, eben während meines Hierseins, die Stadt- u[nd] Straßentelegraphie unter den Boulevards u[nd] der faubourg *Fab. als* (!) St. Germain eingerichtet.

Der Lehrkörper *und die Studentenschaft* in Paris. In politischer Beziehung nehmen die Professoren eine hohe Stufe ein, aber auch im Publikum genießen sie ein sehr großes Ansehen, denn sowohl die Wissenschaft als die Kunst werden hier in hohem Maaße geschätzt, Verdienste dafür anerkannt und belohnt. Die Candidaten für die Professur haben manches zu überstehen, allein es bedarf gar nicht vieler, noch weniger langjähriger Leistungen eines Mannes, nur des sicheren Verdienstes u[nd] der Beweise der Tüchtigkeit, so fehlt es nie an der Anerkennung u[nd] Versorgung des Individuums, so ja auch nicht an der Auszeichnung von Seite der Regierung; so hat jeder der Professoren, die ich kennen lernte, den Ehrenlegionsorden, der aber keineswegs mit der Professur gleichsam verbunden ist, ich lernte viele Privatgelehrte kennen, die ihn auch erhielten, sobald es anerkannt, daß ihre Leistungen verdienstvoll sind. So lebte z. B. H[err] Peplovsky[382], ein Österreicher, paar Jahre in Paris, sich soviel es seine geringen Mittel zuließen mit Chemie beschäftigend. Dumas machte ihn soeben zum Professor der Agrikulturchemie u[nd] gab ihm die erste und beste der drei zu besetzenden Stellen in Frankreich, nemlich in Versailles. Dumas sprach sich auch über H[errn] Peplovsky gegen mich außerordentlich lobend aus.

Übrigens ist die Charlatanerie hier mehr zu Hause als irgendwo, besonders unter den Ärzten; überhaupt wo der Gelehrte auch des Publikums bedarf, um seine Existenzmittel zu erreichen, so ist es der Fall bei medizinischen Professoren, die zugleich Praxis ausüben. - Die Besoldungen der Professoren sind durchgehend besser als in Deutschland.

Die Studentenschaft. Die Studenten sind hier entschieden in zwei Klassen zu bringen. Die Söhne der Gebildeten kann man mit den Wiener gebildeten Studenten vergleichen. Sie ziehen sich, nachdem sie die Kollegien verlassen, ins Familienleben zurück, besuchen keine Klubs und keine sogenannten Studentenkneipen und Studentenbälle, welche eine Lieblingsunterhaltung der Pariser Studentenschaft im Sommer und Winter sind. Den anderen, weit größeren Theil aber kann man nicht einmal gut mit den Studenten der kleineren deutschen Städte vergleichen, denn das sogenannte Burschenleben in den Burschenschaften existi[e]rt nicht in der Art wie in Deutschland, dafür aber noch mehr Gemeinheit. Ich besuchte, um die Pariser Studenten kennen zu lernen, zwei sogenannte permanente Studentenbälle und paar Kneipen, namentlich im Quartier Latin. Von dieser

---

[382] Biografische Daten Peplovskys konnten leider nicht ausfindig gemacht werden.

Gemeinheit, die hier unter ihnen herrscht, von dieser rohen Ausgelass*enheit kann man sich keine Vorstellung machen, wenn man es nicht gesehen. Die Kleidung, die gewöhnliche eines hiesigen, aber nachläßigen Handwerksgesellen, das Treiben auf ihren Bällen mit den "etudiennes" (nichts als Freudenmädchen) ist im höchsten Grade ausgelassen. Das Beisammenleben mit einer Dirne ist unter ihnen hier fast allgemein. Und ich muß gestehen, wenn gleich die Studenten der ersteren Klasse auch eine große Zahl beträgt, so muß man wahrlich zurückprellen vor dem Gedanken auf die Zukunft, wenn man sieht, wie groß die Schaar der zuegellosen Jugend hier ist, die jetzt sich wie die Hefe des Volkes benimmt und der Keim für die Staatsbeamten und die Staatsbürger sein soll.*

Meine Aufnahme in Paris war eine auszeichnende, wie schon aus obigem hervorgeht, u[nd] besonders mußte ich der Bereitwilligkeit erwähnen, mit welcher mir alles gezeigt wurde, was ich zu sehen verlangte, wozu Dumas sehr viel beigetragen hat. Auch muß ich mit dankbarer Anerkennung der Belehrung nochmals erwähnen, die mir Bernard u[nd] Wurtz mit viel Zeit und Kostenaufwand zukommen ließen, u[nd] ich verließ mit vieler Befriedigung Paris und hätte nur gewünscht, meinen Aufenthalt verlängern zu können.

XIV. **Brüssel**

Der Zweck meines Eintägigen Aufenthaltes war nur, Gluge[383] (den ausgezeichneten Histologen) und Dr. Koepl[384], Leibarzt S[eine]r Majestät des Königs zu besuchen. Koepl (ein Österreicher, früher Assistent bei Prof[essor] Schuh) genießt hier großes Ansehen, und seine öftere Gehaltserhöhung (er bezieht außer seiner freien Wohnung 15 tausend Frks) beweisen auch das Zutrauen u[nd] die Gunst des Königs.

Die Chemie und die medizinische Schule befinden sich hier nicht auf dem Standpunkte, daß es mir wünschenswerth gewesen wäre, mich deßhalb in Brüssel aufzuhalten, ohnedies befand ich mich bereits auf der Rückreise, während ich bereits Ausgezeichnetes gesehen u[nd] profiti[e]rte; nur Gluge, der ausgezeichnete Mikroskopiker, dessen Leistungen im Gebiete der Histologie ihm einen gro-

---

[383] Gottlieb Gluge (1812-1898) stammte aus Westfalen, studierte in Berlin und wurde 1838 Professor in Brüssel; er trat 1876 in den Ruhestand. Er verfaßte u.a. ausgzeichnete Untersuchungen zur pathologischen Histologie. - *Pagel*, Sp. 604-605. - *Hirsch* 2, 774-775.

[384] Zu Ende des Jahres 1847 wurde der zweite Assistent an der zweiten chirurgischen Klinik Wiens, Koepl, zum "Leibwundarzt" des belgischen Königs ernannt. - *Allgemeine Medicinische Central-Zeitung* 16 (1847), 768. - Heller schrieb den Namen "Köppel".

ßen Namen verschafften, wollte ich kennen lernen. Der Chemiker Stas[385] war nicht zugegen. Ich sah Gluges Einrichtungen u[nd] Werke, erstere sind vollständig, letztere ausgezeichnet mit zahlreichen sehr schönen Abbildungen versehen und eben zur Herausgabe bestimmt. Leider konnte ich Gluge selbst nicht treffen.

Eine empfehlenswerthe Einrichtung, die ich auf den Belgischen Eisenbahnhöfen fand, verdient Erwähnung. Es sind nemlich daselbst an der äußeren Mauer des Gebäudes sowohl im Corridor als auch in den Wartesäälen große Landkarten des Eisenbahnterrains auf der Wand selbst gemalt, wo stets der Stationsplatz, auf welchem sich die Karte befindet, das Centrum bildet. Die Karten selbst sind in großem Maaßstabe verfaßt, dehnen sich oft über die ganze Wand aus und sind sehr instruktiv, indem sie den Reisenden einen leichten Überblick der Routen u[nd] des ihn zunächst umgebenden Landes bieten.

Ich verließ den anderen Tag Brüssel, um ohne weiteren Aufenthalt über Lüttich und Aachen nach Köln zu reisen, wo ich mich nur wenige Stunden aufhielt, da diese Stadt für meinen wissenschaftlichen Reisezweck gar nichts Interessantes bietet, und eilte nach Bonn, um daselbst die Universität zu besuchen.

XV. **Bonn**

Da ich Bonn auf meiner Reise berühren mußte, so hielt ich mich hier Einen Tag auf, indem mir darum zu thun war, mehrere Gelehrte, deren persönliche Bekanntschaft ich schon früher machte, zu besuchen, besonders da ich Mitglied der niederrheinischen Gesellschaft für Natur- u[nd] Heilkunde bin, wollte ich deren Präsidenten, Geheim[r][at] P[ro]f[essor] Nasse[386] besuchen. Ich besuchte ferner Harless[387], den Prof[essor] d[er] Physiol[ogie] Budge[388], Prof[essor] d[er] pa-

---

[385] Jean Servais Stas (1813-1891) studierte Medizin und bildete sich in der Folgezeit vor allem bei Dumas als Chemiker aus. Der Schwerpunkt seiner Arbeiten lag auf dem Gebiet der Naturstoffchemie. Ein Vierteljahrhundert lang war er Professor der Chemie an der Militärakademie in Brüssel und war in der Folge an der Münze tätig. - *Poggendorff* II, Sp. 986-987; III, 2, 1282. - *Partington* 4 (1972), 876-878. - Heller schrieb den Namen "Stass".

[386] Christian Friedrich Nasse (1778-1851) studierte in Berlin und Halle, ließ sich 1810 in seiner Vaterstadt Bielefeld als Armenarzt nieder, privatisierte in der Folgezeit einige Jahre und folgte im Jahre 1815 einem Ruf als Professor der neuen Klinik und Direktor des klinischen Instituts nach Halle. 1819 übersiedelte er als Ordinarius nach Bonn. Er pflegte die physiologische Richtung der Medizin und war der erste deutsche Arzt, der die physikalische Diagnostik am Krankenbett übte. - *ADB* 23, 265-270. - *Hirsch* 4, 325. - *Wenig* (1968), 207. - *Bezold* (1920), 205-206.

[387] Johann Christian Friedrich Harless (1773-1853) studierte in Erlangen Philosophie und Medizin, habilitierte sich 1794 und wurde in diesem Jahr zum außerordentlichen Professor, 1814 zum Ordinarius ernannt. 1818 folgte er einem Ruf an die Universität Bonn. - *Hirsch* 3, 58-60. - *NDB* 7, 681-682. - *Bezold* (1920), 204-205. - *Wenig* (1968),

thol[ogischen] Anatom[ie] Albers[389], Geh[eimer] Oberbergrath Noeggerath[390], Bischof[391], Prof[essor] d[er] Chemie u[nd] P[ro]f[essor] d[er] Mineralogie Naumann[392].

Die Chemie ist hier im Allgemeinen sehr mittelalterlich bedacht und das Laboratorium Bischofs, obwohl der Lokalität nach sehr zweckmäßig gebaut, so doch nicht dem neueren Standpunkte der Einrichtung und den Arbeiten nach entsprechend.

Albers theilte mir mit, daß er mit Budge an einigen 30 Kaninchen den Bernardschen Versuch, aber stets vergeblich, anstellte, während er mir selbst gleich bei den ersten dreien vollkommen gelang. Die Physiologie ist hier überhaupt schwach besetzt, die Medizin ist auch hier noch im Rückstande, wie die Herren

---

106.

[388] Julius Budge (1811-1888) studierte in Berlin, Marburg, Würzburg Medizin, später auch Philsophie; seine akademische Laufbahn vollzog sich an der Universität Bonn, wo er sich 1842 habilitierte, 1847 außerordentlicher und 1855 ordentlicher Professor wurde; 1856 ging er als Professor der Anatomie und Physiologie an die Universität Greifswald. - *Poggendorff* 3, 2, 212. - *Hirsch* 1, 755-756. - *ADB* 47, 337-339. - *Wenig* (1968), 39.

[389] Johann Friedrich Hermann Albers (1805-1867) studierte in Bonn Medizin, habilitierte sich dort 1829, wurde 1831 zum außerordentlichen und 1862 zum ordentlichen Professor der Pharmakologie an der Universität Bonn ernannt. In seinen wissenschaftlichen Arbeiten beschäftigte er sich mit pathologischer Anatomie, innerer Medizin, Psychiatrie und Pharmakologie. - *Hirsch* 1, 63. - *NDB* 1, 126. - *Bezold* (1920), 403-404, 513-514. - *Wenig* (1968), 2.

[390] Johann Jakob Noeggerath (1788-1877) hatte sich erst als Autodidakt ausgebildet, dann aber doch studiert und schließlich 1818 an der Universität Marburg das Studium abgeschlossen. Im selben Jahr wurde er zum außerordentlichen, 1821 zum ordentlichen Professor der Mineralogie und Geognosie an der Universität Bonn ernannt. - *Poggendorff* 2, Sp. 292-294; 3, 2 975-976. - *ADB* 23, 752-755. - *Bezold* (1920), 221. - *Wenig* (1968), 212. - Hellers Schreibweise ist "Nöggerath".

[391] Carl Gustav Christoph Bischof (1792-1870) studierte Chemie und habilitierte sich in Erlangen (1815), wo er 1819 zum außerordentlichen Professor ernannt wurde. 1822 erfolgte seine Berufung an die Universität Bonn, wo er das Fach der Chemie und der chemischen Technologie vertrat. In seinen wissen-schaftlichen Publikationen beschäftigte er sich überwiegend mit geologischen Fragen. - *Poggendorff* 1, Sp. 201-202; 3, 1, 134-135. - *Bezold* (1920), 220-221. - *Wenig* (1968), 25. - *NDB* 2, 261-262. - *Partington* 4 (1972&, 533.

[392] Der berühmte Mineraloge Karl Friedrich Naumann (1797-1873) studierte in Freiberg, Leipzig und Jena, wurde 1824 Extraordinarius in Leipzig, 1826 Ordinarius in Freiberg und 1842 in Leipzig. Möglicherweise hielt er sich zufällig in Bonn bei seinem jüngeren Bruder Moritz Ernst Adolph Naumann auf (1798-1871), der sich 1824 in Leipzig habilitierte, 1825 als Extraordinarius nach Berlin und 1828 als Ordinarius nach Bonn ging. Möglicherweise handelte es sich aber auch um eine Verwechslung Hellers. - *Poggendorff* 2, Sp. 257-258; 3, 2, 958. - *Hirsch* 4, 328-329. - *ADB* 23, 316-319. - *Wenig* (1968), 208.

hier es selbst zugestehen, sowie sie uns aber vollste Gerechtigkeit wiederfahren lassen.

Ich machte übrigens auch die erfreuliche Erfahrung, daß hier drei junge Docenten[393], Bedeker[394], Schafhausen[395] u[nd] Nöggerath[396] (der Sohn des Obergrathes) im Vorbilde unserer Wiener Schule mit pathologischer Anatomie, Chemie und Mikroskopie fleißig zu beschäftigen beginnen und zu erwarten steht, daß auch hier bald eine bessere Richtung aufblühen dürfte.

Uebrigens soll die hiesige Studentenschaft kein guter Boden sein, das Burschenwesen einerseits, die Oberflächlichkeit anderseits sind hier in der Blüthe.

XVI. **München**

Das Laboratorium u[nd] pharmac[eutische] Institut Hofr[at] Buchners[397] u[nd] das des Prof[essors] der allg[emeinen] Chemie Buchner[398] (Sohn d[es] erst[e-

---

[393] Keiner dieser drei von Heller erwähnten Gelehrten scheint in Wenigs Verzeichnis auf, war also habilitiert. Heller verwendete den Begriff "Dozent" in diesem Zusammenhang also im Sinne von "Lehrer".

[394] Bedeker war nicht an der Universität Bonn habilitiert; er scheint in der Folge die wissenschaftliche Laufbahn aufgegeben zu haben.

[395] Schafhausen war nicht an der Universität Bonn habilitiert und scheint keine wissenschaftliche Laufbahn eingeschlagen zu haben.

[396] Jacob Eduard Nöggerath, geboren 1823, wurde 1850 Lehrer in Liegnitz, dann Lehrer der Mathematik an der Gewerbeschule zu Saarbrücken und ab 1863 Direktor der Gewerbeschule in Brieg. - *Poggendorff* 3, 2, 976.

[397] Johann Andreas Buchner (1783-1852) wurde an der Universität Erfurt ausgebildet, übernahm 1809 die Stelle eines Oberapothekers an den öffentlichen Krankenhäusern Münchens und wurde 1818 als außerordentlicher, 1820 als ordentlicher Professor für Pharmazie, Arzneiformenlehre und Toxikologie und Leiter des Pharmazeutischen Instituts an der Universität Landshut bestellt. 1826 wurde die Universität nach München verlegt. Ab 1819 gehörte er der Akademie der Wissenschaften an, erst als korrespondierendes, dann als außerordentliches, schließlich ab 1844 als ordentliches Mitglied. Seine pharmazeutisch-chemischen Arbeiten beschäftigten sich vorwiegend mit der Chemie der Pflanzeninhaltsstoffe. - *DAB* 1, 88-89. - *NDB* 2, 706. - *Thürauf* (1963), 37.

[398] Ludwig Andreas Buchner (1813-1897) bildete sich erst als Apotheker aus, studierte in der Folgezeit auch Chemie und schloß seine Studien in München 1839 mit dem Erwerb des Doktorats der Philosophie und 1842 mit der Promotion zum Doktor der Medizin ab. 1842 habilitierte er sich, verbrachte eine gewisse Zeit bei Justus Liebig und wurde 1847 zum außerordentlichen Professor der physiologischen und pathologischen Chemie an der Universität München ernannt und gehörte ab 1846 der Akademie an. 1852 wurde er zum Ordinarius der Pharmazie und Toxikologie und zum Nachfolger seines Vaters bestellt. - *DAB* 1, 89-90. - *NDB* 2, 706. - *Thürauf* (1963), 37.

ren]), dann das des Akademikers Vogel[399], endlich das des Prof[essors] u[nd] Hofapothekers Pettenkofer[400] waren es hauptsächlich, welche mich zu einem Einwöchentlichen Aufenthalte veranlaßten, während anderseits die medizinische Schule u[nd] ihre Richtung kennen zu lernen meine Absicht war.

Außer den genannten 5 Laboratorien besuchte ich den Geheimr[at] v[on] Breslau[401], Prof[essor] d[er] Poliklinik Dr. Seitz[402], Prof[essor] Ditterich[403], Prof[essor] Ringseis[404] u[nd] Hofr[at] Prof[essor] Gietl[405].

---

[399] August Heinrich (von) Vogel (1778-1867) studierte Chemie und Pharmazie und wurde nach verschiedenen Tätigkeiten in München zum Konservator des chemischen Laboratoriums der Akademie der Wissenschaften ernannt. Seit 1816 gehörte er der Akademie der Wissenschaften an, in den Jahren 1827-1852 war er Professor der Chemie an der philosophischen Fakultät. - *DAB* 2, 710-712. - *Thürauf* (1963), 138.

[400] Max von Pettenkofer (1818-1901) widmete sich erst der Ausbildung als Apotheker, studierte dann Pharmazie und Medizin und wurde nach verschiedenen Studienaufenthalten und einer einjährigen Assistententätigkeit bei Liebig, während der er Kreatinin im Urin entdeckte, 1845 zum Assistenten beim Münzamt in München und 1847 zum Professor der medizinischen Chemie an der Universität München bestellt, an der er 1853 zum Ordinarius bestellt wurde. Ab 1846 war er Mitglied der Akademie der Wissenschaften. 1850 wurde er zum Königlich bayerischen Hof- und Leibapotheker und Vorstand der Residenzapotheke ernannt. Ab der Jahrhundertmitte wandte er sich hygienischen und technologischen Fragen zu und eröffnete im Jahre 1879 das erste hygienische Institut der Welt. - *DAB* 2, 451-452. - *DBS* 10, 556-563. - *Pummerer* (1959), 154-156. - *Forst* (1959), 239-242. - *Thürauf* (1963), 105.

[401] Heinrich Breslau (1784-1851) schloß das Medizinstudium 1808 ab, war dann als Militärarzt in französischen Diensten, trat später in bayerische Dienste und wurde 1826 zum außerordentlichen, 1828 zum ordentlichen Professor der Arzneimittellehre an der Universität München ernannt. Er war zugleich Leibarzt des Königs. - *Hirsch* 1, 693. - Hellers Schreibweise ist "Bresslau".

[402] Franz Seitz (1811-1892) studierte Naturwissenschaften und Medizin, wurde 1835 als Militärarzt angestellt, unternahm wissenschaftliche Reisen und habilitierte sich 1848 in München. 1850 wurde er zum Vorstand der Universitäts-Poliklinik und zum außerordentlichen, 1852 auch zum ordentlichen Professor ernannt. Als solcher vertrat er die Arzneimittellehre. Bekannt wurde Seitz durch den 1845 geführte Nachweis des "Schleimfiebers" mit dem Abdominaltyphus. - *Pagel*, Sp. 1576-1577. - *Hirsch* 5, 215-216.

[403] Georg Ludwig Ditterich (1804-1873) studierte in Jena, München, Erlangen und Würzburg und war nach seiner im Jahre 1829 an der Universität Erlangen erfolgten Promotion praktischer Arzt in München. In den Jahren 1843-1855 redigierte er die früher in Salzburg erschienene "Neue medicinisch-chirurgische Zeitung" und ab 1870 die "Blätter für Heilwissenschaft". Im Jahre 1849 wurde er zum "Ehrenprofessor", 1851 zum außerordentlichen Professor an der medizinischen Fakultät der Universität München ernannt. - *Hirsch* 2, 278. - *Allgemeine Medicinische Central-Zeitung* 18 (1849), Sp. 264. - Heller schrieb den Namen im übrigen "Dieterich".

[404] Johann Nepomuk von Ringseis (1785-1880) schloß das Medizinstudium 1812 ab, unternahm eine Studienreise, wurde 1817 Primararzt im Allgemeinen Krankenhaus und Professor an der medizinisch-praktischen Lehranstalt in München. Im Jahre 1826 wurde er zum Professor an der Universität ernannt. Als solcher vertrat er die Ansicht, daß die Medizin wie auch die anderen Wissenschaften ihre Prinzipien in der traditionellen Offenbarungslehre habe. - *Hirsch* 4, 820-821. - *ADB* 28, 635-638.

Pettenkofers Universitätslaboratorium u[nd] Auditorium im neuen Universitätsgebäude. Sowohl das allgem[eine] Laboratorium als auch, besonders aber das Auditorium sind sehr schöne lichte Sääle. Das Laboratorium besteht aus dem großen allgem[einen] Laboratorium, welches so geräumig ist, daß 20 Schüler bequem daselbst arbeiten können, während noch andere Zimmer zu verschiedenen Zwecken, Handlaboratorium des Professors, zu Apparaten u[nd] Präparaten damit verbunden sind. Im Auditorium ist Raum für 20 Zuhörer. So schön die Lokalität[en] sind, so unzweckmäßig ist im Allgemeinen die Einrichtung - soweit sie mit dem Baue zusammenhängt, denn als das Universitätslaboratorium aufgeführt wurde, hat man dem Baumeister allein, ohne Zuratheziehung eines Chemikers, die beiden Laboratorien bauen lassen. Die specielle neuere Einrichtung des Laboratoriums ist im Entstehen, doch war mir ein von Pettenkofer neu konstruierter Windofen[406], dessen genaue Zeichnung ich verfertigte, interessant, indem in demselben Gold ohne Anwendung des Blasbalgs schon leicht schmilzt.

Das Laboratorium der k. Hofapotheke, dem ebenfalls Pettenkofer vorsteht, ist ein wahrlich musterhaftes Apothekenlaboratorium zu nennen, welches mit einem kleinen analytischen Handlaboratorium in Verbindung ist. Obwohl mir, mit Ausnahme besonderer Einrichtungen in der Stoßkammer[407], um das Stoßen dem Gebäude unschädlich zu machen, nichts neues vorkam, so ist die Entheilung und Einrichtung durchaus sehr zweckmäßig und stets sinnreich angebracht zu nennen.

Überhaupt halte ich Pettenkofer für den vorzüglichsten, auch der neueren Richtung entsprechenden Chemiker Münchens u[nd] bedauere, daß er zu vielseitig seine Kräfte zersplittern möchte.

Buchners jun. Universitätslaboratorium ist ebenso gebaut wie das Pettenkofers, so auch das Auditorium nebst dem Experimenti[e]rherd des Professors. Vom Laboratorium, besonders vom Baue gilt dasselbe wie vom ersteren Lab[oratorium] Pettenkofers, nemlich die Einrichtung ist so ziemlich gut und leidet nicht Mangel an dem Nothwendigen.

---

405 Franz Xaver von Gietl (1803-1888) schloß das Studium der Medizin 1827 ab, wurde 1834 Leibarzt des damaligen Kronprinzen Maximilian, wurde 1838 Professor der medizinischen Klinik in München und leitete in den Jahren 1848-1851 das städtische Krankenhaus. Er veröffentlichte mehrfach Abhandlungen über Typhus und Cholera. - *Pagel*, Sp. 599-600. - *Hirsch* 2, 744. - *ADB* 49, 350-351.

406 Pettenkofer scheint seine neuen Konstruktion des zu dieser Zeit weitverbreiteten Windofens keiner eigenen Publikation für Wert befunden zu haben. Die gängige Form des Windofens ist behandelt in: *Mohr* (1853), 177-182. - *Handwörterbuch der reinen und angewandten Chemie* 5, 629-637.

407 Jede Apotheke verfügte über eine sogenannte Stoßkammer, in der die im übrigen auch zur zahlreiche bildliche Dokumente belegten mechanischen Arbeiten der Arzneibereitung durchgeführt wurden.

Die Dotationen sind nicht beschränkt, sie richten sich nach den jährlichen Bedürfnissen. Ich fand hier nichts besonders Bemerkenswerthes, sondern nur das Hinlängliche. Sehr reichhaltig ist die Präparatensammlung und ihre Aufstellung im Auditorium zweckmäßig.

Buchners (sen.) Laboratorium ist das "pharmaceutische Institut" zur praktischen Ausbildung der Pharmaceuten im Laboratorium. Hier herrscht viel Thätigkeit, es arbeiten hier mehrere Pharmazeuten u[nd] zwar Präparate im größeren Maßstabe. Die Einrichtung gefällt mir sehr gut. Es ist hier nicht der Zweck, Ausbildung in der analytischen Chemie, sondern in der praktischen Darstellung alles für den Laboratorius Nöthigen; ein Institut, welches bei uns in Österreich fehlt und jedenfalls Nachahmung verdient. Buchner sen. gibt aber den analytischen Unterricht nebstbei im Universitätslaboratorium u[nd] weiß beides zweckmäßig für den Pharmazeuten zu verbinden. Ich habe die Überzeugung gewonnen, daß das pharmaceutische Institut eine so praktische Richtung in seiner Einrichtung u[nd] Thätigkeit ausspricht, daß eine solche für die Heranbildung tüchtiger Apotheker nur nutzbringend sein muß, ja unentbehrlich ist.

Vogels k. akademisches Laboratorium. Es befindet sich im eigenen Hause Vogels unter dessen Wohnung.

Das erste allgem[eine] Labor[atorium] u[nd] das Handlaborat[orium] sind mit dem Nothwendigsten neu eingerichtet; sehr lichte u[nd] große Räume, das Auditorium etwas dunkel, aber anstoßend ans Laborator[ium]. Ich lernte hier gar nichts Besonderes kennen; es steht in so Manchem anderen Laboratorien nach. Besonders ist hier die organische Chemie sehr stiefmütterlich bedacht, so wie in allen Münchner Laboratorien. Es scheint hier wenig Thätigkeit zu herrschen.

Harless[408], Prof[essor] d[er] Physiologie, hat weit mehr meine Aufmerksamkeit auf sich gezogen, obwohl sein Laboratorium u[nd] Auditorium vieles zu wünschen übriglassen, allein er hat gar keine bestimmte Dotation u[nd] er wurde bisher zu wenig unterstützt. Dennoch herrscht hier Thätigkeit. Harless zeigte mir seine von ihm neu entdeckten Apparate zur Bebrütung der Hühner- u[nd] Vogeleier[409] überhaupt u[nd] zur gleichzeitigen Untersuchung der in der verschiedenen Brutzeit aus dem Ei entweichenden Luft als Respirationsprodukte und experimenti[e]rte mit mir einen ganzen Abend. Ich fand viel Beifall an der sinnreichen Einrichtung des Apparates u[nd] der Wichtigkeit dieser Untersuchungen.

---

408 Emil von Harless (1820-1862) studierte u.a. in Göttingen Medizin und bildete sich in in Würzburg in Johann Joseph Scherers Laboratorium in der klinisch-chemischen Anaylse aus, unternahm eine Studienreise und habilitierte sich 1848 in München. Im folgenden Jahr wurde er außerordentlicher, 1857 ordentlicher Professor. - *Hirsch* 3, 60. - Thürauf (1963), 64. - *Goerke* (1972), 218.

409 Der Typus eines solchen Brutapparates findet sich abgebildet in: *Die Gewinnung der Rohstoffe* (1877), 319.

Dann theilte mir Harless mit die Construction der amerikanischen Brutmaschinen, die bei ihrer Einfachheit so Ausgezeichnetes leisten, daß ebenso viele Eier wie von der Mutter ausgebrütet werden. Es wäre sehr zu wünschen, daß dieser Apparat auch hier eingeführt werde. - Es könnte vielleicht mit dem wissenschaftlichen auch ein praktischer Nutzen damit verbunden werden.

Ich besuchte nun in Begleitung des Herrn Hof[rates] u[nd] Leibarztes S[eine]r Majestät P[ro]f[essor] Gietl die Kliniken und das allgemeine] Kranken-[haus][410]. Besonders dankend muß ich der besonderen Bereitwilligkeit des H[err]n Hofr[ats] Gietl erwähnen. Im Krankenhause und auf den Kliniken herrscht eine besondere Reinlichkeit und Präcision, besonders in der Krankenpflege, welche von Barmherzigen Schwestern durchaus besorgt wird. Das Haus zählt 500 Kranke beiderlei Geschlechts. In jedem Krankenzimmer sind höchstens 12 Betten. Jene sind sehr geräumig und licht, die Fenster immer nur an Einer, u[nd] zwar der schmalen Seite, was mir sehr zweckmäßig scheint, so wie überhaupt die ganze Bauart des Spitals. Die Küche befindet sich in der Regie der Barmherzigen Schwestern u[nd] ist sehr schön [und] zweckmäßig angelegt bis auf das, daß die Gefäße aus blankem Kupfer sind, welches ich tadle, da sie nur insoweit unschädlich sind, als sie ganz rein bleiben u[nd] durchaus keine Fett- u[nd] andere Säuren mit dem Kupfer in Berührung kömmt, ersteres kann doch einmal übersehen werden, letzteres kann aus Mangel an chemischen Kenntnissen der Manipulantinnen leicht vorkommen.

Hierauf geleitete mich Gietl in die Poliklinik des Prof[essor] Dr. Seitz. So sehr ich Seitz's Kenntniße und Leistungen anerkenne, so muß ich auch offenherzig dasselbe und zwar noch nachdrücklicher bekennen, was ich überhaupt von einer Poliklinik halte u[nd] schon bei "Berlin" aussprach, *nemlich daß sie nichts ist als ein oberflächliches Ambulatorium ohne Nutzen, wenn sie nicht mit der Spitalsklinik in Verbindung ist. Ich wohnte auch hier dem Klinikum mit Aufmerksamkeit bei und sah, zu welcher Oberflächlichkeit im Untersuchen und allem, was zur richtigen Diagnose führen soll, die Schüler, die noch so unerfahren sind, verleitet werden.*

Ich besuchte ferner Prof[essor] Ringseis u[nd] Geh[eim]r[at] u[nd] Leibarzt Ihrer Maj[estät] der Kaiserin Dr. Breslau, *mit welchen beiden ich lange Unterredungen in Betreff unserer und der Münchner Universität, besonders der baierischen Verhältnisse hatte.* Ich wurde von letzteren so wie in München überhaupt auf eine sehr zuvorkommende u[nd] ehrende Weise empfangen, *ich konnte gar nicht den vielen gastfreundlichen Einladungen entgegenkommen. Alle Herren thaten Erwähnung von meiner so ausgezeichneten Aufnahme in Berlin und Paris und drückten ihre Freude darüber aus, indem sie sich augenscheinlich bemühten, als unsere Nachbarn jenen nicht nachzustehen. Welche Anerkennung*

[410] Dieses Großkrankenhaus war in den Jahren 1809-1813 errichtet worden. - *Murken* (1988), 52-55.

meine hiesige Thätigkeit selbst unter den älteren Aerzten genießt, kann aus den Worten Breslaus hervorgehen, die ich hier nicht meinetwegen, sondern zur Rechtfertigung meiner Richtung und meines Wirkens anführe: "Ein Grundstein der künftigen Medizin ist die pathologische Chemie, und sie ist bisher nur von Ihnen speciell mit Auszeichnung betrieben, ja gegründet worden. Ich werde nach einem Jahr meinen Sohn eigens zu Ihnen und zu Rokitansky schicken. Namentlich Baiern ist Ihnen schon viel Dank schuldig, indem Sie schon viele Aerzte in diesem Fache gebildet haben und hiedurch so wie durch Ihr Journal das Fach auch bei uns zuerst in Anregung brachten. Sie können darauf rechnen, daß Sie von unserem Könige, sobald diese polytische Zeit etwas geordnet sein wird, eine Auszeichnung zu erwarten haben." Dieß sind genau die Worte Breslau's, die ich in mein Tagebuch schrieb. Besonders freut mich die Offenherzigkeit der medizinischen Celebritäten, mit der Sie mich über alles aufklärten, und wie sie sich über unsere Schule und die Münchner aussprachen. Während die Münchner unsere medizinische Schule mit großen Lobeserhebungen an die Spitze aller stellten, *besonders die Berufung Oppolzers und Brückes höchst anerkennend hervorhoben,* sprachen sie sich Insbesondere sehr anerkennend über die in der letzten Zeit getroffenen Berufung[en] aus, *so gestanden sie anderseits ihre eigenen Schwächen ein. In besonderem Ansehen steht hier so wie überal[l] unser "Obermedizinalcollegium aus Well und Guentner" bestehend, die als die obersten Lenker aller medizinischen Angelegenheiten bekannt sind. Von den Professoren stehen in besonderem Ansehen Rokitansky, von dem man aber behauptet, "er ruhe auf seinen Lorbeeren", Hyrtl*[411]*, Schuh, Brücke, Rosas*[412]*, Hebra*[413] *in Betreff seines dermatologischen Wissens, aber bekannt als einseitig und enorm roh. Dumreicher*[414] *kennt man so wie nirgends auch hier nicht. Skoda ist hier total in Ver-*

---

[411] Josef Hyrtl (1811-1894) wurde 1833 Prosektor in Wien, übernahm 1837 die Professur der Anatomie in Prag und ab 1845 an der Wiener Universität. Er war einer der großen Anatomen seiner Zeit. - *Pagel, Sp. 796-799. - Hirsch 3, 361-363. - NDB 10, 109-110. - DSB 6, 618-619. - Lesky (1978), 240-246. -*

[412] Anton von Rosas (1790-1855) studierte an den Universitäten Pest und Wien Medizin und wurde 1819 zum Professor der Augenheilkunde an der Universität Padua, 1821 an der Universität Wien bestellt. Er war ein herausragender Opthalmologe. - *ÖBL* 9, 241-242. - *Lesky* (1978), 86-87.

[413] Ferdinand von Hebra (1816-1880) schloß das Studium der Medizin im Jahre 1841 in Wien ab. Es gelang ihm, die Schaffung einer Abteilung für Hautkranke durchzusetzen, die er ab 1845 leitete. 1848 wurde er Primararzt am Allgemeinen Krankenhaus, wurde 1849 zum außerordentlichen und 1869 zum ordentlichen Professor für Dermatologie ernannt. Er war einer der Reformatoren der neueren Dermatologie. - *ÖBL* 2, 232. - *NDB* 8, 172-173. - *Lesky* (1978), 153-160.

[414] Johann Dumreicher (1815-1880) schloß sein Medizinstudium 1838 an der Universität Wien ab, habilitierte sich 1844 und wurde 1846 zum Primarchirurg bestellt. 1849 wurde er Ordinarius und Vorstand der chirurgischen Klinik in Wien. - *ÖBL* 1, 204. - *NDB* 4, 192-193. - *Lesky* (1978), 200-202.

fall, aber alle durchgehends sprachen sich wohl mit Anerkennung seiner Leistungen in der Auskultation und Perkussion, sehr nachtheilig gegen ihn aus, er ist bekannt als ein Zankapfel und Parteiführer des Krankenhauses.

Die Studenten sind hier fleißig und viel solider als an den meisten deutschen, besonders den kleineren Universitäten. Man verspührt nichts von den Burschenschaften, und es kommen die lermenden Gassenbewegungen hier nicht vor, wie man sie sonst gewohnt ist zu finden; es herrscht hier weit mehr städtische Bildung unter ihnen, während wohl die der kleineren bairischen Universitäten als Raufer und Kneipbursche nur zu sehr bekannt sind.

Wenn ich über meine Erfahrungen in München ein Resumee geben soll, so bestände dies vorzüglich in Folgendem:

Die allgemeine Chemie. *Die Chemie als reine nicht angewandte Chemie* entspricht nicht den Zeitanforderungen[415], die organische Chemie ist fast ganz, die medizinische Chemie ganz vernachläßigt, während die pharmazeutische Chemie hier am meisten betrieben u[nd] sehr zweckmäßig gelehrt wird, und Buchners pharmac[eutisches] Institut wahrlich Nachahmung verdient.

Als besonders nachahmenswerth finde ich daher eben das pharmazeutische Institut zur Bildung practischer Apotheker; ich erhielt, falls ich es benöthigen sollte, vom Hofrath Buchner das Versprechen, daß er mir alle Modalitäten des Instituts und des pharmazeutischen Unterrichtes schriftlich einsenden wolle. Ich gestehe es ganz offen, daß ich besonders mit dem chemischen Unterrichte der Pharmaceuten, aber auch mit dem übrigen Tyrocinialwesen, wie es jetzt bei uns ist, gar nicht eiverstanden sein kann.

Die Medizin in München steht im Allgemeinen zurück. Endlich ist es höchst auffallend, wie in München gegenüber der Kunst, der Wissenschaft in denen ihr gebothenen u[nd] nöthigen Mitteln stiefmütterlich bedacht ist. *Der Unterschied ist so grell, daß wohl keine zweite Stadt dieß in sich erkennen läßt.* -

Schlußbemerkungen

In dem vorhergehenden detailli[e]rten Berichte habe ich es mir ohnehin zur Aufgabe gestellt, jeden bemerkenswerthen Umstand nach meiner Überzeugung zu erwähnen u[nd] meine Meinung der Wahrheit getreu offen auszusprechen, ich habe meine Erfahrungen nach dem Besuche jeder einzelnen Universität in jenen Kapiteln chronologisch aufgezeichnet, doch erscheint es mir für zweckmäßig, sowohl einen Gesamtüberblick über alles zu fassen als auch aus den Vergleichen des Gesammten ein Urtheil zu ziehen und einige Vorschläge auszusprechen, deren Realisi[e]rung meiner unmaßgeblichen Meinung nach zweckmäßig und wünschenswerth erscheine. -

---

[415] Dies galt auf keinen Fall für Pettenkofer.

Überal[l], besonders in Preußen hat man sich sehr erfreulich ausgesprochen über das Prinzip der öfteren Verleihung von Reisestipendien in Österreich.

Was meine Aufnahme betrifft, die ich gefunden, so habe ich derselben bereits bei den einzelnen Universitäten erwähnt. Sie war allenthalben eine für mich höchst erfreuliche, schmeichelhafte u[nd] aufmunternde. Ich glaubte, dies nur deßhalb anführen zu sollen, indem daraus ersichtlich sein dürfte, daß das Vertrauen des hohen Unterrichtsministeriums nicht einen dessen unwürdigen getroffen haben dürfte.

Die Zeit einer wissenschaftlichen Reise im Auslande mit Rücksicht auf ein Reisestipendium richtet sich allerdings nach dem Zwecke und dem bereits gemachten Fortschritte der Betheiligten. Die Chemie berücksichtigend würde ich bemerken: daß für Vorgerücktere Ein Semester in Gießen bei Liebig zuzubringen, wenn die Zeit gut zugebracht wird, genüge, möge sich der Lehramtscandidat der reinen oder angewandten Chemie ferner zuzuwenden gedenken; übrigens ist es sehr lehrreich, besonders durch den Vergleich, auch einige andere Laboratorien zu besuchen, unter denen ich für die allgemeine Chemie Löwigs Laboratorium in Zürich u[nd] Wurtz's in Paris dem Liebigschen zu nächst stelle; unbedingt aber und angelegentlichst empfehle ich dem Metallurgen (oder Mineralanalytiker insbesondere) Heinrich Rose in Berlin, wenigstens auf Ein Semester zum Besuche. Es würde sich daher die Zeit einer solchen wissenschaftlichen Reise durch ein Reisestipendium zwischen Einem und zwei Semestern als wünschenswerth ergeben.

Im Übrigen verweise ich auf die Kapitel Chemie in dem Specialberichte über die einzelnen Universitäten.

Der Zweck meiner Reise war vorzüglich ein zweifacher:

a) das Möglichste im Gebiete der reinen Chemie als:

b) der angewandten medizinischen Chemie in Verbindung mit Physiologie u[nd] Pathologie zu lernen, so wie den Verband kennen zu lernen, in welchen bisher die Medizin mit der Chemie im Auslande getreten ist.

Die reine Chemie ist die Basis eines jeden Zweiges der angewandten Chemie, und darin habe ich meinen Zweck nach Wunsch erreicht, und zwar vorzüglich bei Liebig, Heinr[ich] Rose und Wurtz. - In Betreff der angewandten medizinischen Chemie, namentlich der pathologischen Chemie habe ich wo[h]l nirgends Befriedigung erhalten. Ich habe vielmehr die volle Überzeugung gewonnen, daß dieses Fach wichtiger Theil der Medizin nirgends mit dieser ausschließlichen Tendenz und dem innigen Verbande mit dem Krankenbette betrieben wird, wie hier von mir; jeder Unbefangene und gerecht urtheilende, dem die auswärtigen Verhältniße bekannt wurden, muß dies zugestehen. Entweder sind es Physiologen, die sich einzelner chemischer Untersuchungen bedienen, oder es sind Chemiker, die planlose, wenn gleich oft gute, einzelne physiologische und spärliche einzeln dastehende, also meist werthlose pathologisch-chemische Untersuchungen vornehmen oder compilatorische Werke schreiben.

Die Physiologie fand ich am vorzüglichsten durch Bernard in Paris, dann von Rudolf Wagner in Göttingen und Joh[hannes] Müller in Berlin und Purkynje in Breslau vertreten, und habe besonders bei Bernard viel Interessantes gelernt.

Die Medizin im Allgemeinen fand ich nicht nur nirgends auf der hohen Stufe wie bei uns in Wien und in Prag, sondern vielmehr weit zurück gegen uns. Ich glaube, es mit Bestimmtheit sagen zu können, daß sowohl im Allgemeinen als in den einzelnen Fächern der medizinischen Studien wir im Auslande nichts Vortheilhafteres zu suchen haben, während die reinen Naturwissenschaften, namentlich die Physik, besonders in Berlin und Gießen, auf einer höheren Stufe stehen als bei uns.

Die Pharmazie ist wohl nirgends auf einem hohen Punkte[416], noch ist sie am besten in Bayern; Hofr[at] P[ro]f[essor] Buchner ist derjenige, dem dies zu danken. Ich erlaube mir in Betreff des pharmazeutischen Studiums in Folgendem Vorschläge zu machen, die meiner neuesten Überzeugung entsprechen. Es ist dies ein Thema, worüber ich auch mit meinem Vater, weiland Iglauer Kreisgremialvorsteher der Apothe[ke]r, oft Rücksprache gepflogen habe. Es sind uns auch die meisten u[nd] vorzüglichsten veröffentlichten Apothekenreformvorschläge[417] bekannt, doch muß ich gestehen, daß ich mit keinem in Betreff der Studien einverstanden sein kann, auch nirgends diese Ansicht, die ich aussprechen will, vorfand. - Der größte Übelstand liegt nach meiner Meinung in dem Beginne des pharmazeutischen Studiums, und zwar darin: daß jeder Apotheker, d.i. Apothekenbesitzer, das Recht hat, Tyronen aufzunehmen. Dies kann ich aus meiner Erfahrung durch Folgendes begründen. Sehr viele, ja die meisten Apotheker in der Provinz waren Lehrlinge (Tyronen) in einer kleinen Landapotheke, wo beinahe nichts chemisches gearbeitet wird u[nd] fast alles aus chem[ischen] Fabriken oder Materialwarenhändlern fertig angekauft wird. Nun hatte der Zögling gar keine Gelegenheit, etwas praktisch im Laboratorium zu lernen, er besteht nach der 4jährigen Lehrzeit dennoch - bei der nur theoretisch gehaltenen Prüfung; er conditioni[e]rt 2 Jahre, hört den Curs auf der Universität, wo er von der eigentlichen pharmazeutisch-chemischen Praxis meistens so gut wie nichts lernt; hat er nun Geld genug, sich eine Apotheke zu kaufen, so erkauft er sich hiermit zugleich das Recht, Professor zu sein, nimmt Lehrlinge auf und - bildet sie höchstens so wie er gebildet worden ist. Und darin liegt das sich fortspinnende Übel, daß nemlich jeder Apotheker, gleich wie er absolvi[e]rt hat, und eine Apotheke

---

416 Diese Situation hatte allenthalben zu Diskussionen über die Neugestaltung der pharmazeutischen Ausbildung geführt. Während die österreichischen Fachkräfte in ihrer überwiegenden Zahl die Pharmazie ihres Landes als reformbedürftig erachteten, meinte Philippe in seiner Geschichte der Apotheker: "Nicht zu Unrecht rühmen die Fremnden die österreichische Pharmacie. Dieser wichtige Theil der Heilkunde geniesst in Oesterreich eine weit grössere Achtung als bei den Franzosen." - *Philippe* (1966), 1025.

417 Diese Vorschläge wurden vornehmlich in der ab 1847 erschienenen "Österreichischen Zeitschrift für Pharmacie" veröffentlicht.

kaufen kann, auch sogleich Lehrer sein darf; so wie daß die Studien an der Universität fast gar nicht mit pharmac[eutischer] Praxis verbunden sind und endlich die Tyrocinialsprüfungen als auch die Magisterialprüfungen theoretisch abgehalten werden, denn die 2 Präparate, die der Pharmazeut mit allen Hilfsmitteln ohne Beisein einer Commission macht, sind gar nicht in Anschlag zu bringen. Ausgezeichnet sind daher in dieser Beziehung a) die praktisch-pharmazeutischen Prüfungen bei Mitscherlich in Berlin und b) das pharmazeutische Institut in München von Hofr[at] Buchner.

Ich würde daher zur Verbesserung des pharmaceutischen Studiums vorläufig Folgendes in Vorschlag bringen:

1. Daß nicht jedem Apotheker, sobald er nur in den Besitz einer Apotheke kommt, zugleich, wie bisher, das Recht eingeräumt sei, Lehrer zu sein, d.h. Tyronen als Lehrlinge aufzunehmen, sondern: daß diese Berechtigung nur gewissen Apothekern, deren Tüchtigkeit anerkannt und von denen es bekannt ist, daß in ihren Laboratorien die Präparate wirklich gearbeitet werden, das Recht, junge Pharmazeuten zu bilden, eingeräumt werde.

2. Daß pharmazeutische Institute errichtet, eigentlich nur concessioni[e]rt werden. Dies kann geschehen, ohne daß es dem Staate die geringste Auslage verursacht, wenn nemlich nur gewisse Apotheker als Institutslehrer ernannt werden und berechtigt sind, ein Honorar von ihren Zöglingen zu nehmen, u[nd] daß ihre Zeugnisse eine Nothwendigkeit für die pharmazeutischen Studenten werden. Die Lehrer selbst so wie ihre Institute wären nur der Studienbehörde zu übermachen. Ich bin fest überzeugt, daß dies erreicht werden kann, ohne daß diese Lehrer besoldet werden müßten, und daß diese Maaßregel sowohl unter den Lehrern als auch den Zöglingen tüchtigere Individuen heranbilden würde, als es jetzt im Allgemeinen der Fall ist.

3. Endlich sollten dann die Prüfungen durchaus praktisch und mit größerer Ausführlichkeit, sowohl im Gebiete der empirischen Pharmazie als der Chemie überhaupt abgehalten werden.

Sollten die hier angedeuteten Grundlinien einigen Anklang finden, so bin ich bereit, in einem Weiteren einen ausführlicheren Entwurf zu liefern. -

Was die Anstalten und Sammlungen des Auslandes betrifft, so habe ich überhaupt viel Vorteilhaftes angetroffen, besonders auffallend ist es, daß sehr oft an Universitäten eines an sich sehr kleinen Landes die ausgezeichnetsten Institute, sowohl in Betreff der Lokalitäten als auch der Einrichtungen gefunden werden, so z.B. in Hannover, den beiden Hessen, Baden und einzelnen Cantonen der Schweiz, wie ich es im speciellen Berichte ausführte.

Die Pauschalien der Laboratorien u[nd] Kabinet[t]e, namentlich aber der ersteren, fand ich im Allgemeinen fast überal[l] höher als bei uns, so daß die Lehrer mehr in den Stand gesetzt sind, experimentellen praktischen Unterricht zu ertheilen.

Die Professoren betreffend fand ich, daß man jetzt fast überal[l] eifrig bemüht ist, *durch jüngere Kräfte die älteren zu ersetzen, und dies gilt ganz beson-*

ders von der medizinischen Schule, namentlich kommt man jetzt mehr davon ab, davon abzukommen, den berufenen Lehrern aufzutragen, über mehrere Gegenstände zugleich zu lesen, sondern bestimmt sie für das Fach, worin sie bereits geleistet und wofür sie die meiste Vorliebe zeigen. Überhaupt spricht sich das System der Fachlehrer immer mehr aus. Sehr häufig findet man in Betreff der Besoldungen keine bestimmten Gränzen gesetzt, indem das meist nach der Vorzüglichkeit des Individuums bestimmt wird, daher auch sehr oft schon in den Bedingungen der am häufigsten vorkommenden Berufungen, durch die die meisten Stellen besetzt werden, verbunden ist. Im *Allgemeinen findet man, daß sich die Professoren der Naturwissenschaften am wenigsten mit Politik befassen, sondern bei ihrem Fache bleiben.*

Das Institut der Assistenten ist entschieden bei uns am vorzüglichsten. Das Prinzip der ausländischen Assistentenstellen taugt nicht viel. Die Assistenten führen meist den Namen "Famulus" und beziehen meist den kleinen Gehalt nur vom Professor. Man spricht sich auch allenthalben sehr günstig über unsere Einrichtung aus, nur wäre es wünschenswerth, daß außer den Assistenten bei den praktischen Fächern, wenigstens häufiger, Stipendien verliehen würden, wo dann aus denen am talentvollst sich zeigenden die Wahl der wirklichen Assistenten oft eine ersprießlichere wäre.

Das Institut der Docenten ist überal[l] eingeführt, solchen, welche ihre Lehrfähigkeit einmal bewiesen, wird stets sehr bald unter die Arme gegriffen, sie bekommen bald Besoldung und den Titel eines außerordentlichen Professors; endlich wird aber der Titel eines ordentlichen Professors überal[l] auch solchen Lehrern als Auszeichnung verliehen, die ein Fach lehren, welches nicht zu den "obligaten" Gegenständen gehört.

Ich habe bereits oben die Studenten der einzelnen Universitäten geschildert und glaube, folgendes vergleichsweise im Allgemeinen bermerken zu müssen. Ich halte es für schwer, einen Unterschied zwischen den Nord-, Süd- und Westdeutschen Studenten anzugeben, mit Ausnahme dessen vielleicht, daß die bei Weitem größte Mehrzahl der Studierenden an den Westdeutschen Universitäten Republikaner sind; weit ersichtlicher ist aber der Unterschied der Studenten in großen Städten von denen der kleineren Städte der sogenannten kleinen Universitäten. Im Allgemeinen befassen sich die Studenten viel zu viel mit Politik, weit mehr als die Professoren.

Während die Studenten in den großen Städten mehr vereinzelt oder zerstreut sind, mehr dem Familienleben sich zuwenden und gesitteter sind, so sind die Studenten der kleinen Universitäten durchaus in Klubs oder Burschenschaften vereint und führen ein Kneipenleben, und ihr Treiben gleicht den von Handwerksburschen mit Verübung vielfacher Excesse, unter denen das Duel[l] obenan steht. Es wäre sehr wünschenswerth, daß in den deutschen Studenten ein besserer Geist, eine bessere Gesittung herrsche. Obwohl ich mich zu schwach fühle zu einer Verbesserung dieser Zustände die geeigneten Vorschläge zu machen, so erlaube ich mir doch wenigstens meine Ansicht, die durch jene Erscheinungen hervorgerufen wurde, auszusprechen: Vor allem führt sie mich zu der Betrach-

tung des Sitzes der Universitäten, der Lernfreiheit und der Beschäftigung der Studenten.

Ich hatte früher immer die Meinung, daß es besser sei, wenn der Sitz einer Universität sich in einer kleinen Stadt befindet, die sowohl den Lehrern als den Studenten weniger Zerstreuung bietet, allein meine Ueberzeugung hat mich gelehrt, daß dieß eher für die Lehrer, doch keineswegs für die Studenten seine Geltung haben kann. Eine zu kleine Stadt, wie z.B. Gießen, Marburg, Göttingen und viele andere, gewährt den Studenten weder ästhetischen noch irgend einen mehr geistigen und moralischen Genuß durch Anstalten einerseits, Umgang und Familienleben anderseits; sie sind allein auf sich beschränkt und führen so ein zu ungeni[e]rtes Leben und lassen ihrem Burschenleben vollen Lauf, indem ihnen nichts im Wege steht und selbst die Communen sich von ihnen terrorisi[e]ren lassen, da ihr Aufenthalt einen wesentlichen Nahrungszweig der Bürgerschaft ausmacht; sie behaupten die Oberhand und ihre Ausgelassenheiten werden gleichsam als ein nothweniges Uebel stillschweigend geduldet. - Anderseits bieten die größten Städte auch wieder viele Zerstreuungen und Uebelstände anderer Art, während doch das Burschenleben und dessen Folgen weit in dem Hintergrund stehen, daher glaube ich, daß mittelgroße Städte, etwa Provinzialhauptstädte, am geeignetsten sind für den Sitz einer Universität mit Ausnahme der Medizin wenigstens der praktischen Fächer, deren Sitz jedenfalls aus dem größten Vortheile in den größten Städten, des Materiales wegen, verbleiben sollte, denn ich habe mich vielfach überzeugt, wie irrig es ist, die Kliniken und die mit dem Krankenbett verbundenen Lehrgegenstände, als Anatomie, pathologische Anatomie und pathologische Chemie etc. in kleine Städte zu verlegen, indem sowohl den Lehrern als den Studierenden zu wenig Gelegenheit und Materiale geboten ist. So z.B. sah ich in Gießen, daß im ganzen Semester nur elf pathologische Sektionen angestellt werden konnten, soviel als hier in Wien an Einem Vormittage, der gerichtlichen Fälle gar nicht zu gedenken. Die Mediziner erhalten das Diplom und die Berechtigung zur freien Praxis, ohne im Entferntesten genügend gebildet zu sein.

Die Lernfreiheit ist ebenso wie die Lehrfreiheit überall eingeführt[418]*. Jene hat auf die Beschäftigung der Studenten überhaupt sowie anderseits auf ihren Fortschritt einen wesentlichen Einfluß. Mit ihr ist die Aufhebung aller Prüfungen während der Studienzeit und volle Freistellung der Frequentation verbunden.*

Ich kann es auch aus meiner Erfahrung bestättigen, daß die Studi[e]renden bei uns sehr fleißig die Collegien frequentieren, nicht so sehr ist es im Auslande der Fall. Allein es sollte doch mehr auf die Mittel gedacht werden, daß sich der Professor von der Frequentation der Einzelnen Ueberzeugung verschaffe, denn es fängt jetzt an, unter den Studierenden eine Sitte einzureißen, die sich noch

---

[418] In der Habsburgermonarchie wurden Lehr- und Lernfreiheit erst nach der Revolution von 1848 gewährt.

verschlimmern dürfte, sie ziehen nemlich im Sommer aufs Land in die Wiener Umgebung und kommen weit seltener in die Kollegien.

Was die Prüfungen anbelangt, so wäre es meine unmaßgebliche Meinung, daß es 1. besonders in den praktischen Fächern wünschenswerth wäre, daß wenigstens zeitweilige praktische Prüfungen eingeführt werden, denn auch während des Prüfens lernen die Zuhörer viel, wenigstens habe ich mich davon überzeugt, indem meine Zuhörer ein zeitweiliges Examinatorium selbst wünschen, um dabei zu lernen. 2. Glaube ich, dürfte die Einführung von Maturitätsprüfungen für den Uebergang aus den theoretischen medizinischen Jahrgängen in die praktischen sehr wünschenswerth erscheinen. -

Der Hauptzweck meiner Reise war, für meine Belehrung möglichst zu sorgen, darzuthun, inwieferne ich meiner pflichtgemäßen Aufgabe entsprochen, ist der Hauptzweck dieses meines Berichtes, u[nd] ich schmeichle mir, mit der Hoffnung in dem Specialberichte über die Verwendung meiner Zeit eine genügende Rechenschaft gelegt zu haben.

Indem ich diesen Bericht blos für das hohe k.k. Ministerium des Unterrichts bestimmt habe, behalte ich es mir für die Zukunft vor, das für die Öffentlichkeit

geeignete dem Drucke zu übergeben, so wie ich mich bemühen werde, die Lükken nach Kräften auszufüllen und allenfal[l]sigen weiteren Aufforderungen emsigst zu entsprechen.

Dr. Joh[ann] Flor[ian] Heller

3.1. Quellen- und Literaturverzeichnis

Quellen

Österreichisches Staatsarchiv, Abteilung Allgemeines Verwaltungsarchiv
Bestand Ministerium für Cultus und Unterricht
Wien Medizin
Prag Medizin
Graz Medizin
Innsbruck Medizin

Archiv der Universität Wien
Medizinische Fakultät

Literatur

Abderhalden Emil: Physiologische Chemie als selbständiges Fach. Der Biologe 1 (1931/32) 1026-1027; 2 (1932/33) 166-167.

Ackerknecht Erwin H.: Geschichte und Geographie der wichtigsten Krankheiten. Stuttgart 1963.

Ackerknecht Erwin H.: Medicine at the Paris Hospital 1794-1848. Baltimore 1967.

Albrecht Bettina: Die ehemaligen Naturwissenschaftlichen und Medizinischen Institutsgebäude im Bereich Brunnengasse, Hauptstraße, Akademiestraße und Plöck. In: Semper apertus. Sechshundert Jahre Ruprecht-Karls-Universität Heidelberg 1386-1986. Bd V: Die Gebäude der Universität Heidelberg. Hrsg. v. Peter Anselm Riedl, Berlin-Heidelberg-New York-Tokyo 1985, S. 36-365.

Deutsche Apotheker-Biographie. Hrsg. v. Wolfgang-Hagen Hein und Holm-Dieter Schwarz (Veröffentlichungen der Internationalen Gesellschaft für Geschichte der Pharmazie 43, 46, 55). Stuttgart 1975, 1978, 1986.

Deutsches Biographisches Archiv. Eine Kumulation 254 der wichtigsten biographischen Nachschlagewerke für den deutschen Bereich bis zum Ausgang des 19. Jahrhunderts. Microfich-Edition. Hrsg. von Bernhard Fabian, Bearbeitet unter der Leitung von Willi Gorzny. München-New York-London-Paris.

Archives biographiques francaises. Fusion dans un ordre alphabétique unique de 180 de plus importants ouvrages de référence biographiques francais publiès du 17e au 20e siècle. Redactrice: Susan Bradley. London-Paris-Munich-New York.

Arnim Max: Corpus Academicum Gottingense (1737-1928) nebst Verzeichnis der Preisträger der Georgia Augusta (1753-1928). Mit einem Anhang: Kurzgefaßtes Repertorium des Universitäts-Archivs zu Göttingen, bearbeitet von Götz v. Selle. Göttingen 1930.

Asen Johannes: Geamtverzeichnis des Lehrkörpers der Universität Berlin. Bd 1, 1810-1945. Die Friedrich-Wilhelms-Universität. Die Tierärztliche Hochschule. Die Landwirtschaftliche Hochschule. Die Forstliche Hochschule. Leipzig 1955.

Balk Norman: Die Friedrich-Wilhelms-Universität zu Berlin. Mit einer Darstellung des Berliner Bildungswesens bis 1810. Berlin 1926.

Bauer Adolph: Die Lehrkanzeln der Chemie und ihre Laboratorien. In: Die k.k. Technische Hochschule in Wien 1815-1915. Gedenkschrift. Hrsg. v. Professorenkollegium. Wien 1915, S. 399-424.

Baumgarten Marita: Vom Gelehrten zum Wissenschaftler. Studien zum Lehrkörper einer kleinen Universität am Beispiel der Ludoviciana Gießen (1815-1914) (Berichte und Arbeiten aus der Universitätsbibliothek und dem Universitätsarchiv Giessen 42). Gießen 1988.

Allgemeines Beamten-Adreßbuch für die k.k. Haupt- und Residenzstadt Wien. Systematische Zusammenstellung sämmtlicher k.k. Hof- und Staats-Aemter, der städtischen Behörden, öffentlichen Anstalten, Vereine etc. etc. und der bei denselben angestellten Beamten, Functionäre und Diener. 1. Jahrgang 1853/54. Wien 1853.

Becke-Goehring Margot-Ekkehard Fluck-Herbert Grünwald-Karl Rumpf-Günther Wilke: Betrachtungen zur Chemie in Heidelberg. In: Semper Apertus. Sechshundert Jahre Ruprechts-Karls-Universität Heidelberg 1386-1986. Festschrift in sechs Bänden. Bd II: Das neunzehnte Jahrhundert 1803-1918. Hrsg. v. Wilhelm Doerr. Berlin-Heidelberg-New York-Tokyo 1986, S. 332-360.

Die chemische Behandlung der Rohstoffe. Eine chemische Technologie, von Fr. Luckenbacher, R. de Roth, J. Zöllner (Das Buch der Erfindungen, Gewerbe und Industrien. Rundschau auf allen Gebieten der gewerblichen Arbeit 4). Leipzig-Berlin 1877.

Bezold Friedrich von: Geschichte der Rheinischen Friedrich-Wilhelms-Universität von der Gründung bis zum Jahr 1870. Bonn 1920.

Billroth Theodor: Über das Lehren und Lernen in den medicinischen Wissenschaften an den Universitäten der deutschen Nation nebst allgemeinen

Bemerkungen über Universitäten. Eine culturhistorische Studie. Wien 1876.

Bonjour Edgar: Die Universität Basel von den Anfängen bis zur Gegenwart 1460-1960. Basel 1960.

Brand Kurt: Aus Briefen Justus von Liebigs. In: Die Universität Gießen von 1607 bis 1907. Beiträge zu ihrer Geschichte. Festschrift zur dritten Jahrhundertfeier. Hrsg. v. der Universität Gießen, Bd 2. Gießen 1907, S. 365-384.

Brücke Hans-Wolfgang Hilger-Walter Höflechner-Wolfram W. Swoboda (Hgg.): Ernst Wilhelm von Brücke. Briefe an Emil du Bois-Reymond. Erster Teil. (Publikationen aus dem Archiv der Universität Graz 8/1). Graz 1978.

Büttner Johannes: Die Entstehung klinischer Laboratorien in den deutschsprachigen Ländern im 19. Jahrhundert. In: Wolfram Kaiser - Arina Völker (Hgg.): Johann Christian Reil (1759-1813) und seine Zeit. Hallesches Symposion 1988 (Martin-Luther-Universität Halle-Wittenberg. Wissenschaftliche Beiträge 43). Halle 1989, S. 118-135.

Büttner J. (Ed.): History of Clinical Chemistry. Berlin-New York 1983.

Büttner Johannes: Leitgedanken in der Geschichte der Klinischen Chemie. Medizinhistorisches Journal 25 (1990), 268-285.

Büttner J.: The Origin of Clinical Laboratories. European Journal of Clinincal Chemistry and Clinical Biochemistry 30 (1992), 585-593.

Büttner J.: Historische Voraussetzungen für die Entstehung der Klinischen Chemie. Wiener klinische Wochenschrift 101 (1989), 101-104.

Büttner Johannes-Christa Habrich: Roots of Clinical Chemistry. Darmstadt 1987.

Bugge Günther (Hrsg.): Buch der grossen Chemiker. 5. unveränderter Nachdruck der 1. Auflage 1929. 2 Bde. Weinheim-New York 1979.

Burckhardt Albrecht: Geschichte der Medizinischen Fakultät zu Basel 1460-1900. Basel 1917.

Dictionary of Scientific Biography. Charles Coulston Gillispie (Editor in Chief). 26 vols. New York 1970-1980.

Dictionnaire des arts et manufactures de l'agriculture, des mines, etc. description des procedes de l'industrie francaise et etrangere, 2 tom., 2. ed., Paris 1853.

Dictionnaire de Biographie Francaise. Publié sous la direction de M. Prevost, Roman d'Amat, H. Tribout de Morembert, Bde 1-17. Paris 1933-1989.

Dictionnaire universel des contemporains contenant toutes les personnes notables de la France et des pays etrangers, par G. Vapereau. Paris 1858. 3. ed. Paris 1865. 4. ed. Paris 1870. 5. ed. Paris 1880.

Diepgen Paul: Geschichte der Medizin. Die historische Entwicklung der Heilkunde und des ärztlichen Lernens. Bd 2, I. Hälfte: Von der Medizin der Aufklärung bis zur Begründung der Zellularpathologie (ca. 1740 - ca. 1858). Berlin 1951.

Drucker Renate: Die Universitätsbauten 1650-1945. In: Leipziger Universitätsbauten. Die Neubauten der Karl-Marx-Universität seit 1945 und die Geschichte der Universitätsgebäude. Hrsg. v. Heinz Füßler. Leipzig 1961, S. 167-212.

Ebel Wilhelm: Catalogus Professorum Gottingensium 1734-1962. Göttingen 1962.

Engelbrecht Helmut: Geschichte des österreichischen Bildungswesens. Erziehung und Unterricht auf dem Boden Österreichs. Band 4: Von 1848 bis zum Ende der Monarchie. Wien 1986.

Engelhardt Dietrich von: Grundzüge der historischen Entwicklung. In: D. v. E. (Hrsg.): Diabetes in Medizin- und Kulturgeschichte. Grundzüge-Texte-Bibliographie. Berlin-Heidelberg-New York-London-Paris-Tokyo-Hong Kong 1989, S. 3-13.

Eulner Hans-Heinz: Die Einrichtungen der Medizinischen Fakultät und ihre Geschichte. In: 450 Jahre Martin-Luther-Universität Halle-Wittenberg. Bd II: Halle 1694-1817, Halle-Wittenberg 1817-1945. Halle 1952, S. 485-492.

Eulner Hans-Heinz: Die Entwicklung der medizinischen Spezialfächer an den Universitäten des deutschen Sprachgebietes. Stuttgart 1970.

Feller Richard: Die Universität Bern 1834-1934. Bern-Leipzig 1935.

Fischer I. (Hrsg.): Biographisches Lexikon der hervorragenden Ärzte der letzten fünfzig Jahre. 2 Bde. Berlin-Wien 1932-1933.

Forst August Wilhelm: Hygiene. In: Geist und Gestalt. Biographische Beiträge zur Geschichte der Bayerischen Akademie der Wissenschaften vornehmlich im zweiten Jahrhundert ihres Bestehens. München 1959, S. 238-247.

Franck Burchard: 250 Jahre Chemie in Göttingen und ihre Auswirkungen: Organische Chemie zwischen Biologie und Medizin. In: Hans-Heinrich Voigt (Hrsg.): Naturwissenschaften in Göttingen. Eine Vortragsreihe (Göttinger Universitätsschriften 13). Göttingen 1988, S. 68-84.

Franck Ernst Ulrich: 250 Jahre Chemie in Göttingen und ihre Auswirkungen: anorganische und physikalische Chemie. Vom Stoff zur Struktur. In: Hans-Heinrich Voigt (Hrsg.): Naturwissenschaften in Göttingen. Eine Vortragsreihe (Göttinger Universitätsschriften 13). Göttingen 1988, S. 53-67.

Frese Otto: Peter David Krukenberg 1787-1865. In: 250 Jahre Universität Halle. Streifzüge durch ihre Geschichte in Forschung und Lehre. Halle 1944, S. 186-192.

Gaal Gustav von: Physikalische Diagnostik und deren Anwendung in der Medicin, Chirurgie, Oculistik, Otiatrik und Geburtshilfe. Wien (1846).

Gadamer Johannes: Das pharmaceutische Institut. In: Georg Kaufmann (Hrsg.): Festschrift zur Feier des hundertjährigen Bestehens der Universität Breslau. 2. Teil: Geschichte der Fächer, Institute und Ämter der Universität Breslau 1811-1911. Breslau 1911, S. 458-466.

Gagliardi Ernst-Hans Nabholz-Jean Strohl: Die Universität Zürich 1833-1933 und ihre Vorläufer. Festschrift zur Jahrhundertfeier (Die Zürcherischen Schulen seit der Regeneration der 1830er Jahre 3). Zürich 1938.

Ganzinger K.: Der Pharmazeut Johann Florian Heller (1813-1871). Zur Sonderpostmarke mit dem Bildnis des Pioniers der klinischen Chemie. Österreichische Apotheker-Zeitung 35 (1981), 1016-1017.

Die Gewinnung der Rohstoffe aus dem Innern der Erde, von der Erdoberfläche sowie aus dem Wasser, von C. Birnbaum, R. Gayer, Lindemann, R. Ludwig, J. Zöllner (Das neue Buch der Erfindungen, Gewerbe und Industrien Bd 3). 7. verm. u. verb. Auflage. Leipzig - Berlin 1877.

Die Universität Gießen von 1607 bis 1907. Beiträge zu ihrer Geschichte. Festschrift zur dritten Jahrhundertfeier. Hrsg. v. der Universität Gießen. Bd 1. Gießen 1907.

Gmelin Leopold: Handbuch der Chemie. 8 Bde. 5. Aufl. Heidelberg 1852-1858.

Goerle Heinz: Die Medizinische Fakultät von 1472 bis zur Gegenwart. In: Laetitia Boehm - Johannes Spörl (Hgg.): Die Ludwig-Maximilians-Universität in ihren Fakultäten. Bd 1. Berlin 1972, S. 184-280.

Goldschmiedt Guido: Chemie, In: Die deutsche Karl-Ferdinands-Universität in Prag unter der Regierung Seiner Majestät des Kaisers Franz Josef I. Prag 1899, S. 406-419.

Gottlieb Johann: Lehrbuch der pharmaceutischen Chemie mit besonderer Berücksichtigung der österreichischen, preussischen und sächsischen Pharmakopöen. 2 Bde. Berlin 1857-1859.

Güterbock L. (Hrsg.): Schoenleins klinische Vorträge in dem Charité-Krankenhause zu Berlin. Berlin 1842.

Gundlach Franz: Catalogus Professorum Academiae Marburgensis. Die akademischen Lehrer der Philipps-Universität in Marburg (Veröffentlichungen der Historischen Kommission für Hessen und Waldeck 15). Marburg 1927.

Handwörterbuch der reinen und angewandten Chemie. In Verbindung mit mehreren Gelehrten herausgegeben von Dr. J. Liebig, Dr. J. C. Poggendorff und Dr. Fr. Wöhler. Redigiert von Dr. Hermann Kolbe. 9 Bde, 1 Supplementband. Braunschweig 1842-1864.

Harting P.: Das Mikroskop. Theorie, Gebrauch, Geschichte und gegenwärtiger Zustand desselben. Deutsche Originalausgabe, vom Verfasser revidirt und vervollständigt, aus dem Holländischen übertragen von Fr. Wilh. Theile. Braunschweig 1859.

Hasse C.: Anatomie. In: Georg Kaufmann (Hrsg.), Festschrift zur Feier des hundertjährigen Bestehens der Universität Breslau. 2. Teil: Geschichte der Fächer, Institute und Ämter der Universität Breslau 1811-1911. Breslau 1911, S. 267-271.

Haupt Hermann: Chronik der Universität Gießen von 1607 bis 1907. In: Die Universität Gießen von 1607 bis 1907. Beiträge zu ihrer Geschichte. Festschrift zur dritten Jahrhundertfeier. Hrsg. v. der Universität Gießen. Bd 1. Gießen 1907, S. 365-467.

Henkelmann Thomas: Die medizinische Klinik im 19. Jahrhundert. In: Semper Apertus. Sechshundert Jahre Ruprechts-Karls-Universität Heidelberg 1386-1986. Festschrift in sechs Bänden. Bd II: Das neunzehnte Jahrhundert 183-1918. Hrsg. v. Wilhelm Doerr. Berlin-Heidelberg-New York-Tokyo 1986, S. 32-60.

Herbst Kurt: Der Student in der Geschichte der Universität Leipzig. Kulturgeschichtliche Streiflichter aus den ersten 500 Jahren der Universität. Leipzig 1961.

Herzig Wilhelm: Das medicinische Wien. Wegweiser für Ärzte und Naturforscher, vorzüglich für Fremde. Wien 1844. 2. Auflage. Wien 1848.

Hirsch August (Hrsg.): Biographisches Lexikon der hervorragenden Ärzte aller Zeiten und Völker. 5 Bde. 2. Aufl. Berlin-Wien 1929-1934.

His Eduard: Basler Gelehrte des 19. Jahrhunderts. Basel 1941.

His Wilhelm: Zur Erinnerung an C. G. Jung. In: Gedenkschrift zur Eröffnung des Vesalianum, der neu errichteten Anstalt für Anatomie und Physiologie in Basel. Leipzig 1885, S. 40-48.

Hock Lothar: Beitrag zur Geschichte der Chemie in Gießen. In: Ludwigs-Universität Justus Liebig-Hochschule 1607-1957. Festschrift zur 350-Jahrfeier. Gießen 1957, S. 288-307.

Hoepke Hermann: Die Heidelberger Anatomen in der ersten Hälfte des 19. Jahrhunderts. In: Semper Apertus. Sechshundert Jahre Ruprechts-Karls-Universität Heidelberg 1386-1986. Festschrift in sechs Bänden. Bd II: Das neunzehnte Jahrhundert 183-1918. Hrsg. v. Wilhelm Doerr. Berlin-Heidelberg-New York-Tokyo 1986, S. 145-157.

Hofmann A. W. (Hrsg.): Aus Justus Liebig's und Friedrich Wöhler's Briefwechsel in den Jahren 1829-1873. Unter Mitwirkung von Fräulein Emilie Wöhler herausgegeben. Band 1. Braunschweig 1888.

Hofmann J. P.: Das Chemische Laboratorium der Ludwigs-Universität zu Giessen. Nebst einem Vorwort von Dr. Justus Liebig. Heidelberg 1842.

Holmes Frederic Lawrence: Claude Bernard and Animal Chemistry. Cambridge 1974.

Hürthle K.: Physiologisches Institut. In: Georg Kaufmann (Hrsg.): Festschrift zur Feier des hunderjährigen Bestehens der Universität Breslau. 2. Teil: Geschichte der Fächer, Institute und Ämter der Universität Breslau 1811-1911. Breslau 1911, S. 274-281.

Hopkins F. Gowland: Über die Biochemie, ihre gegenwärtige Stellung und ihre Aussichten in der Zukunft. Klinische Wochenschrift 4 (1925) 857-863.

250 Jahre Georg-August-Universität Göttingen. Ausstellung im Auditorium 19. Mai - 12. Juli 1987. Göttingen 1987.

Kahlbaum Georg W. A. (Hrsg.): Justus von Liebig und Friedrich Mohr in ihren Briefen von 1834-1870. Ein Zeitbild. Herausgegeben und mit Glossen, Hinweisen und Erläuterungen versehen in Gemeinschaft mit Otto Merkkens und W. I. Baragiola (Monographien aus der Geschichte der Chemie 8). Leipzig 1904.

Die Deutsche Karl-Ferdinands-Universität in Prag unter der Regierung Seiner Majestät des Kaisers Franz Josef I. Prag 1899.

Kernbauer Alois: Das Fach Chemie an der Philosophischen Fakultät der Universität Graz (Publikationen aus dem Archiv der Universität Graz 17). Graz 1985.

Kernbauer Alois: Die Emanzipation der Chemie in Österreich um die Mitte des 19. Jahrhunderts. Von der Hilfswissenschaft zur freien Wissenschaftsdisziplin. Mitteilungen der Österreichischen Gesellschaft für Geschichte der Naturwissenschaften 4 (1984), 11-44.

Kernbauer Alois: Zwischen Zunft und Wissenschaft. Der österreichische Apotheker- und Pharmazeutenstand in der Krise. Von der Mitte des 19. Jarhhunderts bis in das Jahr 1922 (Publikationen aus dem Archiv der Universität Graz 14/2). Graz 1989.

Kolde Theodor:, Die Universität Erlangen unter dem Hause Wittelsbach 1810-1910. Festschrift zur Jarhundertfeier der Verbindung der Friderico-Alexandrina mit der Krone Bayern. Erlangen-Leipzig 1910.

Krätz O. P.-C. Priesner (Hrsgg.): Liebigs Experimentalvorlsung. Vorlesungsbuch und Kekulés Mitschrift. Weinheim 1983.

Das chemische Laboratorium der Universität Leipzig. Journal für praktische Chemie 31 (1844), 65-75.

Ladenburg Albert-Buchner Eduard: Chemie. In: Georg Kaufmann (Hrsg.): Festschrift zur Feier des hundertjährigen Bestehens der Universität Breslau. 2. Teil: Geschichte der Fächer, Institute und Ämter der Universität Breslau 1811-1911. Breslau 1911, S. 451-457.

Lang Hilde: Die gegenseitige Beeinflussung des Lehrfaches Chemie auf den Hochschulen Wien und Prag. Masch. Phil. Diss. Wien 1952.

Lehmann C. G.: Lehrbuch der physiologischen Chemie. 3 Bde. 2. Auflage. Leipzig 1853.

Leipert Theodor: Zur Geschichte der klinischen Chemie in Österreich. Berichte der ÖGKC 2 (1980), Heft 1.

Karl-Marx-Universität Leipzig. Bibliographie zur Universitätsgeschichte 1409-1959. Hrsg. v. d. Historischen Kommission bei der Sächsischen Akademie der Wissenschaften mit Unterstützung des Stadtarchivs Leipzig (Bibliographie zur Geschichte der Stadt Leipzig, Sonderbd II). Leipzig 1961.

Leitner Erich: Die neuere deutsche Philologie an der Universität Graz 1851-1954. Ein Beitrag zur Geschichte der Germanistik in Österreich (Publikationen aus dem Archiv der Universität Graz 1). Graz 1973.

Lentze Hans: Die Universitätsreform des Ministers Graf Leo Thun-Hohenstein (Sitzungsberichte der Österreichischen Akademie der Wissenschaften in Wien, phil.-hist. Kl. 239/2). Wien 1962.

Lenz Max: Geschichte der königlichen Friederich-Wilhelms-Universität zu Berlin. Bd 2,1 und 2,2. Halle 1910, 1918.

Lesky Erna: Die Wiener medizinische Schule im 19. Jahrhundert (Studien zur Geschichte der Universität Wien VI). 2. Aufl. Wien-Köln 1978.

Leube Wilhelm: Ueber die Bedeutung der Chemie in der Medicin. Nach einer beim Antritt des Prorectorats der Universität Erlangen am 3. November 1883 gehaltenen Rede. Berlin 1884.

Lexis W. (Hrsg.): Die deutschen Universitäten. Für die Universitätsausstellung in Chicago 1893 unter Mitwirkung zahlreicher Universitätslehrer. 2 Bände. Berlin 1893.

Lieb Hans: Die Chemie im Unterricht der Mediziner. Wiener Klinische Wochenschrift 51 (1938), 1026-1027.

Lieben Fritz: Geschichte der physiologischen Chemie. Leipzig-Wien 1935.

Lummer O.: Physik. In: Georg Kaufmann (Hrsg.): Festschrift zur Feier des hundertjährigen Bestehens der Universität Breslau. 2. Teil: Geschichte der Fächer, Institute und Ämter der Universität Breslau 1811-1911. Breslau 1911, S. 440-451.

Mani Nikolaus: Johann Florian Heller und die frühe klinische Chemie in der Mitte des 19. Jahrhunderts. In: Erna Lesky (Hrsg.): Wien und die Weltmedizin. Wien-Köln-Graz 1974, S. 170-182.

Matsch Erwin: Geschichte des Auswärtigen Dienstes von Österreich(-Ungarn) 1720-1920. Wien-Köln-Graz 1980.

Meinel Christoph: Die Chemie an der Universität Marburg seit Beginn des 19. Jahrhunderts. Ein Beitrag zu ihrer Entwicklung als Hochschulfach (Academia Marburgensis 3). Marburg 1978.

Meinel Christoph: August Wilhelm Hofmann - "Regierender Oberchemiker". Angewandte Chemie 104 (1992), 1293-1309.

Meinhardt Günther: Die Universität Göttingen. Ihre Entwicklung und Geschichte von 1734-1974. Göttingen-Frankfurt-Zürich 1977.

Meister Richard: Lehr- und Lernfreiheit in der Thunschen Universitätsreform und in der Gegenwart in Österreich. Anzeiger Österreischen Akademie der Wissenschaften, phil.-hist. Kl. 94 (1957), 207-232.

Meister Richard: Die Universitätsreform des Ministers Graf Thun-Hohenstein. In: Die Feierliche Inauguration des Rektors der Wiener Universität für das Studienjahr 1949/50. Wien 1949, S. 85-100.

Mengel Konrad: Justus Liebig als Lehrer und Forscher in Gießen. In: 375 Jahre Universität Gießen 1607-1982. Geschichte und Gegenwart. Ausstellung im Oberhessischen Museum und Gail'sche Sammlung 11. Mai bis 25. Juli 1982. Gießen 1982, S. 157-165.

Meyer Herbert: Die deutsch-rechtlichen Fächer. In: Festschrift zur Feier des hundertjährigen Bestehens der Universität Breslau. Hrsg. im Auftrag von Rektor und Senat von Georg Kaufmann. Zweiter Teil: Geschichte der Fächer, Institute und Ämter der Universität Breslau 1811-1911. Breslau 1911, S. 214-227.

Michl Helga: Geschichte des Studienfaches Chemie an der Universität Wien in den letzten hundert Jahren. Masch. Phil. Diss. Wien 1950.

Mohr Friedrich: Lehrbuch der pharmaceutischen Technik. Nach eigenen Erfahrungen bearbeitet. 1. Auflage, Braunschweig 1847. 2. vermehrte und verbesserte Auflage. Braunschweig 1853.

Müller Eduard: Die Hochschule Bern in den Jahren 1834-1884. Festschrift zur fünfzigsten Jahresfeier ihrer Stiftung. Bern 1884.

Murken Axel Hinrich: Vom Armenhospital zum Großklinikum. Die Geschichte des Krankenhauses vom 18. Jahrhundert bis zur Gegenwart. Köln 1988.

Murken Axel Hinrich: Die bauliche Entwicklung des deutschen Allgemeinen Krankenhauses im 19. Jahrhundert (Studien zur Medizingeschichte des Neunzehnten Jahrhunderts 9). Göttingen 1979.

Musil Josef: Zur Geschichte des österreichischen Unterrichtsministeriums 1848-1948. In: 100 Jahre Unterrichtsministerum 1848-1948. Festschrift des Bundesministeriums für Unterricht in Wien. Wien 1948, S. 7-36.

Nouvelle biographie générale depuis les temps les plus regulés jusqu'a nos jours, avec les renseignements bibliographiques et l'indication des sources a consulter; publiée par MM. Firmin Didot Frères, sous la direction de M. le d' Hoefer. Tomes 1-46. Paris 1855-1866.

Nowotny O.: Zur Geschichte der natürlichen und künstlichen Mineralwässer. Österreichische Apotheker-Zeitung 7 (1953). 497-502.

Nowotny Otto: Zur Geschichte der pharmazeutischen Vereine in Österreich. Österreichische Apotheker-Zeitung 16 (1962), 497-502.

Pagel J. (Hrsg.): Biographisches Lexikon hervorragender Aerzte des neunzehnten Jahrhunderts. Mit einer historischen Einleitung. Berlin-Wien 1901.

Partington J. R.: A History of Chemistry. Vol. 4. London 1972.

Pax Ferdinand: Botanik. In: Georg Kaufmann (Hrsg.): Festschrift zur Feier des hunderjährigen Bestehens der Universität Breslau. 2. Teil: Geschichte der Fächer, Institute und Ämter der Universität Breslau 1811-1911. Breslau 1911, S. 477-486.

Philippe A.: Geschichte der Apotheker bei den wichtigsten Völkern der Erde seit den ältesten Zeiten bis auf unsere Tage nebst einer Uebersicht des gegenwärtigen Zustandes der Pharmacie in Europa, Asien, Afrika und Amerika, Aus dem Französischen übersetzt von Hermann Ludwig. 2. Auflage. Neudruck der Auflage von 1858. Wiesbaden 1966.

Phillips Lawrence B.: Dictionary of Biographical Reference, Graz 1966. Unveränderter Nachdruck der Ausgabe: L. B. P.: The Dictionary of Biographical Reference containing over one hundred thousand names together with a classed index of the biographical literature of Europe and America. London 1889.

Pötsch Winfried R.-Annelore Fischer-Wolfgang Müller-Heinz Cassebaum: Lexikon bedeutender Chemiker. Leipzig 1988.

Pummerer Rudolf: Chemie. In: Geist und Gestalt. Biographische Beiträge zur Geschichte der Bayerischen Akademie der Wissenschaften vornehmlich im zweiten Jahrhundert ihres Bestehens. München 1959, S. 133-218.

Puschmann Theodor: Die Medizin in Wien während der letzten 100 Jahre. Wien 1884.

Rothschuh Karl E.: Geschichte der Physiologie. Berlin-Göttingen-Heidelberg 1953.

Rothschuh Karl E.: Physiologie. Der Wandel ihrer Konzepte, Probleme und Methoden vom 16. bis 19. Jahrhundert (Orbis Academicus 2,15). Freiburg-München 1968.

Schaedler Carl (Hrsg.): Biographisch-litterarisches Handwörterbuch der wissenschaftlich bedeutenden Chemiker. Berlin 1891.

Schaefer Wilhelm: Freiheitliche Bestrebungen hallischer Professoren und Studenten in der ersten Hälfte des 19. Jahrhunderts. In: 450 Jahre Martin-Luther-Universität Halle-Wittenberg. Bd II: Halle 1694-1817. Halle-Wittenberg 1817-1945. Halle 1952, S. 257-273.

Schmalhofer J.: Das Werk von Johann Florian Heller mit besonderer Berücksichtigung der Entstehung des ersten pathologisch-chemischen Laboratoriums am Allgemeinen Wiener Krankenhaus und der Ernennung Hellers zum Vorstand des Laboratoriums. Med. Diss. Bonn 1980.

Schmidt Gabriela: Zur Entwicklung der Fächer Klinische Chemie und Laboratoriumsdiagnostik in der Wiener Schule. Berichte zur Wissenschaftsgeschichte 14 (1991), 231-239.

Schmitz E.-H.: Handbuch zur Geschichte der Optik. Ergänzungsband II, Teil A: Das Mikroskop. Bonn 1989.

Schönbauer Leopold: Das medizinische Wien. Geschichte, Werden, Würdigung. 2. Aufl. Wien 1947.

Schönlein J. L.: Allgemeine und specielle Pathologie und Therapie. Nach dessen Vorlesungen niedergeschrieben und herausgegeben von einigen seiner Zuhörer. 4 Theile. St. Gallen 1846.

Schönlein Johann Lukas. "...Und ewig erklingen wird sein Ruhm ..." Johann Lukas Schönlein (1793-1864). Arzt und Mäzen. Ausstellung der Staatsbibliothek Bamberg. Bamberg 1993.

Schröter Peter: Frauenklinik und Hebammenlehranstalt der Philipps-Universität-Marburg 1792-1967. Med. Diss. Marburg 1969.

Selle Götz von: Die Georg-August-Universität zu Göttingen 1737-1937. Göttingen 1937.

Siefert Helmut: Das naturwissenschaftliche und medizinische Vereinswesen im deutschen Sprachgebiet (1750-1850) - Idee und Gestalt - . Med. Diss. Marburg 1967.

Simon Johann Franz: Einleitung. In: J. F. S.: Beiträge zur physiologischen und pathologischen Chemie in ihrer Anwendung auf die praktische Medicin 1 (1844), 1-56.

Staehelin Andreas: Geschichte der Universität Basel 1818-1835 (Studien zur Geschichte der Wissenschaften in Basel VII). Basel 1959.

Staehelin Andreas (Hrsg.): Professoren der Universität Basel aus fünf Jahrhunderten. Bildnisse und Würdigungen. Zur Fünfhundertjahrfeier der Universität Basel. Basel 1960.

Teichmann Albert: Die Universität Basel in den fünfzig Jahren seit ihrer Reorganisation im Jahre 1835. Basel 1885.

Thürauf Ulrich: Gesamtverzeichnis der Miglieder der Bayerischen Akademie der Wissenschaften in den ersten beiden Jahrhunderten ihres Bestehens

1759-1959 (Geist und Gestalt. Ergänzungsband, Erste Hälfte). München 1963.

Timm Albrecht: Die Universität Halle-Wittenberg. Herrschaft und Wissenschaft im Spiegel ihrer Geschichte (Mitteldeutsche Hochschulen 5). Frankfurt a. M. 1960.

Tonutti Emil: Das Anatomische Institut. In: Ludwigs-Universität. Justus Liebig-Hochschule 1607-1957. Gießen 1957, S. 31-34.

Tutzke D.-K.-J. Burmeister-R. Lange-Pfautsch-G. Brüschke: Charité 1710-1985. Berlin 1985.

Vershofen Wilhelm: Die Anfänge der chemisch-pharmazeutischen Industrie. Eine wirtschaftshistorische Studie. Bd 1. Stuttgart 1949. Bd 2. Aulendorf 1952.

Vogel Heinrich: Personalbibliographien der Professoren und Dozenten der Botanik, Chemie, Diätetik, Pharmazeutischer Warenkunde, Physiologie, Psychiatrie, Tierheilkunde und Zoologie an der Medizinischen Fakultät der Karl-Ferdinands Universität in Prag im ungefähren Zeitraum von 1800-1850. Med. Diss. Erlangen-Nürnberg 1972.

Wagner Rudolph: Lehrbuch der speziellen Physiologie. 2. verb. Aufl. Leipzig 1843.

Wallach O. (Hrsg.): Briefwechsel zwischen J. Berzelius und F. Wöhler. Mit einem Kommentar von J. von Braun. 2 Bde. Leipzig 1901.

Wenig Otto (Hrsg.): Verzeichnis der Professoren und Dozenten der Rheinischen Friedrich-Wilhelms Universität zu Bonn 1818-1968. Bonn 1968.

Wurzbach Constant von: Biographisches Lexikon des Kaiserthums Österreich. Tle 1-60. Wien 1856-1891.

Wyklicky Helmut: Das Josephinum. Biographie eines Hauses. Die medizinisch-chirurgische Josephs-Akademie seit 1785. Das Institut für Geschichte der Medizin seit 1910. Wien-München 1985.

Wyklicky Helmut: Namhafte Vertreter der Klinischen Chemie und der Laboratoriumsdiagnostik des 19. Jahrhunderts in Wien. Archiv der Geschichte der Naturwissenschaften 25 (1990), 1239-1248.

Zwahr Hartmut: Von der zweiten Universitätsreform bis zur Reichsgründung, 1830 bis 1871. In: Lothar Rathmann (Hrsg.): Alma Mater Lipsiensis. Geschichte der Karl-Marx-Universität Leipzig. Leipzig 1984, S. 141-190.

3.2. Abkürzungsverzeichnis

ADB	=	Allgemeine Deutsche Biographie, siehe Literaturverzeichnis
AnzeigerÖst.Ak. Wissen	=	Anzeiger der Österreichischen Akademie der schaften
Bd	=	Band
DAB	=	Deutsche Apotheker-Biographie, siehe Literaturverzeichnis
DSB	=	Dictionary of Scientific Biography, ... siehe Literaturverzeichnis
Masch.	=	Maschinschriftlich
NBG	=	Nouvelle Biographie Générale ... siehe Literaturverzeichnis
NDB	=	Neue Deutsche Biographie, siehe Literaturverzeichnis
ÖBL	=	Österreichisches Biographisches Lexikon, siehe Literaturverzeichnis
ÖGKC	=	Österreichische Gesellschaft für Klinische Chemie
Pötsch	=	Pötsch Winfried R. - Annelore Fischer ... siehe Literaturverzeichnis
Phil.Diss.	=	Philosophische Dissertation
Poggendorff	=	J. Ch. Poggendorff, Biographisches ..., siehe Literaturverzeichnis
SbbAkad.Wien	=	Sitzungsberichte der Akademie der Wissenschaften in Wien
Sp.	=	Spalte
UAW	=	Universitätsarchiv Wien
WiMedWo	=	Wiener Medizinische Wochenschrift
Tl	=	Teil
Wurzbach	=	Constant von Wurzbach, Biographisches ..., siehe Literaturverzeichnis

3.3. Personenregister

Das Register erfaßt über die im Reisebericht Hellers erwähnten Personen hinaus auch jene Namen, die im Kommentar vorkommen.

A

B

F

G

H

3.4. Orts- und Länderregister

Das Register erfaßt die Nennungen im Reisebericht Hellers und im Kommentar.

E

F

G

H

I

J

W

Z

3.5. Sachregister

Dieses Register, das sich ausschließlich den Reisebericht Hellers bezieht, wurde mit dem Ziel erstellt, die Aussagen nach möglichst vielen Gesichtspunkten zu erfassen; nichtsdestoweniger ist die Auswahl der erfaßten Begriff subjektiv.

A

I

J

K

SUDHOFFS ARCHIV • BEIHEFTE

Herausgegeben von

Peter Dilg, Menso Folkerts, Gundolf Keil, Fritz Krafft, Rolf Winau

1. **Heinrich Schipperges: Ideologie und Historiographie des Arabismus.** 1961. VIII, 76 S., kt. ISBN 3-515-00284-7
2. **Markwart Michler: Die Klumpfußlehre der Hippokratiker.** 1962. VI, 64 S. m. 13 Abb., 3 Taf., kt. 0285-5
3. **Heinrich Schipperges: Die Assimilation der arabischen Medizin durch das lateinische Mittelalter.** 1964. X, 240 S., kt. 0286-3
4. **Erich Schöner: Das Viererschema in der antiken Humoralpathologie.** 1964. X, 114 S., kt. 0287-1
5. **Dieter Jetter: Geschichte des Hospitals.** Bd. 1: Westdeutschland von den Anfängen bis 1850. 1966. VIII, 264 S., 104 Abb., Ln. 0288-X
6. **Wilhelm Gundel / Hans Georg Gundel: Astrologumena.** Die astrologische Literatur in der Antike und ihre Geschichte. 1966. XII, 384 S., 3 Abb., 15 Taf., kt. 0290-1
7. **Gernot Rath / Heinrich Schipperges,** Hrsg.: **Medizingeschichte im Spektrum.** Festschrift zum 65. Geburtstag von **Johannes Steudel.** 1966. VIII, 211 S., 33 Abb., 6 Taf., kt. 0291-X
8. **Eduard Seidler: Die Heilkunde des ausgehenden Mittelalters in Paris.** Studien zur Struktur d. spätscholastischen Medizin. 1967. XVI, 162 S., kt. 0292-8
9. **Joseph Ehrenfried Hofmann: Michael Stifel (1487?–1567).** Leben, Wirken und Bedeutung f. d. Mathematik seiner Zeit. 1968. VIII, 42 S., 20 Abb. i. Text, 8 Taf., kt. 0293-6
10. **Richard Toellner: Albrecht von Haller.** Über die Einheit im Denken des letzten Universalgelehrten. 1971. 240 S., kt. 0294-4
11. **Hermann Hoepke,** Hrsg.: **Der Briefwechsel zwischen Jakob Henle und Karl Pfeufer 1843 bis 1870.** In Auszügen vorgelegt. 1970. XII, 312 S., 2 Taf., kt. 0295-2
12. **Walter Brednow: Dietrich Georg Kieser.** Sein Leben und Werk. 1970. VI, 188 S. m. 10 Abb. u. 4 Taf., kt. 0296-0
13. **Johannes Helm: Johannes Kentmann 1518–1574.** Ein sächsischer Arzt und Naturforscher. 1971. X, 214 S., 26 Abb. auf Taf., kt. 0297-9
14. **Dietlinde Goltz: Studien zur Geschichte der Mineralnamen in Pharmazie, Chemie und Medizin von den Anfängen bis Paracelsus.** 1972. 455 S., kt. 2206-6
15. **Christian Probst: Der Weg des ärztlichen Erkennens am Krankenbett.** Herman Boerhaave und die ältere Wiener medizinische Schule. Bd. 1 (1701–1787). 1973. XI, 238 S., kt. 0298-7
16. **Dietlinde Goltz: Studien zur altorientalischen und griechischen Heilkunde.** Therapie – Arzneibereitung – Rezeptstruktur. 1974. XIV, 352 S., kt. 1789-5
17. **Brigitte Hoppe: Biologie – Wissenschaft von der belebten Materie von der Antike zur Neuzeit.** Biologische Methodologie und Lehren von der stofflichen Zusammensetzung der Organismen. 1976. X, 368 S., kt. DM 124,– 2163-9
18. **Uta Lindgren: Gerbert von Aurillac und das Quadrivium.** Untersuchungen zur Bildung im Zeitalter der Ottonen. 1976. VI, 125 S., kt. 2449-2
19. **Dietlinde Goltz / Joachim Telle / Hans J. Vermeer: Der alchemistische Traktat „Von der Multiplikation“ von Pseudo-Thomas von Aquin.** Untersuchungen und Texte. 1977. VI, 173 S., kt. 2589-8
20. **John M. Riddle: Marbode of Rennes' (1035–1123) De Lapidibus.** Considered as a Medical Treatise with Text, Commentary and C. W. King's Translation. Together with Text and Transl. of Marbode's Minor Works on Stones. 1977. XII, 144 S., kt. 2622-3
21. **Heinrich Rodegra: Das Gesundheitswesen der Stadt Hamburg im 19. Jahrhundert.** Unter Berücksichtigung der Medizinalgesetzgebung (1586–1818–1900). 1979. XII, 217 S., 14 Taf., kt. 2860-9
22. **Wolfgang Hübner: Die Eigenschaften der Tierkreiszeichen in der Antike.** Ihre Darstellung und Verwendung unter besonderer Berücksichtigung des Manilius. 1982. XI, 646 S. m. 4 Abb., 77 Diagr. u. zahlr. Abb., kt. 3337-8
23. **Felix Klein-Franke: Vorlesungen über die Medizin im Islam.** 1982. VIII, 161 S., kt. 3467-6

24. **Eduard Seidler / Heinz Schott,** Hrsg.: **Bausteine zur Medizingeschichte. Heinrich Schipperges** zum 65. Geburtstag. 1984. 155 S. m. 9 Abb., kt. 4047-1
25. **Wolf-Dieter Müller-Jahncke: Astrologisch-magische Theorie und Praxis in der Heilkunde der frühen Neuzeit.** 1985. 328 S. m. 9 Abb. u. 6 Schemata, kt. 3928-7
26. **Werner Bergmann: Innovationen im Quadrivium des 10. und 11. Jahrhunderts.** Studien zur Einführung von Astrolab und Abakus im lateinischen Mittelalter. 1985. 258 S. m. 35 Abb., kt. 4148-6
27. **Gerhard Baader / Rolf Winau,** Hrsg.: **Die hippokratischen Epidemien.** Theorie – Praxis – Tradition. Verhandlungen des Ve Colloque International Hippocratique, veranstaltet von der Berliner Gesellschaft für Geschichte der Medizin in Verbindung mit dem Institut für Geschichte der Medizin der Freien Universität Berlin, 10.–15.9.1984. 1989. 441 S., kt. 4559-7
28. **Ulrich Stoll: Lorscher Arzneibuch**. 1992. 534 S., geb. 5676-9
29. **Bruce T. Moran: The Hermetic World of the German Court**. 1991. 188 S., kt. 5369-7
30. **Fritz Krafft / Christoph J. Scriba,** Hrsg.: **18th International Congress of the History of Science, Hamburg-Munich, 1st–9th August, 1989.** Final Report. 1993. IX, 197 S., kt. 5965-2
31. **Peter Dilg/Hartmut Rudolph,** Hrsg.: **Resultate und Desiderate der Paracelsus-Forschung.** 1993. 204 S., kt. 6096-0
32. **Jutta Kollesch/Diethard Nickel,** Hrsg.: **Galen und das hellenistische Erbe.** Verhandlungen des IV. Internationalen Galen-Symposiums veranstaltet vom Institut für Geschichte der Medizin am Bereich Medizin (Charité) der Humboldt-Universität zu Berlin 18.–20. September 1989. 1993. 214 S., kt. 6084-7
33. **Brigitte Englisch: Die Artes liberales im frühen Mittelalter (5.–9. Jh.).** Das Quadrivium und der Komputus als Indikatoren für Kontinuität und Erneuerung der exakten Wissenschaften zwischen Antike und Mittelalter. 1994. 493 S., kt. 6431-1
34. **Martin Kintzinger: Norma elementorum.** Studien zum naturphilosophischen und politischen Ordnungsdenken des ausgehenden Mittelalters. 1994. 146 S., 1 Taf., kt. 6622-5
35. **Christa Hagenmeyer: Das Regimen Sanitatis Konrads von Eichstätt.** Quellen – Texte – Wirkungsgeschichte. 1995. 262 S., kt. 6510-5
36. **Marie-Luise Windemuth: Das Hospital als Träger der Armenfürsorge im Mittelalter.** 1995. 164 S. m. 36 Photos, kt. 6578-4
37. **Thomas Schnalke: Medizin im Brief.** Der städtische Arzt des 18. Jahrhunderts im Spiegel seiner Korrespondenz. 1997. 271 S. m. 8 Abb., kt. 6725-6
38. **Christian G. Bien: Erklärungen zur Entstehung von Mißbildungen im physiologischen und medizinischen Schrifttum der Antike.** 1997. 212 S., kt. 7128-8
39. **Stefan Kirschner: Nicolaus Oresmes Kommentar zur Physik des Aristoteles.** Kommentar mit Edition der Quaestionen zu Buch 3 und 4 der aristotelischen Physik sowie von vier Quaestionen zu Buch 5. 1997. 491 S., kt. 7167-9
40. **Klaus Weinrich: Die Lichtbrechung in den Theorien von Descartes und Fermat.** 1998. 171 S., kt. 7436-8
41. **Dominik Groß: Die Aufhebung des Wundarztberufs.** Ursachen, Begleitumstände und Auswirkungen am Beispiel des Königreichs Württemberg (1806–1918). 1999. 320 S., kt. 7375-2
42. **Kamal Sabri Kolta, Doris Schwarzmann-Schafhauser: Die Heilkunde im Alten Ägypten.** Magie und Ratio in der Krankheitsvorstellung und therapeutischen Praxis. 2000. 223 S., 76 Taf. (z. Tl. fbg.), geb. 7482-1
43. **Matthias Dorn: Das Problem der Autonomie der Naturwissenschaften bei Galilei.** 193 S. m. 6 Abb., kt. 7127-X
44. **Michael Segre/Eberhard Knobloch: Der ungebändigte Galilei.** Beiträge zu einem Symposion. 2001. 128 S., kt. 7208-X
45. **Ralf Vollmuth: Traumatologie und Feldchirurgie an der Wende vom Mittelalter zur Neuzeit.** Exemplarisch dargestellt anhand der „Großen Chirurgie" des Walther Hermann Ryff. 2001. 352 S., 51 Abb., geb. 7742-1
46. **Heng-an Chen: Die Sexualitätstheorie und „Theoretische Biologie" von Max Hartmann.** 2002. 308 S., kt. 7896-7
47. **Andreas Mettenleiter: Adam Christian Thebesius (1686–1732) und die Entdekkung der Vasa Cordis Minima.** Biographie, Textedition, medizinhistorische Würdigung und Rezeptionsgeschichte. 2001. 580 S., kt. 7917-3